普通高等院校“新工科”创新教育精品课程系列教材
教育部高等学校机械类专业教学指导委员会推荐教材

机械可靠性工程

主 编 闫玉涛 孙志礼 印明昂

华中科技大学出版社
中国·武汉

内容简介

本书从工程实用角度，全面系统地介绍了机械可靠性设计的基本理论和方法，以及系统可靠性的设计与分析方法。内容包括：可靠性工程基础知识，可靠性试验及数据处理，机械可靠性设计理论及可靠度计算，概率法机械可靠性设计及其应用，机械系统可靠性设计，故障模式、影响及危害性分析，故障树分析，Petri 网模型和 GO 法介绍。为了将理论知识与工程实际相结合，本书列举了较多可靠性设计与分析实例及计算用表，并在每章都配备了一定量的习题。

本书可作为高等院校工科类机械、船舶、车辆、航空航天等相关专业高年级及研究生的教材和教学参考书，也可供从事机械产品设计、制造、试验、使用与管理的工程技术人员参考。

图书在版编目(CIP)数据

机械可靠性工程/闫玉涛，孙志礼，印明昂主编. —武汉：华中科技大学出版社，2020.6（2024.1 重印）
ISBN 978-7-5680-6132-2

Ⅰ. ①机…　Ⅱ. ①闫…　②孙…　③印…　Ⅲ. ①机械设计-可靠性工程　Ⅳ. ①TH122

中国版本图书馆 CIP 数据核字(2020)第 096558 号

机械可靠性工程　　闫玉涛　孙志礼　印明昂　主编
Jixie Kekaoxing Gongcheng

策划编辑：张少奇
责任编辑：罗　雪
封面设计：杨玉凡　廖亚萍
责任监印：周治超
出版发行：华中科技大学出版社（中国·武汉）　电话：(027)81321913
　　　　　武汉市东湖新技术开发区华工科技园　邮编：430223
录　　排：华中科技大学惠友文印中心
印　　刷：武汉邮科印务有限公司
开　　本：787mm×1092mm　1/16
印　　张：13.75
字　　数：356 千字
版　　次：2024 年 1 月第 1 版第 2 次印刷
定　　价：42.00 元

普通高等院校“新工科”创新教育精品课程系列教材
教育部高等学校机械类专业教学指导委员会推荐教材

出 版 说 明

为深化工程教育改革，推进“新工科”建设与发展，教育部于 2017 年发布了《教育部高等教育司关于开展新工科研究与实践的通知》，其中指出“新工科”要体现五个“新”，即工程教育的新理念、学科专业的新结构、人才培养的新模式、教育教学的新质量、分类发展的新体系。教育部高等学校机械类专业教学指导委员会也发出了将“新”落实在教材和教学方法上的呼吁。

我社积极响应号召，组织策划了本套“普通高等院校‘新工科’创新教育精品课程系列教材”，本套教材均由全国各高校处于“新工科”教育一线的专家和老师编写，是全国各高校探索“新工科”建设的最新成果，反映了国内“新工科”教育改革的前沿动向。同时，本套教材也是“教育部高等学校机械类专业教学指导委员会推荐教材”。我社成立了以李培根院士、段宝岩院士、杨华勇院士、赵继教授、顾佩华教授为顾问，奚立峰教授、刘宏教授、吴波教授、陈雪峰教授为主任的“‘新工科’视域下的课程与教材建设小组”，为本套教材构建了阵容强大的编审委员会，编审委员会对教材进行审核认定，使得本套教材从形式到内容上保证了高质量。

本套教材包含了机械类专业传统课程的新编教材，以及培养学生大工程观和创新思维的新课程教材等，并且紧贴专业教学改革的新要求，着眼于专业和课程的边界再设计、课程重构及多学科的交叉融合，同时配套了精品数字化教学资源，综合利用各种资源灵活地为教学服务，打造工程教育的新模式。希望借由本套教材，能将“新工科”的“新”落地在教材和教学方法上，为培养适应和引领未来工程需求的人才提供助力。

感谢积极参与本套教材编写的老师们，感谢关心、支持和帮助本套教材编写与出版的单位和同志们，也欢迎更多对“新工科”建设有热情、有想法的专家和老师加入到本套教材的编写中来。

华中科技大学出版社
2018 年 7 月

前　言

可靠性是产品四大质量指标之一，是反映产品动态质量的指标。可靠性理论、方法及应用是以产品寿命特征为主要研究对象的一门新兴的工程学科，它涉及基础科学、技术科学及管理科学的许多领域，是一门多学科交叉的边缘性学科，是定性定量地研究产品动态质量，并解决产品动态质量问题的工程学科。可靠性设计与分析在设计准则、质量控制及工程评价等方面与传统的确定性设计和评价有显著的不同。随着对高科技产品及大型设备等的性能、精度及复杂性的要求越来越高，对产品质量的要求也更高，同时分析问题的方法和手段也更加先进和精确，为可靠性的广泛应用提供了很好的环境。可靠性学科诞生、发展和应用的过程主要以电子产品可靠性技术为先导。随着电子产品可靠性的提高，机械产品的可靠性问题就变得非常突出。机械可靠性理论方法及应用是机械工程领域的一次革命性进步。可靠性技术在机械、车辆、航空航天等领域得到了广泛的应用。

随着科学技术的快速发展，现代化的机械产品、技术装备、交通工具等越来越复杂，其可靠性被称为系统可靠性，受到了人们广泛的关注。机械系统越复杂，对可靠性的要求就越高。若系统可靠性达不到设计的指标要求，则系统出故障的可能性就很大，不仅可能带来经济上的巨大损失，而且可能造成灾难性的严重后果。因此，在现代化的产品设计中，必须从各方面提高系统的可靠性。

本书比较系统地介绍了机械可靠性工程的知识，详细地阐述了机械可靠性设计的基础理论和方法及系统可靠性的分析方法；在此基础上，介绍了系统可靠性的新进展；同时，以工程实用为目标，通过大量的工程实例对可靠性设计理论及分析方法进行应用分析，为机械可靠性的应用及深入研究提供了较好的参考。

全书共分 8 章，其中第 1 章由孙志礼编写，第 2、3、4 章由印明昂编写，第 5、6、7、8 章由闫玉涛编写。全书由闫玉涛负责统稿。在编写过程中，我们参阅了国内外同行的教材、专著、手册、标准及相关科技文献，已列出在本书参考文献中，在此向这些文献的作者表示衷心的感谢。研究生吴鑫、张钊、苏旭磊、衣容琪参与了本书的编写，为本书的绘图及排版等工作付出了辛勤的劳动，在此表示感谢。

本书得到东北大学一流大学拔尖创新人才培养项目的资助，在此表示衷心感谢。

由于编者水平、经验及时间有限，本书难免存在疏漏或不妥之处，敬请广大读者批评指正。

编　者

2019 年 8 月于沈阳

目　　录

第1章　可靠性工程基础知识

1.1　可靠性工程概论

1.1.1　可靠性的发展

可靠性和质量不可分离，其前身是伴随着兵器的发展而诞生和发展的。从公元前26世纪的冷兵器时期，到1703年英法两国完全取消长矛为止，在经历了4000多年发展成长的漫长过程中，人类已经对当时所制作的石制兵器进行了简单检验。在殷商时代已有的文字记载中，就有关于生产状况和产品质量监督和检验的内容，人们对质量和可靠性已有了朴素的认识。

现代意义上的可靠性研究，始于第二次世界大战期间。当时，德国发射的火箭不可靠，美国的航空无线电设备不能正常工作。德国使用V-2火箭袭击伦敦，有80枚火箭没有起飞就爆炸，还有的火箭没有到达目的地就坠落；美国当时的航空无线电设备有60%不能正常工作，其电子设备在规定的使用期限内仅有30%的时间能有效工作。第二次世界大战期间，因可靠性问题引起的飞机损失惨重，损失飞机2100架，是被击落飞机数量的4.5倍。为了解决这一问题，美国国防部组织人力，开始对电子管的可靠性进行研究，这标志着可靠性研究的起步。

为了进行可靠性研究，美国在1934年成立电子管研究委员会，1946年成立电子管专业小组和航空无线电组。电子设备可靠性咨询小组(advisory group on reliability of electronic equipment，AGREE)是美国国防部1952年成立的一个由军方、工业领域和学术领域三方共同组成的组织，在可靠性设计、试验和管理的程序及方法上，推动并确定了美国可靠性工程的发展方向。该组织在1955年开始制订和实施从设计、试验，生产到交付、存储和使用的全面的可靠性计划，并在1957发表了《军用电子设备可靠性》研究报告，从九个方面全面阐述可靠性的设计、试验和管理的程序及方法，成为可靠性发展的奠基性文件。这个组织的成立和这份报告的出现，是可靠性学科发展的重要里程碑，也标志着可靠性学科成为一门真正的独立的学科。

20世纪60年代，可靠性的发展进入一个新的阶段。随着可靠性学科的全面发展，其研究已经从电子、航空、航天、核能等尖端工业领域扩展到电机与电力系统、机械设备、动力、土木建筑、冶金、化工等领域。十年中，美国先后开发出战斗机、坦克、导弹、宇宙飞船等装备，都是按照1957年《军用电子设备可靠性》报告中提出的被美国国防部和美国国家航空航天局(NASA)认可的一整套可靠性设计、试验和管理的程序及方法设计开发的。此设计、试验和管理的程序及方法在新产品的研制中得到广泛应用，并不断发展，得到检验，逐渐形成一套比较完善的可靠性设计、试验和管理标准。此时，已经形成了针对不同产品制订的较完善的可靠性大纲，并定量规定了可靠性要求，可进行可靠性分配和预测。在理论上，有了故障模式及影响分析(failure mode and effects analysis，FMEA)和故障树分析(failure tree analysis，FTA)。

在设计理念上，采用了余度设计，并进行可靠性试验、验收试验和老练试验；在管理上对产品进行可靠性评审，使装备可靠性提升明显。美国的可靠性研究使军事、航空航天领域的装备的可靠性大大增加。与此同时，许多其他工业发达国家，如日本、苏联等国家也相继对可靠性理论、试验和管理方法进行研究，并推动可靠性分析向前迈进。

20 世纪 70 年代，可靠性理论与实践的发展进入了成熟的应用阶段，世界先进国家都在可靠性方面有所研究和应用。

我国从 20 世纪 60 年代开始，首先在电子工业和国防工业中开始进行可靠性的研究和普及工作，继而在机械工业等其他部门逐渐推广应用。目前我国军用产品可靠性技术已有具有代表性的基础标准。与此同时，各有关工业部门、军兵种越来越重视可靠性管理，加强可靠性信息数据和学术交流活动。全国军用电子设备可靠性数据交换网已经成立，全国性和专业系统性的各级可靠性学会相继成立，进一步促进了我国可靠性理论与工程研究的深入展开。

可靠性工程专业性强，壁垒高，需要长期积累，且核心竞争力很难复制。从全球范围看，真正能提供专业可靠性工程项目服务的大公司也不多。目前，可靠性工程研究在我国仍然属于边缘学科，仅有几家高校、科研院所与企业成立了专门的可靠性研究实验室。尽管存在着一系列的发展瓶颈，但我国可靠性工程的发展前景仍然是光明的。

1.1.2　可靠性研究的重要意义

可靠性与电子工业的发展密切相关，其重要性可从电子产品发展的三个特点加以说明。

首先，电子产品的复杂程度在不断增加。人们最早使用的矿石收音机是非常简单的，随之先后出现了各种类型的收音机、录音机、录放机、通信机、雷达、制导系统、电子计算机，以及宇航控制设备，其复杂程度不断增加。电子产品复杂程度的显著标志是所需元器件数量的多少，而电子产品的可靠性取决于所用元器件的可靠性，因为电子产品中的任何一个元器件、任何一个焊点发生故障都将导致系统发生故障。一般说来，电子产品所用的元器件数量越多，其可靠性问题就越严重，为保证产品或系统能可靠工作，对元器件可靠性的要求就越高、越苛刻。

其次，电子产品的使用环境日益严酷。从实验室到野外，从热带到寒带，从陆地到深海，从高空到宇宙空间，电子产品经受着不同的环境条件下，除温度、湿度外，海水、盐雾、冲击、振动、宇宙粒子、各种辐射等的影响，因此产品失效的可能性增大。

最后，电子产品的装置密度不断增大。从第一代电子管进入第二代晶体管，集成电路已从小、中规模集成电路进入到大规模和超大规模集成电路，电子产品正朝小型化、微型化方向发展。这导致装置密度不断增大，从而使电子产品内部温度升高，散热条件恶化。而电子元器件的可靠性将随环境温度的升高而降低，因此元器件的可靠性引起了人们的极大重视。

由此，可靠性的重要性如下。

(1) 高可靠性产品在社会发展的各个方面和层次都具有重要意义。

现代生产技术的发展特点之一是自动化水平不断提高。一条自动化生产线由许多零部件组成，生产线上一台设备出了故障，可能会导致整条线停产，这就要求设备具有高可靠性。如嫦娥三号卫星正是具有高可靠性，才能一举顺利完成登月计划。现代生产技术发展的另一特点是设备结构复杂化、组成设备的零件多，其中一个零件发生故障可能会导致整机失效，如 1986 年，就因为火箭助推器内橡胶密封圈因温度低而失效，导致美国“挑战者”号航天飞机爆炸、七名宇航员遇难及重大经济损失。由此可见，只有高可靠性产品才能满足现代技术和生产的需要。

(2) 高可靠性产品可获得高的经济效益。

提高产品可靠性可获得更高的经济效益，如美国西屋电气公司为提高某产品的可靠性，曾做了一次全面审查，结果是所得经济效益是为提高可靠性所花费用的 100 倍。另外，提高产品的可靠性水平还可大大减少设备的维修费用。1961 年，美国国防部预算中至少有 25%用于维修。苏联曾有资料统计，在产品寿命期内产品的维修费用与购置费用之比：飞机为 5，汽车为 6，机床为 8，军事装置为 10。提高产品可靠性水平会大大降低维修费用，从而提高经济效益。

(3) 高可靠性产品才有高的竞争能力。

只有产品可靠性提高了，产品的信誉才能提高，产品才能在日益激烈的市场竞争中脱颖而出。日本汽车曾一度因可靠性差，在美国造成大量退货，几乎失去了美国市场。日本总结了经验，提高了汽车可靠性水平，使得日本汽车在世界市场上的竞争力大幅提升。

中国加入 WTO(世界贸易组织)后，挑战是严峻的。我们面临的是与世界发达国家的竞争。如果我们的产品有高的可靠性，那就能打入竞争激烈的世界市场，从而获得更大的经济效益，促进民族工业的发展；反之，则会被挤出市场，甚至失去部分国内市场。由此可见生产高可靠性产品的重要性。

可靠性已经列为产品的重要质量指标加以考核和检验。长期以来，人们只用产品的技术性能指标作为衡量电子元器件质量的标准，但这只能反映产品质量的一个方面，不能反映产品质量的全貌。因为如果产品不可靠，即使其技术性能再好也得不到发挥。从某种意义上说，可靠性可以综合反映产品的质量。

可靠性的发展可以带动和促进产品的设计、制造、使用、材料、工艺、设备和管理的发展，把电子元器件和其他电子产品的质量提高到一个新的水平。正因为这样，可靠性已形成一个专门的综合性学科，作为一项专门的技术进行研究。

1.1.3　可靠性工程的技术内涵

可靠性工程是为适应产品的高可靠性要求发展起来的新兴学科，是一门综合了众多学科的成果以解决可靠性问题为出发点的边缘学科。它是为了达到系统可靠性要求而进行的有关设计、管理、试验和生产一系列工作的总和，它与系统整个寿命周期内的全部可靠性活动有关。它研究产品或系统的故障发生原因、消除和预防措施，主要任务是保证产品的可靠性和可用性，延长产品的使用寿命，降低产品的维修费用，提高产品的使用效益。按照日本工业标准(Japanese industrial standards，JIS)，可靠性工程技术的定义为“以赋予产品可靠性为目的的应用科学和技术”。

可靠性工程是产品工程化的重要组成部分，同时也是实现产品工程化的有力工具。利用可靠性的工程技术手段能够快速、准确地确定产品的薄弱环节，并给出改进措施和改进后对系统可靠性的影响。

1. 可靠性的分类

1) 按学科分类

可靠性按学科分类，一般可分为可靠性数学、可靠性工程、可靠性管理和可靠性物理等分支。

2）按在生产工程各阶段应用的目的和任务分类

按可靠性技术在生产工程各阶段应用的目的和任务划分，可靠性大致可分为以下几类。

（1）可靠性设计：通过设计奠定产品的可靠性基础，研究在设计阶段如何预测和预防各种可能发生的故障和隐患。

（2）制造阶段的可靠性：通过制造实现产品的可靠性，研究制造偏差的控制、缺陷的处理和早期故障的排除，保证设计目标的实现。

（3）使用阶段的可靠性：通过使用维持产品的可靠性，研究产品运行中的可靠性监视、诊断预测，采用售后服务和维修策略等防止可靠性劣化。

（4）可靠性试验及可靠性分析：通过试验测定和验证产品的可靠性，研究在有限的样本、时间和使用费用下，如何获得合理的评定结果，找出薄弱环节，并研究导致薄弱的内因和外因，研究导致薄弱的机理，找出规律，提出改进措施以提高产品的可靠性。

（5）可靠性管理：组织实施以较少的费用、时间实现产品的可靠性目标，研究可靠性目标的实施计划和数据反馈系统；完善可靠性组织结构，规划可靠性组织工作的目标，制订相应的流程，规范可靠性工作；监督可靠性工作的实施，培训可靠性知识，增强质量意识，规避设计风险。

3）按对故障处理的先后程序分类

按照对故障处理的先后程序，可靠性技术可划分为事前、事中和事后分析技术。

（1）事前分析技术：在产品设计、制造阶段，预测、预防故障和隐患的发生。

（2）事中分析技术：在产品使用阶段通过故障监控、诊断技术预测，以及预报故障的征兆和发展趋势，以便及时进行预防性维修。

（3）事后分析技术：在发生故障或产品失效后进行失效机理分析，将信息反馈给设计、制造部门，以便采取改进对策。

可靠性的技术基础是概率论、数理统计、材料、结构、物性学、故障物理、基础试验技术、环境技术等。

在可靠性工程中，一方面应用数理统计和现场使用信息反馈等手段，建立起可靠性的管理体系；另一方面对故障通过物理试验技术进行研究，提供有关产品故障的机理分析、检测和设计等技术。

2. 可靠性的特点

可靠性和传统的技术概念有很大不同，其特点如下。

1）管理和技术高度结合

可靠性工程是介于固有技术和管理科学之间的一门边缘学科。日本把可靠性技术比喻为“病疫学”和“病理学”密切结合的技术。所谓“病疫学”指分析和追踪故障的起因、产生的环节，从而将信息反馈给有关单位，指导设计、制造环节的改进，即可靠性管理的任务；“病理学”则是研究具体故障的消除和预防技术。管理和技术结合，管理指导技术的合理应用，这就是可靠性技术的基本思想。

2）众多学科的综合

产品或系统的可靠性不是孤立存在的，它受许多环节、因素的影响。因此可靠性技术和很多领域的技术密切相关，需要得到如系统工程、人机工程、生产工程、材料工程、环境工程、数理统计等学科，以及以往的失效经验的支持，并综合应用这些领域的技术成果解决产品可靠性问题。

3）反馈和循环

一个产品的可靠性首先靠设计阶段保障，并通过制造实现设计目标。为了把可靠性设计到产品中去，必须在设计阶段预测和预防一切可能发生的故障。而预测、预防的依据是反馈的使用信息，因此，反馈是可靠性管理技术的基本特点，没有反馈就没有可靠性。通过反馈，设计、试验、制造和使用过程形成循环技术体系。循环的反复，使可靠性水平不断提高。

需要指出的是，虽然可靠性技术引入了各个领域，但其应用模式并不同。目前，除了数理统计、故障物理等基础学科中可靠性的应用基本相同外，对于可靠性管理，可靠性技术的应用程度和范围受到原有技术基础、管理体制等条件的限制，基本上都是结合具体的特点以独自的形式发展。

3. 可靠性工程的工作步骤

可靠性工程的具体工作步骤为：

(1) 通过试验或使用，发现系统在可靠性上的薄弱环节；

(2) 研究分析导致这些薄弱环节的主要内外因素；

(3) 研究影响系统可靠性的物理、化学、人为的机理及其规律；

(4) 针对分析得到的问题原因，在技术上、组织上采取相应的改进措施，并定量地评定和验证其效果；

(5) 完善系统的制造工艺和生产组织。

1.2 可靠性工程的数学基础

1.2.1 随机事件及其概率

1. 随机试验与随机事件

随机试验是可以在相同条件下重复进行的试验。随机试验中可能发生，也可能不发生的事件称为随机事件（简称事件）。随机事件常用大写字母 $A,B,C\cdots$ 表示。在随机事件集合中，有两种特殊事件：在一定条件下，一定会发生的事件，称为必然事件，一般用 Ω 表示；肯定不会发生的事件，称为不可能事件，一般用 $\varnothing$ 表示。

2. 事件之间的关系与运算

1）事件的包含与相等

两个事件 A 和 B，若事件 A 发生则事件 B 必然发生，则称事件 B 包含事件 A，或称事件 A 包含于事件 B，记为

$$B\supset A \text{ 或 } A\subset B \tag{1-1}$$

若同时有 $A\supset B$ 和 $B\supset A$，则称事件 A 与 B 相等，记为

$$A=B \tag{1-2}$$

2）事件的和与积

若事件 $A_1,A_2,\cdots,A_n$ 中至少有一个事件发生则事件 C 就发生，称事件 C 为事件 $A_1,A_2,\cdots,A_n$ 的和，记为

$$C=A_1\cup A_2\cup\cdots\cup A_n=\bigcup_{i=1}^{n}A_i \tag{1-3}$$

若事件 $A_1, A_2, \cdots, A_n$ 同时发生时，事件 D 才发生，则称事件 D 为事件 $A_1, A_2, \cdots, A_n$ 的积，记为

$$D = A_1 \cap A_2 \cap \cdots \cap A_n = \bigcap_{i=1}^{n} A_i \tag{1-4}$$

3）事件的差

表示"事件 A 发生而事件 B 不发生"的事件 E 称为事件 A 与事件 B 的差，记为

$$E = A - B \tag{1-5}$$

4）互逆事件与互不相容事件

若事件 B 为非 A 事件，则称事件 A 是事件 B 的对立事件或互逆事件，记为

$$A = \overline{B} \quad 或 \quad B = \overline{A} \tag{1-6}$$

若事件 A 与事件 B 不能同时发生，则称事件 A 与事件 B 互不相容，记为

$$A \cap B = \varnothing \tag{1-7}$$

两个互不相容事件没有公共元素。例如，必然事件与不可能事件是互不相容的。互逆的两个事件必为互不相容事件。

3. 概率定义

概率是表示随机事件发生可能性大小的数量指标。随机事件发生的概率通常可以用频率近似表示。或者说，事件 A 的概率是赋予该事件的一个实数 $P(A)$。如果试验重复进行了 n 次，事件 A 发生了 n_A 次，则当 n 足够大时，事件 A 发生的相对频率 n_A/n 将以高度的确定性接近 $P(A)$，表示为

$$P(A) \approx n_A/n \tag{1-8}$$

显然，$1 \geqslant P(A) \geqslant 0$。从大量试验中所得到的随机事件 A 的频率的稳定值 $P(A)$，记为事件 A 发生概率的统计表达。

4. 概率基本运算法则

1）概率互补定理

某一事件发生和不发生的概率之和必为 1，即

$$P(A) + P(\overline{A}) = 1 \tag{1-9}$$

2）概率加法定理

若事件 A 和 B 互不相容，则 A 与 B 的和事件的概率为

$$P(A+B) = P(A \cup B) = P(A) + P(B) \tag{1-10}$$

对于 n 个互不相容事件 $A_1, A_2, \cdots, A_n$，和事件的概率为

$$P(A_1 \cup A_2 \cup \cdots \cup A_n) = P(A_1) + P(A_2) + \cdots + P(A_n) = \sum_{i=1}^{n} P(A_i) \tag{1-11}$$

对于 n 个相容事件 $A_1, A_2, \cdots, A_n$，和事件的概率为

$$P(A_1 \cup A_2 \cup \cdots \cup A_n) = \sum_{i=1}^{n} P(A_i) - \sum_{i<j=2}^{n} P(A_i A_j) + \sum_{i<j<k=3}^{n} P(A_i A_j A_k) + \cdots + (-1)^{n-1} P(A_1 A_2 \cdots A_n) \tag{1-12}$$

3）条件概率

在事件 A 发生的条件下，事件 B 发生的概率称为事件 B 发生的条件概率，记为 $P(B \mid A)$。若 $P(A) > 0$ 或 $P(B) > 0$，则有

$$\begin{cases} P(B|A)=\dfrac{P(A\cap B)}{P(A)} \\ P(A|B)=\dfrac{P(A\cap B)}{P(B)} \end{cases} \tag{1-13}$$

4）概率乘法定理

相互独立的两个事件 A 和 B，同时发生的概率为这两个事件各自发生的概率的积，这就是概率的乘法定理，即

$$P(A\cup B)=P(AB)=P(A)P(B) \tag{1-14}$$

彼此相关的两个事件 A 和 B 同时发生的概率为

$$P(A\cap B)=P(A)P(B|A)=P(B)P(A|B) \tag{1-15}$$

5）全概率公式

如果事件组 $A_1,A_2,\cdots,A_n$ 中各事件之间互不相容，且其全部事件的和为必然事件，则称该事件组为完备事件组。

设试验 E 的样本空间为 S，事件 B 为试验 E 的任一事件，$A_1,A_2,\cdots,A_n$ 为 S 的一个完备事件组，则有

$$P(B)=\sum_{i=1}^{n}P(A_i)P(B\mid A_i) \tag{1-16}$$

6）贝叶斯公式

若 $A_1,A_2,\cdots,A_n$ 为一完备事件组，B 为任一事件，且 $P(B)>0$，则有

$$P(A_i\mid B)=\frac{P(A_i)P(B\mid A_i)}{\sum\limits_{i=1}^{n}P(A_i)P(B\mid A_i)} \tag{1-17}$$

1.2.2　随机变量及其分布的数字特征

1. 随机变量

若对于试验的样本空间 S 中的每一个基本事件（或样本点）e，变量 X 都有一个确定的实数值与 e 相对应，即 $X=X(e)$，则称 X 是随机变量。也就是说，随机变量 X 是一个以基本事件 e 为自变量的实值函数，且与随机试验的结果无关。

随机变量的特征是，试验之前知道可能的取值范围，不能确定其具体值，但按一定的概率取其各可能值。例如，随机抽检 n 个零件，设其中不合格件数为 X，则 X 的可能值为 $0,1,2,\cdots,n$，可以用 $\{X=k\}$ 表示有 k 件不合格品这一事件。

随机变量可以分为离散型随机变量（其全部取值为有限个或可数无限个）和连续型随机变量（可以在某一区间内任意取值）两类。

1）离散型随机变量及其概率分布

当随机变量只取有限个或可数无限个值时，称该随机变量为离散型随机变量。

设 X 是一个离散型随机变量，且 X 的可能值是 $x_1,x_2,\cdots,x_n$，可以将 X 的可能值及相应的概率以概率分布表的形式表示，如表 1-1 所示。

表 1-1 概率分布表

随机变量 X	x_1	x_2	…	x_i	…	x_n
概率 P	p_1	p_2	…	p_i	…	p_n

为简单起见，随机变量 X 的概率分布情况也可以用数学表达式表示，称为离散型随机变量 X 的分布律，即

$$p_i = P(X = x_i), i = 1,2,\cdots,n; 0 \leqslant p_i \leqslant 1 \text{ 且} \sum_i p_i = 1 \tag{1-18}$$

已知 X 的分布律，就可以求得这个随机变量所对应的概率空间中任何随机事件的概率。

2）连续型随机变量及其概率分布

设 X 是随机变量，x 是任意实数，称函数

$$F(x)=P(X\leqslant x) \tag{1-19}$$

为随机变量 X 的分布函数。

如果对于随机变量 X 的分布函数 $F(x)$，存在非负可积函数 $f(x)$，使得对于任何实数 x，有

$$F(x) = P(X \leqslant x) = \int_{-\infty}^{x} f(x)\mathrm{d}x \tag{1-20}$$

则称 X 为连续型随机变量。而函数 $f(x)$ 称为随机变量的概率密度函数，简称分布密度，且有 $\int_{-\infty}^{x} f(x)\mathrm{d}x = 1$ 。

显然，分布函数 $F(x)$ 与概率密度函数 $f(x)$ 之间存在如下关系：

$$f(x) = F'(x) = \frac{\mathrm{d}F(x)}{\mathrm{d}x} \tag{1-21}$$

$$P(x_1 \leqslant x \leqslant x_2) = \int_{x_1}^{x_2} f(x)\mathrm{d}x = F(x_2) - F(x_1) \tag{1-22}$$

2. 随机变量分布的数字特征

分布函数能够完整地描述随机变量的统计特征，但有时很难写出随机变量的分布函数。同时，在许多实际问题中，并不一定需要知道分布函数，而只需要知道随机变量的某些特征。描述随机变量分布的形态与特征的量称为随机变量的数字特征。

随机变量的数字特征一般可以用一个或几个实数来描述。例如，在测量一块板的厚度时，测量的结果是随机变量，在实际工作中，往往用测量出来的平均值代表其厚度。又如，对产品的使用寿命，既需要知道其平均值的大小，也需要考虑其偏离平均值的程度。

1）随机变量的集中趋势

假定有 n 个数值，从小到大依次排列为 $x_1,x_2,\cdots,x_n$。这组数分散在 X_1 至 X_n 之间。有时需要从这组数中取某一数值作代表，则这一数值就成为这一组数的代表值。在数理统计中，通常选择接近中心的值为代表值，即能代表集中趋势的值，如均值、中位数和众数。

（1）均值：随机变量的平均值。它是各取值以其概率为加权系数的加权算术平均值，也是用得最频繁、最具代表性的表示集中趋势的值。

对离散型随机变量 X，其均值 μ_X 为

$$\mu_X = E(X) = \sum_i x_i p_i \tag{1-23}$$

式中：$E(X)$ 表示随机变量 X 的数学期望（平均值）；p_i 表示随机变量 X 取值为 x_i 的概率。

对连续型随机变量 X，其均值 μ_X 为

$$\mu_X = E(X) = \int_{-\infty}^{\infty} x f(x) \mathrm{d}x \tag{1-24}$$

(2) 中位数：在一组数中，若该组数的个数为奇数，中位数就是这组数从小到大排列后数值位于中间的那个数；若该组数的个数为偶数，这组数从小到大排列后位于中间位置的数有两个，中位数就取为这两个数的算术平均值。

当数据的个数较多时，中位数有较强的集中趋势，也容易求得；当数据的个数较少时，中位数未必具有集中趋势，使用时应注意。中位数是累计概率分布函数值 $F(x)=0.5$ 时所对应的 x 值，记为 $x_{0.5}$。

(3) 众数：也称为最频繁值，是频率 $f(x)$ 为最大值时随机变量 X 的值。在 x 取众数时，有

$$\frac{\mathrm{d}f(x)}{\mathrm{d}x}=0 \tag{1-25}$$

2) 分散性

在一组数值中，各数值相对其集中趋势的分散程度可以用方差、标准差、变异系数和极差等特征表示。

(1) 方差：用以描述一组数的分散程度，是随机变量与其均值差的均方差。

离散型随机变量 X 的方差 σ_X^2 为

$$\sigma_X^2 = D(X) = \sum_i (x_i - \mu_X)^2 p_i \tag{1-26}$$

连续型随机变量 X 的方差 σ_X^2 为

$$\sigma_X^2 = D(X) = \int_{-\infty}^{\infty} (x - \mu_X)^2 f(x) \mathrm{d}x \tag{1-27}$$

(2) 标准差：方差的算术平方根称为标准差。随机变量 X 的标准差用 σ_X 表示。

$$\sigma_X = \sqrt{D(X)} \tag{1-28}$$

标准差是在表示分散性时使用最频繁的一种参数，它与数值分布的类型和数值的个数没有关系。对于连续型随机变量，如果固定 μ_X，则 σ_X 越小，$f(\mu_X)$ 越大，概率密度函数的图形越高越陡峭，如图 1-1 所示，说明 X 的取值越集中于 μ 附近。

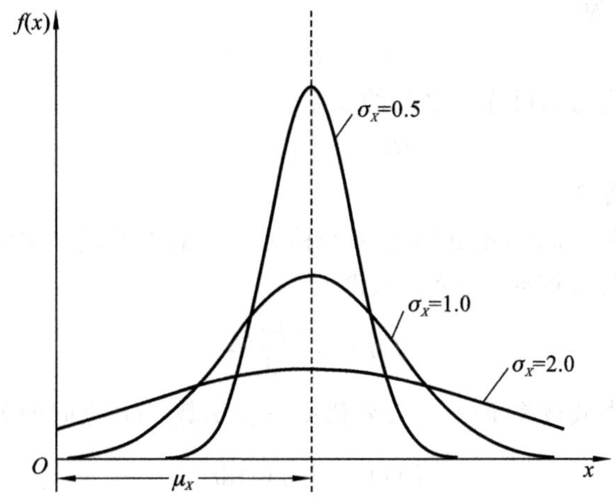

图 1-1　连续型随机变量的概率密度函数

(3) 变异系数：标准差与均值之比定义为变异系数，表示为

$$C_X=\frac{\sigma_X}{\mu_X} \tag{1-29}$$

(4) 极差:一组数中最大值与最小值之差定义为极差,表示为

$$R=x_{\max}-x_{\min} \tag{1-30}$$

1.3 可靠性工程的基本特征参数

1.3.1 常用的可靠性参数

1. 可靠度

在规定条件下和规定的时间内,产品完成规定的功能的概率称为产品的可靠度,用 R 表示。若以 T 表示产品的寿命,以 t 表示规定的时间,显然,"$T>t$"事件是一个随机事件。产品的可靠度是用概率来度量的,其数学表达式为

$$R(t)=P(T>t) \tag{1-31}$$

通常情况下,在初始时刻各产品处于完好状态,即当 $t=0$ 时,$R(0)=1$。随着工作时间的增长,产品出现失效情况,在不维修的情况下,失效产品的数量不断增加,当 $t=\infty$时,$R(\infty)=0$。产品的可靠度也可表示为

$$R(t)=\frac{N_0-r(t)}{N_0} \tag{1-32}$$

式中:N_0表示 $t=0$ 时,在规定条件下工作的产品数量;$r(t)$表示在 $0\sim t$ 时段内,累积的故障次数。

2. 不可靠度

在规定的条件下和规定的时间内,产品不能完成规定的功能的概率称为产品的不可靠度。它也是时间函数,记作 $F(t)$,也称为累计失效概率。产品的寿命 T 是一个随机变量,对于给定的时间 t,概率论中称随机变量 T 不超过规定值 t 的概率为产品失效分布函数,因此,产品失效分布函数的数学表达式为

$$F(t)=P(T\leqslant t) \tag{1-33}$$

显然,产品的可靠度与不可靠度之间的关系为

$$R(t)+F(t)=1 \tag{1-34}$$

3. 失效概率密度函数

若函数 $F(t)$是连续可微的,则其导数 $f(t)$称为产品的失效概率密度函数。它表示产品在 t 时刻的单位时间内的失效概率,数学表达式为

$$f(t)=\frac{\mathrm{d}F(t)}{\mathrm{d}t} \tag{1-35}$$

显然,产品的累计失效概率 $F(t)$与失效概率密度函数 $f(t)$之间的关系为

$$F(t)=\int_0^t f(t)\mathrm{d}t \tag{1-36}$$

因而,产品的可靠度可表示为

$$R(t)=1-F(t)=1-\int_0^t f(t)\mathrm{d}t=\int_t^\infty f(t)\mathrm{d}t \tag{1-37}$$

4. 失效率

在 t 时刻尚未失效的产品，在该时刻后的单位时间内发生失效的概率，称为产品的瞬时失效率，简称为失效率，用 $\lambda(t)$ 表示。其数学表达式为

$$\lambda(t)=\frac{f(t)}{R(t)} \tag{1-38}$$

由于 $f(t)=\dfrac{\mathrm{d}F(t)}{\mathrm{d}t}=-\dfrac{\mathrm{d}R(t)}{\mathrm{d}t}$，因此

$$\lambda(t)=-\frac{\mathrm{d}R(t)}{\mathrm{d}t}\cdot\frac{1}{R(t)}=-\frac{\mathrm{d}(\ln R(t))}{\mathrm{d}t} \tag{1-39}$$

两边积分可得到

$$-\int_0^t\lambda(t)\mathrm{d}t=\ln R(t) \tag{1-40}$$

两边取指数得到

$$R(t)=\mathrm{e}^{-\int_0^t\lambda(t)\mathrm{d}t} \tag{1-41}$$

由式(1-38)和式(1-41)还可以得到

$$f(t)=\lambda(t)\mathrm{e}^{-\int_0^t\lambda(t)\mathrm{d}t} \tag{1-42}$$

5. 可用度

对于一个只有正常和故障两种可能状态的可修产品，可以用一个二值函数来描述它。对 $t\geqslant 0$，令

$$X(t)=\begin{cases}1,\text{若时刻 } t \text{ 产品正常}\\0,\text{若时刻 } t \text{ 产品故障}\end{cases} \tag{1-43}$$

产品在时刻 t 的瞬时可用度 $A(t)$ 定义为

$$A(t)=P\{X(t)=1\} \tag{1-44}$$

即时刻 t 产品处于正常状态的概率。瞬时可用度 $A(t)$ 只涉及时刻 t 产品是否正常，对时刻 t 以前产品是否发生过故障并不关心。

在瞬时可用度 $A(t)$ 的基础上，进一步定义 $[0,t]$ 时间内的平均可用度 $\overline{A}(t)$，表示为

$$\overline{A}(t)=\frac{1}{t}\int_0^t A(u)\mathrm{d}u \tag{1-45}$$

若极限

$$\overline{A}=\lim_{t\to\infty}\overline{A}(t) \tag{1-46}$$

存在，则称其为极限平均可用度。

若极限

$$A=\lim_{t\to\infty}A(t) \tag{1-47}$$

存在，则称其为稳态可用度。

显然，若稳态可用度 A 存在，则极限平均可用度 $\overline{A}$ 必存在，且有 $\overline{A}=A$。

可用度是可维修产品重要的可靠性指标之一。在工程应用中常用的是稳态可用度，它表示产品经长期运行，大约有 A 的时间比例处于正常状态。

6. $(0,t]$ 时间内产品故障次数的分布

可维修产品的状态随时间的进程是一串正常和故障交替出现的过程。因此，对 $t>0$，产品在 $(0,t]$ 时间内的故障次数 $N(t)$ 是一个取值为非负整数值的随机变量。产品在 $(0,t]$ 时间

内故障次数的分布为

$$P_k(t)=P\{N(t)=k\},k=0,1,2,\cdots \tag{1-48}$$

产品在$(0,t]$时间内平均故障次数为

$$M(t)=E(N(t))=\sum_{k=1}^{\infty}kP_k(t) \tag{1-49}$$

当$M(t)$的导数存在时,称

$$m(t)=\frac{\mathrm{d}M(t)}{\mathrm{d}t} \tag{1-50}$$

为产品的瞬时故障频度。

而在工程应用中,更常用的是产品的稳态故障频度M,为

$$M=\lim_{t\to\infty}\frac{M(t)}{t} \tag{1-51}$$

$M(t)$和M也是重要的可靠性数量指标。例如,在更换问题的研究中,$M(t)$代表需要准备多少个备件。

1.3.2 产品的寿命特征参数

在一批产品中某一特定产品失效之前,难以指出其寿命的确切值,但在掌握了一批产品寿命的统计规律后,就可以指出产品寿命小于某一阈值的概率,或产品寿命在某一阈值范围内的概率。在可靠性工作中,经常用平均寿命、寿命方差与寿命标准差、可靠寿命、中位寿命、特征寿命、更换寿命和B10寿命等作为衡量产品可靠性的尺度。

1. 平均寿命

对于不可维修的产品,平均寿命指产品发生失效前的工作或储存时间的平均值,通常记作MTTF(mean time to failure,平均失效前时间);对于可维修产品,平均寿命指两次相邻故障间工作时间的平均值,通常记作MTBF(mean time between failure,平均故障间隔时间)。

平均故障间隔时间MTBF也称为平均无故障工作时间,在试验中用θ(见标准GJB 899A)或m(见标准GB/T 5080)表示。当产品工作到时间$t=\theta$时,产品的可靠度为36.8%,表示63.2%产品可能已经失效。MTBF的值越大,表明产品的可靠性越高,其故障率就越低。

2. 寿命方差与寿命标准差

产品寿命T的方差称为产品的寿命方差,其理论值为

$$D(T)=\int_0^{\infty}[t-E(T)]^2\,\mathrm{d}t \tag{1-52}$$

寿命方差的均方根,称为产品的寿命标准差。

3. 可靠寿命

对于给定可靠度r,产品工作至可靠度为r的时间,称为可靠度为r的可靠寿命。若以t_r表示可靠寿命,则可以从方程

$$R(t_r)=r \tag{1-53}$$

中求出t_r。

4. 中位寿命

产品工作到可靠度为50%时的时间,称为产品的中位寿命,显然此时有

$$R(t_{0.5})=F(t_{0.5})=0.5 \tag{1-54}$$

5. 特征寿命

产品工作到可靠度为 e^{-1}时的时间，称为产品的特征寿命，显然此时有

$$R(t_{e^{-1}}) = e^{-1} = 36.8\% \tag{1-55}$$

6. 更换寿命

对于给定的失效率 λ，当产品的失效率函数值下降到低于给定的失效率水平的时间，称为产品的更换寿命，用 t_λ 表示，即对于给定的 λ，有

$$R(t_\lambda) = \lambda \tag{1-56}$$

7. B10 寿命

B10 寿命最早用于描述轴承的可靠性和寿命。轴承的可靠性是随其工作时间的增加而逐渐下降的，到了其耗损阶段，故障发生的频率会陡然升高，进入故障高发期。轴承的意外故障可能会带来较大的损失，为了减少意外故障的损失，需要在轴承进入耗损阶段之前就对其进行维修或更换。针对这个问题，人们提出了一个非常朴素的做法：收集轴承的故障时间数据，通过统计方法得到 10%的轴承发生故障的时间点；用 B10 表示这个时间点，如果轴承工作到这个时间点仍未失效（占 90%左右），需要对其进行维修或更换。

B10 寿命是产品的工作时间点，表示产品工作到这个时间点后，预期有 10%的产品将会发生故障。

比 B10 寿命更广泛的描述为 BX 寿命，当 X 为 10 时称为 B10 寿命，当 X 为 5 时称为 B5 寿命。比较常见的 BX 寿命是 B0.1、B1、B10、B50 寿命。对于汽车类产品，一般用 B10 寿命表达其整车和成件的可靠性。

1.4　可靠性理论中常用概率分布

在可靠性实践中，人们发现可以用指数分布、正态分布、对数正态分布、威布尔分布、超几何分布、伽马分布等描述产品的失效分布规律。

1.4.1　指数分布

指数分布是可靠性实践中最常见的分布，它的概率密度函数为

$$f(t) = \lambda e^{-\lambda t} \tag{1-57}$$

式中：λ 称为失效率。服从指数分布的产品，在早期失效阶段，失效密度较高，随着时间的推移，失效密度逐渐降低，并趋向恒定。

根据可靠性指标的相互关系，可以得到产品的分布函数 $F(t)$、可靠度 $R(t)$、失效率 $\lambda(t)$、平均寿命 MTBF($E(T)$)、寿命方差 $D(T)$、可靠寿命 t_r、中位寿命 $t_{0.5}$、特征寿命 $t_{e^{-1}}$ 的计算公式，分别为

$$F(t) = 1 - e^{\lambda t} \tag{1-58}$$

$$R(t) = e^{\lambda t} \tag{1-59}$$

$$\lambda(t) = \lambda \tag{1-60}$$

$$\mathrm{MTBF}(E(T)) = 1/\lambda \tag{1-61}$$

$$D(T) = 1/\lambda^2 \tag{1-62}$$

$$t_r = -\ln r/\lambda \tag{1-63}$$

$$t_{0.5} = \ln 2/\lambda \tag{1-64}$$

$$t_{e^{-1}} = 1/\lambda \tag{1-65}$$

由上述结果，并根据

$$R(\text{MTBF}) = e^{-\lambda\cdot\frac{1}{\lambda}} = e^{-1} = 36.8\% \tag{1-66}$$

可以得出如下结论：当产品服从指数分布时，失效率近似为常数。其平均寿命、寿命标准差和特征寿命都是失效率的倒数，且产品工作到平均寿命 MTBF 时，其可靠度为 36.8%。因此，对于寿命服从指数分布的产品而言，只要掌握了产品的失效率就可以知道产品的全部分布特性。

指数分布的一个重要性质是无记忆性。无记忆性指产品在经过一段时间 t_0 工作后，剩余寿命仍具有与原来工作寿命相同的分布，而与工作时间 t_0 无关。这个性质说明，寿命分布为指数分布的产品，过去工作了多久对现在和将来的寿命分布不产生影响。

1.4.2　正态分布

正态分布是一种应用极其广泛的分布，其概率密度函数为

$$f(t) = \frac{1}{\sigma\sqrt{2\pi}} e^{-\frac{1}{2}\left(\frac{t-\mu}{\sigma}\right)^2} \tag{1-67}$$

定义 $\mu=0$，$\sigma=1$ 的正态分布为标准正态分布。标准正态分布的分布函数为

$$\Phi(t) = \int_0^t \frac{1}{\sqrt{2\pi}} e^{-\frac{x^2}{2}} \mathrm{d}x \tag{1-68}$$

当产品寿命服从正态分布时，式(1-67)中参数 μ 就是产品的平均寿命，参数 σ 就是产品的寿命标准差，而且产品的中位寿命与产品的平均寿命相等。

产品的分布函数 $F(t)$、可靠度 $R(t)$、失效率 $\lambda(t)$、可靠寿命 t_r、中位寿命 $t_{0.5}$、特征寿命 $t_{e^{-1}}$ 的计算公式分别为

$$F(t) = \int_0^t \frac{1}{\sigma\sqrt{2\pi}} e^{-\frac{1}{2}\left(\frac{t-\mu}{\sigma}\right)^2} \mathrm{d}x = \int_0^{\frac{t-\mu}{\sigma}} \frac{1}{\sqrt{2\pi}} e^{-\frac{x^2}{2}} \mathrm{d}x = \Phi\left(\frac{t-\mu}{\sigma}\right) \tag{1-69}$$

$$R(t) = 1 - F(t) = 1 - \Phi\left(\frac{t-\mu}{\sigma}\right) \tag{1-70}$$

$$\lambda(t) = \frac{f(t)}{R(t)} = \frac{\Phi\left(\frac{t-\mu}{\sigma}\right)\Big/\sigma}{1-\Phi\left(\frac{t-\mu}{\sigma}\right)} \tag{1-71}$$

$$t_r = \mu + \sigma Z_{1-r} \tag{1-72}$$

$$t_{0.5} = \mu \tag{1-73}$$

$$t_{e^{-1}} = \mu + \sigma Z_{0.632} = \mu + 0.34\sigma \tag{1-74}$$

式中：Z_{1-r} 为标准正态分布的 $1-r$ 上侧分位点。分位点的具体数值可参考附表 1 标准正态分布表。

1.4.3　对数正态分布

当正态分布函数的自变量取对数时，就变为对数正态分布函数。它的概率密度函数为

$$f(t)=\frac{1}{\sigma t\sqrt{2\pi}}\mathrm{e}^{-\frac{1}{2}\left(\frac{\ln t-\mu}{\sigma}\right)^2} \tag{1-75}$$

式中：μ 称为对数均值；σ 称为对数标准方差。

若以 $\Phi(t)$ 表示标准正态分布的分布函数，那么产品的分布函数 $F(t)$、可靠度 $R(t)$、失效率 $\lambda(t)$、平均寿命 $E(T)$、寿命方差 $D(T)$、可靠寿命 t_r、中位寿命 $t_{0.5}$、特征寿命 $t_{e^{-1}}$ 的计算公式分别为

$$F(t)=\int_0^t \frac{1}{\sigma t\sqrt{2\pi}}\mathrm{e}^{-\frac{1}{2}\left(\frac{\ln t-\mu}{\sigma}\right)^2}\mathrm{d}x=\int_0^{\frac{\ln t-\mu}{\sigma}}\frac{1}{\sqrt{2\pi}}\mathrm{e}^{-\frac{x^2}{2}}\mathrm{d}x=\Phi\left(\frac{\ln t-\mu}{\sigma}\right) \tag{1-76}$$

$$R(t)=1-F(t)=1-\Phi\left(\frac{\ln t-\mu}{\sigma}\right) \tag{1-77}$$

$$\lambda(t)=\frac{f(t)}{R(t)}=\frac{\Phi\left(\frac{\ln t-\mu}{\sigma}\right)\Big/\sigma t}{1-\Phi\left(\frac{\ln t-\mu}{\sigma}\right)} \tag{1-78}$$

$$E(T)=\mathrm{e}^{\mu+\frac{\sigma^2}{2}} \tag{1-79}$$

$$\mathrm{D}(T)=e^{2\mu+\sigma^2}(e^{\sigma^2}-1) \tag{1-80}$$

$$t_r=\mathrm{e}^{\mu+\sigma Z_{1-r}} \tag{1-81}$$

$$t_{0.5}=\mathrm{e}^{\mu} \tag{1-82}$$

$$t_{e^{-1}}=\mathrm{e}^{\mu+0.34\sigma} \tag{1-83}$$

当 μ 和 σ^2 取不同值时，对数正态分布的概率密度函数如图 1-2 所示。

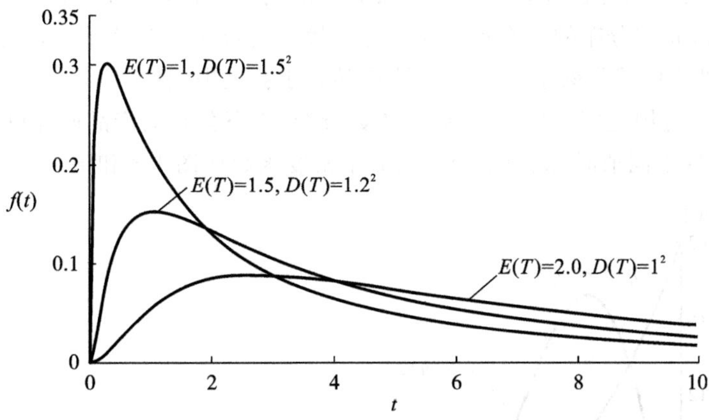

图 1-2　μ 和 σ^2 取不同值时对数正态分布的概率密度函数

1.4.4　威布尔分布

瑞典学者威布尔在研究链的强度时，构造了一种分布函数。经研究证明，凡因局部失效而导致整体机能失效的串联式模型都能采用这种分布函数进行描述。这种分布函数具有普遍意义，并且得到了广泛应用，尤其适用于机电类产品磨损失效的分布规律描述，称为威布尔分布函数。威布尔分布函数的形式为

$$F(t)=1-\mathrm{e}^{-\left(\frac{t-\gamma}{\eta}\right)^m} \tag{1-84}$$

其概率密度函数为

$$f(t)=\frac{m}{\eta}\left(\frac{t-\gamma}{\eta}\right)^{m-1}\exp\left(-\left(\frac{t-\gamma}{\eta}\right)^{m}\right) \tag{1-85}$$

式中：m 称为形状参数；γ 称为位置参数；η 称为尺度参数。

令

$$\Gamma\left(1+\frac{1}{m}\right)=\int_0^{\infty}u^{\frac{1}{m}}\mathrm{e}^{-u}\mathrm{d}u \tag{1-86}$$

称 $\Gamma(x)$ 为伽马函数。如果设 $u=\frac{t^m}{t_0}$，则有 $\mathrm{d}u=m\frac{t^{m-1}}{t_0}\mathrm{d}t$，$t=(ut_0)^{\frac{1}{m}}$ 。根据这些关系式，可以得出当 $\gamma=0$ 时，η 就是产品的特征寿命，而且其可靠度 $R(t)$、失效率 $\lambda(t)$、平均寿命 $E(T)$、寿命方差 $D(T)$、可靠寿命 t_r、中位寿命 $t_{0.5}$ 的计算公式分别为

$$R(t)=\mathrm{e}^{-\frac{t^m}{t_0}} \tag{1-87}$$

$$\lambda(t)=\frac{m}{t_0}t^{m-1} \tag{1-88}$$

$$E(T)=\gamma+\eta\Gamma\left(1+\frac{1}{m}\right) \tag{1-89}$$

$$D(T)=\eta^2\left[\Gamma\left(1+\frac{2}{m}\right)-\Gamma^2\left(1+\frac{1}{m}\right)\right] \tag{1-90}$$

$$t_r=\eta(-\ln r)^{\frac{1}{m}} \tag{1-91}$$

$$t_{0.5}=\eta(\ln 2)^{\frac{1}{m}}=\eta(0.693)^{\frac{1}{m}} \tag{1-92}$$

如前所述，威布尔分布能体现产品全寿命周期的失效特征，包括早期失效期、偶然失效期和耗损失效期。威布尔分布的一个重要参数是形状参数 m：$m<1$，表明产品处于早期失效期；$m=1$，表明产品处于偶然失效期；$m>1$，表明产品处于耗损失效期。

威布尔分布的适用范围较广，寿命服从指数分布、正态分布的产品同样可以用威布尔分布描述。当 γ、η、m 取不同值时，威布尔分布的概率密度函数如图 1-3 和图 1-4 所示。

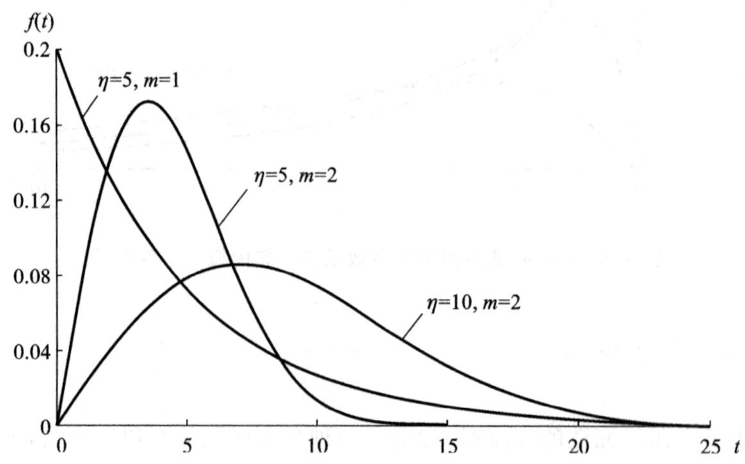

图 1-3　$\gamma=0$，η、m 取不同值时的威布尔分布的概率密度函数

当 $m=1$，$\gamma=0$ 时，代表指数分布，t_0 即为平均寿命。

当 $m=3.4$ 时，接近正态分布。

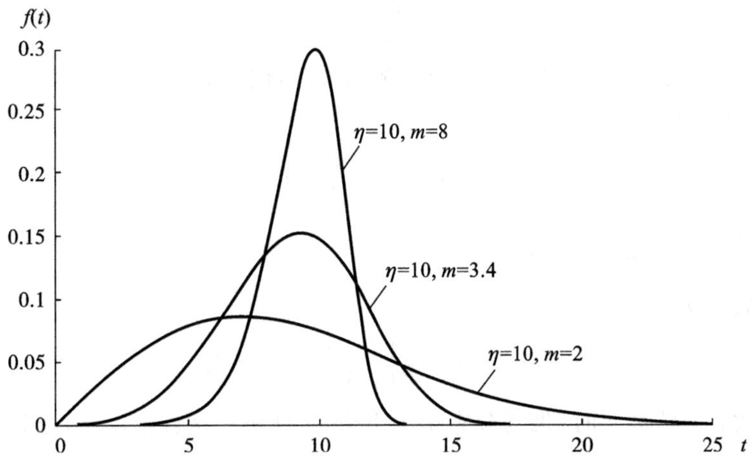

图 1-4　当 $\gamma=0,\eta=10,m$ 取不同值时的威布尔分布的概率密度函数

1.4.5　超几何分布

超几何分布常用于连续事件导致系统失效情况的建模。考虑一个具有隐含冗余配置的系统，当两个器件发生失效时，系统将失效。在这种情况下，系统的可靠度可用超几何分布进行建模。假设 N 件产品中有 M 件为次品，从中任取 $n(n\leqslant M)$ 件产品，设其中次品数为 X，则称 X 服从超几何分布，表示为

$$P\{X=k\}=\frac{C_M^k C_{N-M}^{n-k}}{C_N^k}(k=0,1,2,\cdots,n) \tag{1-93}$$

期望和方差分别为

$$E(X)=N\left(\frac{k}{N}\right) \tag{1-94}$$

$$D(X)=n\left(\frac{k}{N}\right)\left(\frac{N-k}{N}\right)\left(\frac{N-n}{N-1}\right) \tag{1-95}$$

由于概率分布的表达式与超几何函数的级数展开系数有关，因此称之为超几何分布。这就说明超几何分布的极限是二项分布。在实际应用时，只要 $N\geqslant 10n$，就可以用二项分布近似计算超几何分布的有关问题。

1.4.6　伽马分布

伽马分布可以表示较大范围的失效率函数，包括递减失效率函数、常数失效率函数及递增失效率函数。这种分布模型适用于描述期间失效分为 n 个阶段发生的情况，或者一个系统的 n 个独立子器件失效导致整体失效的情况。

随机变量 X 具有概率密度

$$f(X)=\begin{cases}\dfrac{1}{\beta^{\alpha}\Gamma(\alpha)}x^{\alpha-1}\mathrm{e}^{-\frac{x}{\beta}}, & x\geqslant 0\\ 0, & x<0\end{cases} \tag{1-96}$$

式中：α 称为形状参数，β 称为尺度参数；$\Gamma(\alpha)$ 称为伽马函数，其表达式为

$$\Gamma(\alpha) = \int_0^{\infty} x^{\alpha-1} \mathrm{e}^{-x} \mathrm{d}x \tag{1-97}$$

若 $\alpha>0$，$\beta>0$，则称 X 服从参数为 α、β 的伽马分布，记为 $X \sim \Gamma(\alpha,\beta)$。

分布函数 $F(x)$ 为

$$F(x) = I\left(\frac{x}{\beta},\alpha\right) \tag{1-98}$$

式中：$I\left(\frac{x}{\beta},\alpha\right)$ 称为不完全伽马函数。

可靠度函数 $R(t)$ 为

$$R(t) = \int_t^{\infty} \frac{1}{\beta\Gamma(\alpha)}\left(\frac{\tau}{\beta}\right)^{\alpha-1} \mathrm{e}^{-\frac{\tau}{\beta}} \mathrm{d}\tau \tag{1-99}$$

当形状参数 α 为整数 n 时，伽马分布记为 Erlang 分布。这种情况下，累计分布函数表达式为

$$F(t) = 1 - \mathrm{e}^{-\frac{t}{\beta}} \sum_{k=0}^{n-1} \frac{\left(\frac{t}{\beta}\right)^k}{k\,!} \tag{1-100}$$

失效率函数为

$$h(t) = \frac{\frac{1}{\beta}\left(\frac{t^{n-1}}{\beta}\right)}{(n-1)\,!\sum_{k=0}^{n-1} \frac{\left(\frac{t}{\alpha}\right)^k}{k\,!}} \tag{1-101}$$

当 $\gamma=3$，α 取不同值时，伽马分布的概率密度函数如图 1-5 所示。

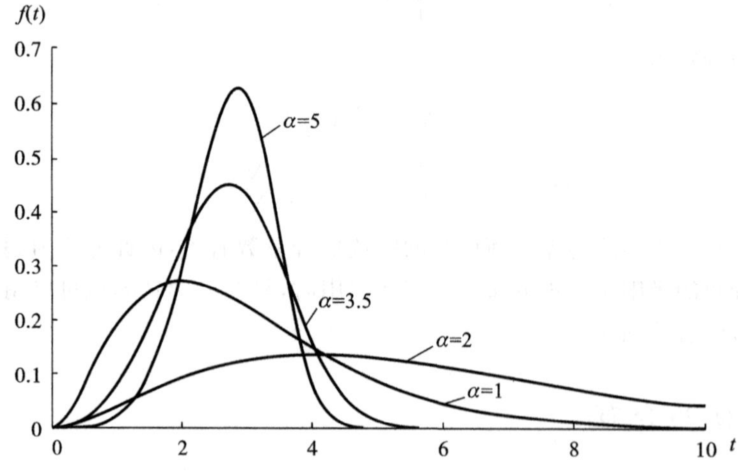

图 1-5　$\gamma=3$，α 取不同值时的伽马分布的概率密度函数

1.4.7　寿命分布总结

开展可靠性工作时，掌握相应的寿命分布是基础。表 1-2 所示为常用寿命分布的计算模型，给出了分布函数、概率密度函数及失效率。

表 1-2　常用寿命分布的计算模型

分布类型	分布函数	概率密度函数	失效率
指数分布	$1-e^{-\lambda t}$	$\lambda e^{-\lambda t}$	λ
标准正态分布	$\Phi(t)$	$\frac{1}{\sqrt{2\pi}}e^{-\frac{t^2}{2}}$	$\frac{\Phi(t)}{1-\Phi(t)}$
正态分布	$\Phi\left(\frac{t-\mu}{\sigma}\right)$	$\frac{1}{\sigma\sqrt{2\pi}}e^{-\frac{1}{2}\left(\frac{t-\mu}{\sigma}\right)^2}$	$\frac{\Phi\left(\frac{t-\mu}{\sigma}\right)\Big/\sigma}{1-\Phi\left(\frac{t-\mu}{\sigma}\right)}$
对数正态分布	$\Phi\left(\frac{\ln t-\mu}{\sigma}\right)$	$\frac{1}{\sigma\sqrt{2\pi}}e^{-\frac{1}{2}\left(\frac{\ln t-\mu}{\sigma}\right)^2}$	$\frac{\Phi\left(\frac{\ln t-\mu}{\sigma}\right)\Big/\sigma t}{1-\Phi\left(\frac{\ln t-\mu}{\sigma}\right)}$
威布尔分布	$1-e^{-\left(\frac{t-\gamma}{t_0}\right)^m}$	$\frac{m}{t_0}(t-\gamma)^{m-1}e^{-\frac{(t-\gamma)m}{t_0}}$	$\frac{m}{t_0}t^{m-1}$

另外，不同产品的寿命服从的分布类型各异，在确定、选用分布类型时，需注意以下几点。

(1) 分布类型往往与产品的类型无关，而与施加的应力类型、产品的失效机理和失效模式有关。常见的分布类型包括上述介绍的指数分布、正态分布、对数正态分布、威布尔分布、超几何分布、伽马分布等。

(2) 指数分布在可靠性工作中广泛应用，一般情况下，电子产品的寿命试验和复杂系统的失效时间均可用指数分布来描述，但是不能什么产品都直接套用指数分布进行计算，否则计算结果将产生较大的误差。

(3) 在选用分布类型时，一般可采用失效物理检验(或寿命试验)、数理统计方法等确定产品寿命的分布类型。其中，失效物理检验方法更为准确，但是实现的技术难度较高，所需经费较多。数理统计方法在当前可靠性工程中应用较广。

常用寿命分布类型的适用范围如表 1-3 所示。

表 1-3　常用寿命分布类型的适用范围

分布类型	适用范围
指数分布	具有恒定故障率的部件，无冗余度的复杂系统，经过试验并进行定期维修的部件
威布尔分布	某些电容器、滚珠轴承、继电器、开关、断路器、陀螺、电动机、电子管、电位计、航空发动机、电缆、蓄电池、材料疲劳等
对数正态分布	电机绕组绝缘、半导体器件、硅晶体管、锗晶体管、直升机旋翼叶片、飞机结构、金属疲劳等
正态分布	飞机轮胎磨损及某些机械产品

习　题

1-1　X 是一个均匀分布随机变量，概率密度函数为

$$f(x)=\begin{cases}\frac{1}{b-a}, & a<x<b \\ 0, & 其他\end{cases}$$

试求 X 的方差和均值。

1-2 假设

$$F(t)=1-\frac{8}{7}\mathrm{e}^{-t}+\frac{1}{7}\mathrm{e}^{-8t}$$

计算 $f(t)$、$h(t)$、$R(t)$、MTTF。

1-3 假设

$$h(t)=\frac{1}{25}t^{-1/4}$$

计算 $f(t)$、$F(t)$、$R(t)$、MTTF。如果 200 个器件同时工作，在一年时间内的期望失效数量是多少？

1-4 一个器件的失效率可以表示为 $h(t)=\frac{\gamma}{\theta}\left(\frac{t}{\theta}\right)^{\gamma-1}$，试证明其方差为

$$D(T)=\theta^2\left\{\Gamma\left(1+\frac{2}{\gamma}\right)-\left[\Gamma\left(1+\frac{1}{\gamma}\right)\right]^2\right\}$$

其中，$\Gamma(n)=\int_0^\infty \tau^{n-1}\mathrm{e}^{-\tau}\mathrm{d}\tau$，$\Gamma(n)\theta^n=\int_0^\infty \tau^{n-1}\mathrm{e}^{-\tau/\theta}\mathrm{d}\tau$。

1-5 Dhillon 提出一种失效率模型，表达式为

$$h(t)=k\lambda ct^{c-1}+(1-k)bt^{b-1}\beta\mathrm{e}^{\beta t^b}$$

其中，b，c 为形状参数，β，λ 为尺度参数，t 为时间。对于 $b,c,\beta,\lambda>0$，$0\leqslant k\leqslant 1$，$t\geqslant 0$，推导可靠度函数，并确定分别使失效率递增、恒定和递减的条件。

1-6 一个滚动轴承在承受负载的情况下旋转，最终会出现材料疲劳损伤。疲劳损伤的一个典型特点就是有一小块材料破损后脱落，留下一个空腔。这个空腔或裂痕会逐渐蔓延，发展成一条裂纹，最终导致轴承失效。现有一大批相同轴承在同样条件下工作，直到 10% 的轴承因材料的疲劳损伤而失效，这时称这批轴承达到 L_{10} 寿命。换言之，剩余 90% 的轴承正常工作时间比 L_{10} 寿命要长。假设每个轴承的失效率形式为

$$h(t)=\frac{\frac{1}{\theta}\left(\frac{t}{\theta}\right)^{n-1}}{(n-1)!\sum_{k=0}^{n-1}\frac{(t/\theta)^k}{k!}}$$

其中，$n=3$，$\theta=290$ h。计算 $t=100$ h 时轴承的可靠度。假设 $L_{10}=100$ h，确定轴承的平均剩余寿命。

1-7 一种新型刹车系统的制动鼓的失效时间服从伽马分布，其概率密度函数为

$$f(t)\ \frac{1}{\beta^\alpha\Gamma(\alpha)}x^{\alpha-1}\mathrm{e}^{-\frac{x}{\beta}}$$

对于 $\alpha=2$，$\beta=5000$，试确定

(1) 工作一年内的期望失效数量（按一年 300 天，每天 8 小时计）；

(2) MTBF；

(3) $t=1000$ h 时的可靠度。

1-8 当 $\alpha=3$，$\beta=5000$ 时，重新计算题 1-7 中各问题，并比较两种条件下的结果，说明哪一个刹车系统更好，并给出理由。

第 2 章　可靠性试验及数据分析

2.1　可靠性试验的目的和分类

2.1.1　可靠性试验的目的

试验是产品研制和生产过程中改进产品设计、评价和考核产品的各项质量特性(如功能和性能、环境适应性、安全性、可靠性、维修性和测试性等)是否达到水平的必不可少的手段,已成为产品研制和生产工作的重要组成部分。可靠性试验是产品研制和生产中要进行的关键试验之一,是产品研制和生产中可靠性工作的重要组成部分。

但是,人们往往把可靠性试验工作局限于在内场考核和评价产品的可靠性水平,因而重视可靠性鉴定和验收试验,忽视设计阶段前期的实验室可靠性研制和增长试验,以及投入使用后的使用可靠性评估和分析工作。从广义上说,凡是为了了解、评价、分析和提高产品可靠性水平而进行的试验,都称为可靠性试验。我们知道,只要有产品,就会有可靠性问题,它贯穿了从产品设计到产品寿命终了的整个过程。这个过程中,产品将经历设计阶段、生产阶段和使用维护阶段。在每个阶段,都可能出现各种各样的可靠性问题。可靠性试验实际上是一种获取产品在应力作用下有关信息的手段。这些信息有各种用途,获取信息的目的不同,可靠性试验的目的也不一样,主要包括下述几个方面。

1. 探索产品在各种应力条件下的可靠性特征

通过各种应力试验确定产品的寿命分布模型,给出产品各种可靠性特征指标,如平均寿命、可靠寿命、故障率、可靠度等。若已知产品的寿命分布模型,则通过可靠性试验确定寿命分布中的未知参数,以及计算出各种可靠性特征指标。

2. 发现产品设计、材料和工艺方面的缺陷

产品的可靠性是由设计引入的,因此提高产品可靠性的关键是充分利用各种可靠性设计和分析技术对产品进行精心设计。然而,即使是最好的设计师设计的产品,也不可能没有缺陷。这些设计缺陷依靠图纸检查、原理演示甚至仿真试验也不可能全部识别。经验表明,大约70%的设计缺陷主要通过对样件进行试验来发现,为改进设计提供信息。产品设计完善的整个过程实际上是设计(再设计)与试验—分析—改进过程(TAAF 过程)的反复迭代。因此,可靠性研制试验通常被看成产品设计的组成部分或者强化设计的一种有效手段。

3. 确认是否符合可靠性定量要求或评价产品的可靠性水平

可靠性鉴定试验是设计定型把关的手段之一。在产品设计定型时,通过可靠性鉴定试验可以判断产品的设计是否符合规定的可靠性要求,防止可靠性设计较差、固有可靠性未达到合同规定的产品转入批生产。

在产品投入批生产以后，对批生产出厂的产品抽样进行可靠性验收试验，可以判断某批产品的可靠性水平是否达到了规定的指标，防止将可靠性因受制造和工艺水平影响而达不到规定要求的产品交付给用户，保证交付产品的可靠性。

4. 为产品研制、使用和保障提供信息

如前所述，试验是获取产品信息的过程。各种可靠性试验，特别是可靠性研制试验，除了获取产品的故障信息以外，还可以对新材料、新工艺、新元件、新设计进行评价，暴露使用过程中可能出现的不安全因素，研究预防故障及危险发生的措施，获取产品对应力响应的特性，产品薄弱环节，产品功能、性能变化趋势等信息。这些信息可以使人们对产品有更为全面的了解，可为产品的改进、使用和保障，以及评估产品的战备完好性、任务成功性、维修人力费用和保障资源费用提供参考，为进行有效的可靠性管理提供依据。

总之，通过可靠性试验可以确定产品在各种环境条件下工作或储存时的可靠性特征，为产品的设计、生产、使用提供有用的数据，并在试验中充分暴露产品在设计、原材料、工艺等方面存在的问题。失效分析、质量控制等一系列反馈措施，使存在的问题得以逐步解决，从而提高产品的可靠性水平。因此，可靠性试验是生产高可靠性产品的重要环节。

2.1.2 可靠性试验的分类

对于不同的产品，为了达到不同的目的，可以选择不同的可靠性试验。可靠性试验有多种分类方法：如以环境条件来划分，可以分为模拟试验和现场试验；根据试验目的和用途划分，可以分为工程试验和统计试验；以试验项目划分，可以分为环境试验、寿命试验、加速试验和各种特殊试验。下面介绍几种可靠性试验的内涵和用途。

1. 高加速寿命试验

高加速寿命试验(highly accelerated life test，HALT)的目的是确定元器件、子系统和系统的工作极限。超过这些极限，不同于正常工作条件下的其他失效机理就会出现，此外，使用极端应力条件可以暴露试验对象的潜在失效模式。高加速寿命试验主要用于产品设计阶段。典型的高加速寿命试验中，会对产品(或部件)施加高应力水平的温度和振动(也可能是它们的组合或综合)、快速温度循环或其他与产品实际使用相关的特定应力。例如在电子产品中，可以通过高加速寿命试验定位一块电路板的故障原因，通常包括对产品进行温度、振动和湿度试验。然而，湿度失效机理的产品失效通常需要较长时间，因此，高加速寿命试验主要使用两种应力——温度和振动。产品出现的缺陷有的是可逆的，有的是不可逆的。可逆缺陷有助于确定产品的功能极限，而不可逆缺陷有助于确定破坏极限。此外，高加速寿命试验还有助于暴露潜在的失效模式及设计的局限。因此高加速寿命试验的结果可用于提高产品的质量和可靠性。然而，由于高加速寿命试验时间短，且试验中使用了极限应力水平，因此很难将其结果用于可靠性预计。事实上，因为高加速寿命试验的目的是激发试验产品在正常使用状况中不可能发生的失效，并以此确定潜在失效原因，所以它并不是真正意义上的加速寿命试验。高加速寿命试验的应力范围和应力施加方法(循环、恒定、步进)取决于试验对象的类型。

2. 可靠性增长试验

可靠性增长试验(reliability growth test，RGT)的目标是在设计阶段为产品提供持续的可靠性改进。试验在正常工作状态下进行，通过分析试验结果可验证产品是否达到了预期的可靠性目标。一般而言，产品的初始原型很可能存在设计缺陷，而这些缺陷大多数可以通过严格的试验计划暴露出来。初始设计方案完全达到既定的可靠性目标是不太可能的。通常而言，初始设计方案会经历多次迭代性改进，从而最带来产品可靠性的提高。一旦产品设计定型并转入生产，那么通过对产品的实际使用和监控，也将为潜在的设计更改提供依据，从而进一步提高产品可靠性。总之，可靠性增长试验是一套精心设计的用来暴露可靠性问题和失效的方案和程序，结合纠正措施和设计改进，使得产品可靠性在整个设计阶段和试验阶段得以提高。在早期设计阶段，结合用户的需求及相似产品经验得到精确而切合实际的可靠性指标很重要，这可以避免在规定的时间和费用下不能达到相关可靠性要求等事件的发生。

3. 高加速应力筛选

高加速应力筛选(highly accelerated stress screening，HASS)的主要目的是通过对常规生产的产品实施各种环境应力的筛选，以保证实际生产的产品能够在这些环境因素的实际影响下正常运行。高加速应力筛选也用来检测生产过程带来的质量变化。由于高加速应力筛选主要用于检测质量的变化而不是用来确设计余量问题，因此它不会使用与高加速寿命试验中一样的应力水平。例如，它的温度应力大概施加到工作应力极限的±(15%～20%)，振动应力大概是破坏极限的 50%，而其他类型应力的值保持在部件的技术规范极限之内。

4. 可靠性验证试验

可靠性验证试验(reliability demonstrated test，RDT)的目的是验证产品(部件、子系统、系统)是否达到了相关可靠性指标(一个或多个)。如规定工作循环内，总体中一定比例的产品不会失效。再如，试验后产品故障率不能超过预期值。可靠性验证试验通常在正常工作条件下进行。

可靠性验证试验有多种方法，如“成功率”试验。在试验中，事先确定好受试产品样本量。如果试验过程中发生的故障数目没达到规定值，则这批产品合格。否则，根据试验中出现的失效个数，或者再次抽取一定数量的受试产品重新进行试验，或者视这批产品不合格。严格来说，在成功率试验中，若 N 个受试产品在一定的试验条件下正常工作了 L 个循环，则认为这批产品为可接受的。令 $S_L=N$ 是试验结束时的合格受试产品数，P_L 是工作 L 个循环时的产品失效概率。那么，仍正常工作的受试产品服从二项分布，且可得

$$(1-P_L)^N=\alpha \tag{2-1}$$

式中：α 是统计试验的显著性水平值。

5. 可靠性验收试验

可靠性验收试验(reliability acceptance test，RAT)和可靠性验证试验的目的相似。可靠性验收试验同样需要认真设计试验方案，并且根据受试产品的情况做出是否接受这批产品的决策。图 2-1 所示为某大型汽车公司产品可靠性验收试验的温度剖面图。

在图 2-1 中，受试产品在试验中会经历一个以 480 min 为周期的－60 ～140 ℃的温度循环应力。若受试产品在 200 个周期后未出现失效，则该产品被接受。被接受的产品的期望平均寿命相当于 100000 mile(1 mile≈1.6 km)的驾驶寿命(根据工程师经验)。在汽车行业中，还有其他类似的验收试验，如要求将引擎盖循环开闭 6000 次而不失效。这种验收试验是基于经验的。然而，基于某些优化目标和约束，可以对验收试验进行试验方案的优化设计。

6. 老化试验

老化试验(burn-in test)的目的是筛选出总体中的次等元器件。这种试验的试验条件通常比正常工作条件稍微严格些，但试验时间相对较短。一种典型的老化试验是在 80/80(80 ℉和 80%相对湿度)环境下进行 24～48 h 试验，以剔除早期缺陷。几乎所有的集成电路制造商

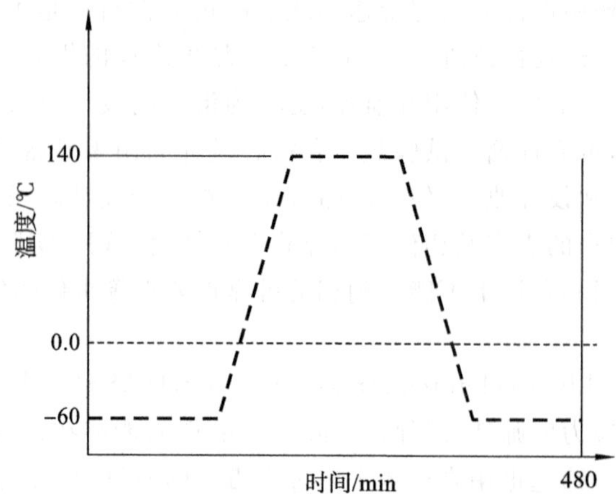

图 2-1 某大型汽车公司产品可靠性验收试验温度剖面图

在进行老化试验时都同时施加电应力和温度应力，以在短时间内激发出与电和温度相关的早期失效。由于有缺陷的产品与完好产品的寿命分布不同，因此试验总体的寿命分布是综合了这两种分布的混合分布。设计老化试验时，应该考虑试验持续时间、应力种类和大小，以及试验后产品的剩余寿命等问题。

7. 加速寿命试验和加速退化试验

在很多情况下，加速寿命试验(accelerated life test，ALT)是评价产品是否达到高可靠、长寿命要求的唯一方法。加速寿命试验有三种不同方法：第一种是在受试产品的正常工作条件下提高受试产品的使用频率，这种方法适用于每天在固定时间段内使用的产品，如家用电器或汽车轮胎；第二种是将受试产品放置在比正常工作条件更加严酷的条件下工作以加速失效；第三种是针对受试产品的某种退化机理，如弹簧刚度的退化、金属的腐蚀、机械部件的磨损等，施加加速应力。其中第三种方法又称为加速退化试验(accelerated degradation test，ADT)。

根据试验中收集到的可靠性数据，可以建立产品的可靠性模型，基于统计和(或)物理推断方法即可预测产品在正常工作条件下的可靠性。推断方法的准确程度对可靠性估计及系统配置、保障和预防性维修计划等决策有很大的影响。可靠性估计取决于两个因素：加速寿命试验的模型和试验设计。一个好的模型可以使得数据得到最佳拟合，从而给出正常应力条件下精确的估计结果。同样，一个好的试验设计，通过确定的应力加载方式(恒定、步进、循环等)、受试产品样本量的分配、应力水平数、最佳试验时间及其他因素，也能提高可靠性评估的精确度。事实上，如果没有最优的试验方案，那么很有可能既付出了高昂的试验成本和大量时间，又难以得到精确的试验结果，还可能引起产品投放市场的延误，甚至导致整个产品生产的取消。

2.2 可靠性试验计划与要求

2.2.1 可靠性试验计划

为节约试验时间和费用，保证试验结果正确可靠，应在试验开始前，在充分研究、分析的基础上，制订详细的可靠性试验计划。试验计划应当提出试验的目的、要求、条件、程序，以及试验过程中必须注意的细节或说明。其详细程度应能保证试验人员顺利操作，并处理试验过程中可能遇到的问题。可靠性试验计划（也称可靠性试验大纲）一般应包括如下要素：

①产品的可靠性要求；

②可靠性试验的目的及条件；

③可靠性试验的进度计划及费用预算；

④可靠性试验的方案；

⑤受试产品的要求（包括受试样品数量及说明、受试设备检测安排及要求等）；

⑥可靠性试验对产品性能的监测要求；

⑦可靠性试验用的设备、仪表；

⑧试验结果的数据处理方法；

⑨试验报告的内容；

⑩试验时间和试验人员。

具体如下。

(1) 试验目的与要求。

大纲首先必须说明本次试验要达到的目的及其试验性质，如是可靠性测定试验、鉴定试验，还是验收试验等。要对试样的构成做出限定，对评估或考核的可靠性指标做出明确要求。

(2) 试验条件与方法。

大纲要按照产品的研制合同或任务、产品技术条件或相关技术条件的要求，对样品的受试环境条件和试验方法做出规定。

(3) 试样状态与来源。

大纲要对试样的技术状态及其来源做出具体规定，如说明是哪个阶段的研制样机或是定型样机、批生产样机，是抽样还是送样，等等。

(4) 试验组织与管理。

可靠性试验涉及的部门和人员较多，为使试验能有序、有效地开展，应明确试验的组织机构与管理方法，以协调工作，实施试验和条件保证，进行故障处理与信息反馈，以及完成样品性能监测与试验监控等工作。

对于可靠性鉴定试验，按 GB/T 5080.2—2012 和 GJB 899A—2009 要求，必须成立由产品研制方、使用方和试验方三方组成的联合试验小组来具体负责处理试验过程中发生的各种问题，包括试验的中止、试验的继续、故障的确认与处理，以及试验前、试验中及试验后的评审等工作。

(5) 试验进度与地点。

大纲要求对试验的地点加以明确，并对试验的进度做出要求，以控制试验的时间与经费。

(6) 试验评估与报告。

为保证试验有效地进行，大纲可对试验进程中的关键时刻提出评审要求，如试验开始前对试样、参试仪器、设备、人员及条件保证等的准备状况进行调查与确认，即开展试验前评审；试验中，样品故障或设备故障修复后，重新投入试验时进行状态的再确认，即试验中评审；试验结束时对试验情况进行汇总，对试验结论达成共识，即试验后评审。评审一般可由联合试验小组自行进行，对于大型、复杂或关键系统的试验，可邀请专家共同评审。

大纲还必须明确试验报告的内容与要求，以及负责报告编写的部门与人员。鉴定试验报告一般根据联合试验小组提供的各项试验记录与评审意见，由试验方负责编写。

(7) 试验结束后故障与样品的处理意见。

为了尽量避免和预防试验中发生的故障模式在生产和使用中再次发生，大纲可对试验后故障的处置提出要求，也可以结合实际情况对受试样品提出处理意见，以达到物尽其用，节约人力、物力与财力的目的。

2.2.2 可靠性试验要求

可靠性试验要求一般指在产品合同或产品标准中规定的，在拟订试验方案时应考虑到的要求。

1. 受试产品及试验种类

可靠性试验适用于研制的模型或样机、批量生产的任何产品，但产品总体(所要研究的对象的全体)在本质上必须是统一的，即产品是以相同的方法、在同样条件下生产的。受试产品必须从总体中随机抽取，如果需要的话，还要规定抽样程序。

试验的种类可以是实验室试验或现场试验。

2. 可靠性特征及统计试验方案

选择拟采用的分布类型、适用的可靠性特征或分布参数及统计试验方案。对于可靠性验证试验，产品在实际使用条件下的可靠性要求(指标)总是被转换为验证试验的要求。若可靠性特征指一个系统的可靠性特征并且是由分别验证的各单元的可靠性特征推导出来的，则应规定所采用的包括可靠性方框图的推导程序。

3. 试验条件和试验周期

(1) 工作及环境试验条件。

应尽可能包括实际现场使用中主要的工作和环境条件，包括产品的功能模式、输入信号、设备的实际操作(要求)、能源(电、水、压缩空气)，以及电负载、机械负载、功率输出等负载条件。

现场使用的环境条件通常是由不同严酷度的许多环境因素组合构成的。实验室试验中可以单独、组合或顺序地施加环境因素。

国家标准 GB/T 5080.2—2012 给出了选定工作条件和环境条件的详细导则。

(2) 试验期间的预防性维护。

典型的预防性维护包括功能检查、更换、调整、校准、润滑、清洗、复位、恢复等。

预防性维护原则上应与实际使用时所进行的维护一致。

4. 受试产品的性能监测与失效判别

应规定试验过程中需要监测的受试产品的功能参数(主要是输出参数)，以及相应的测量方法、测量精度、估计总测量误差的程序。在不能连续地进行监测的情况下，必须确定监测间隔，以及在试验周期中应进行监测的测量点。

应规定每个要监测参数的可接受的极限范围，以便进行失效判别。在产品试验中一般应给出典型的失效类别，以供参考，包括需要立即做出拒收判决的失效类别和应计入产品非关联失效的失效类别。还应规定每个产品最小和(或)最大的相关试验时间。

5. 试验前的准备和故障检修

试验前的准备指在进行可靠性试验前，应对受试产品进行测试、调整、校准及老练。注意：受试产品的任何老练或其他预处理(例如装卸或运输)应力应与可交付使用的总体产品所承受的应力相等。

应确定采用的故障检修程序，即在试验期间允许修复或更换的等级(单元、部件，或者组件、零件，或者元件等)。

2.3　分布类型的假设检验与分析方法

试验观测数据是否服从某种理论分布，需要进行拟合检验。由图估法不难看出，产品分布的理论值在概率纸上应该是一条理想的直线，而产品样本的实测值却往往在直线附近摆动，也就是说，子样的实测值分布在母体理论值周围。于是理论分布与实测分布之间的偏差又形成一种新的分布。如果能够构造一个反映理论值与实测值偏差的统计量，并且确定这种统计量的分布类型，那么就可以根据这个统计量分布类型的允许范围，判断实测值与理论值是否相符合。

假定构造的统计量为 μ，且已知 μ 服从 μ_α 分布，其中 α 为 μ 分布的 α 分位点，并且设 α 是一个较小的数，例如 0.005、0.01、0.10 等。如果

$$P(\mu \geqslant \mu_\alpha) = \alpha \tag{2-2}$$

成立，就称事件“$\mu \geqslant \mu_\alpha$”为小概率事件。

由概率论可知，小概率事件在一次试验中几乎是不可能发生的，也就是说，一般事件“$\mu \geqslant \mu_\alpha$”是不会发生的，如果发生了，表明这一事件不可信，或者说这一事件发生的可能性只有 α，有 $1-\alpha$ 的把握相信它不会发生。如果事件“$\mu \geqslant \mu_\alpha$”不发生，表明这一事件是可信的，或者说这一事件不出现的可能性为 $1-\alpha$，因此有 $1-\alpha$ 的把握相信事件“$\mu \geqslant \mu_\alpha$”不会发生，或者说有 $1-\alpha$ 的把握相信事件“$\mu < \mu_\alpha$”会发生。

我们将 α 称为显著性水平，将 $1-\alpha$ 称为置信度。

综上所述，对产品寿命分布进行拟合检验的基本思想是：首先根据以往的经验，根据样本直方图的几何形状、实测数据在各种概率纸上的拟合程度，对母体分布类型做出假设；然后构造一个能够反映理论值与实测值偏差的统计量，在统计量的精确分布或渐近分布的前提下，根据一定的置信度来选取判别标准；最后再将统计量的计算值与判别标准进行比较，做出接受原假设或拒绝原假设的判断。

分布拟合检验的基本步骤如图 2-2 所示。

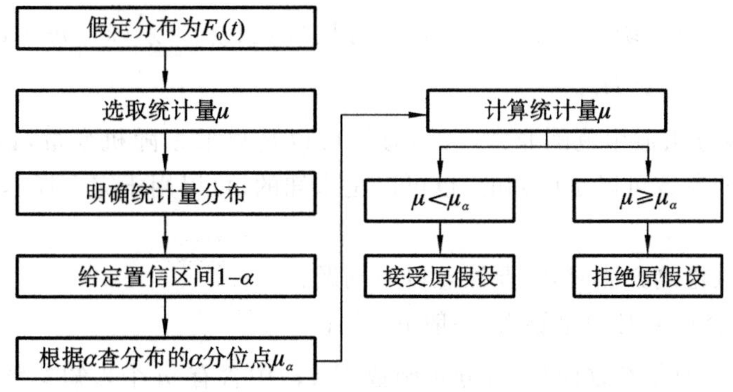

图 2-2　分布拟合检验的基本步骤

确定寿命分布类型的拟合检验方法比较多。在具体应用过程中，只要选取合理的统计量，并查找统计量所趋分布的 α 分位点就可以了。关于统计量的构造方法及统计量分布的表格制

订，可参阅有关数理统计方面的资料。下面只叙述 χ^2 检验、K-S 检验，以及对各种分布类型进行检验的步骤和应用。

2.3.1 皮尔逊 χ^2 检验

皮尔逊 χ^2 检验是在总体 X 的分布未知时，根据来自总体的样本，检验关于总体分布的假设的一种检验方法。

首先，设总体 X 的分布函数是 $F(x)$，根据来自该总体的样本检验原假设，即

$$H_0: F(x) = F_0(x) \tag{2-3}$$

然后，根据样本的经验分布和所假设的理论分布之间的吻合程度，来决定是否接受原假设。

皮尔逊 χ^2 检验的基本原理和步骤如下。

(1) 将总体 X 的取值范围分成 k 个互不重叠的区间，记为 $A_1, A_2, \cdots, A_k$，其中，$A_1=(a_0, a_1]$，$A_1=(a_1, a_2]$，…，$A_k=(a_{k-1}, a_k]$，$-\infty \leqslant a_0 < a_1 < a_2 < \cdots < a_{k-1} < a_k \leqslant \infty$，要求 a_i 是分布函数 $F_0(x)$ 的连续点，a_0 可以取 $-\infty$，a_k 可取 ∞。

(2) 把落入 i 个区间 A_i 的样本个数记为 n_i，称为实测频数，所有实测频数之和等于样本容量 n。

(3) 用 p_i 表示总体 X 的值落入区间 A_i 的概率，$0<p_i<1$，$i=1,2,\cdots,k$，则

$$p_i = P\{a_{i-1} < X < a_i\} = F_0(a_i) - F_0(a_{i-1}), i = 1,2,\cdots,k \tag{2-4}$$

那么 np_i 就是落入区间 A_i 的样本值的理论频数。

(4) 选用统计量 χ^2 作为经验分布和假设的理论分布之间的差异度，来检验 H_0 是否成立。

$$\chi^2 = \sum_{i=1}^{k} \frac{(n_i - np_i)^2}{np_i} \tag{2-5}$$

根据皮尔逊定理：不论 $F_0(x)$ 是何分布函数，只要 n 充分大($n \geqslant 50$)，当假设 H_0 成立时，上述统计量 χ^2 都近似地服从自由度为 $k-m-1$ 的 χ^2 分布，其中，m 是 $F_0(x)$ 中未知参数的个数。

(5) 对于给定的显著性水平，查 χ^2 分布表得出临界值 $\chi^2_\alpha(k-m-1)$，使

$$P\{\chi^2 > \chi^2_\alpha(k-m-1)\} = \alpha \tag{2-6}$$

(6) 由样本值计算出统计量 χ^2 的值，并进行比较：当 $\chi^2 > \chi^2_\alpha(k-m-1)$ 时，拒绝 H_0；当 $\chi^2 \leqslant \chi^2_\alpha(k-m-1)$ 时，接受 H_0。

皮尔逊 χ^2 检验方法适用范围非常广泛：总体可以是离散型随机变量，也可以是连续型随机变量；总体分布的参数可以是已知的，也可以是未知的；可以用于完全样本，也可以用于截尾样本和分组数据。

然而，在应用该检测方法时，需要注意以下问题：

(1) 要求样本容量 n 必须足够大，一般 $n \geqslant 50$；

(2) χ^2 检验是一种非参数检验，若分布函数 $F_0(x)$ 中含有 m 个未知参数，需要先用极大似然估计法求出未知参数的估计值，然后再进行检验；

(3) 若理论频数 np_i 小于 5，则应将相邻的小区间进行合并，直至 $np_i \geqslant 5$；合并区间的同时，也将实测频数合并，合并后的小区间数设为 k^*，则此时统计量的自由度变为 k^*-m-1。

例 2-1　对 250 个元件进行加速寿命试验，每隔 100 h 检测一次，记下失效产品个数，直到全部失效为止。试验数据如表 2-1 所示。试问：这批产品的寿命是否服从指数分布 $F_0(t)=1-e^{-t/300}$？

表 2-1　元件加速寿命试验数据

时间区间/h	失效数/个	时间区间/h	失效数/个	时间区间/h	失效数/个
0～100	39	400～500	25	800～900	6
100～200	58	500～600	22	900～1000	2
200～300	47	600～700	12		
300～400	33	700～800	6		

解　因为假设没有给出产品寿命的均值 θ，而仅说它服从指数分布，因此，需要先求出它的极大似然估计值，即

$$\hat{\theta}=\frac{1}{250}\sum_{i=1}^{10}n_i\overline{t_i}=\frac{1}{250}\times(50\times39+150\times58+\cdots+950\times2)=306.4\ (\mathrm{h})$$

其中，$\overline{t_i}$取每组中值，即每组数据的中点。下面的检验是对原假设

$$H_0:F(t)=F_0(t)=1-e^{-t/300}$$

进行的。为使用 χ^2 检验方法，首先对数据进行分组，一般组数在 7～20 为宜，每组中观测值个数最好不少于 5 个。在这个例子中可按测试区间进行分组，把最后两组合并成一组，然后分别计算：

$$\hat{p}_1=F_0(100)=1-e^{-100/300}=0.2835$$

$$\hat{p}_2=F_0(200)-F_0(100)=1-e^{-200/300}-(1-e^{-100/300})=0.2031$$

同理，可计算 $\hat{p}_3,\hat{p}_4,\cdots,\hat{p}_9$，结果如表 2-2 的第三列所示。

表 2-2　拟合优度检验的计算

组号	n_i	$\hat{p}_i$	$n\hat{p}_i$	$n_i-n\hat{p}_i$	$(n_i-n\hat{p}_i)^2$	$\frac{(n_i-n\hat{p}_i)^2}{n\hat{p}_i}$
1	39	0.2835	70.88	−31.88	1016.33	14.34
2	58	0.2031	50.78	7.22	52.13	1.03
3	47	0.1455	36.38	10.62	112.78	3.10
4	33	0.1043	26.08	6.92	47.89	1.84
5	25	0.0747	18.68	6.32	39.94	2.14
6	22	0.0536	13.40	8.6	73.96	5.52
7	12	0.0383	9.58	2.42	5.86	0.61
8	6	0.0275	6.88	−0.88	0.77	0.11
9	8	0.0695	17.38	−9.38	87.98	5.06

最后，计算统计量 $\hat{\chi}^2$ 的观测值为

$$\hat{\chi}^2=\sum_{i=1}^{9}\frac{(n_i-n\hat{p}_i)^2}{n\hat{p}_i}=33.74$$

取显著性水平 $\alpha=0.01$，可查临界值为 $\chi^2_{0.01}(9-1-1)=\chi^2_{0.01}(7)=18.48$。由 $\chi^2>$

$\chi^2_{0.01}(7)$，所以拒绝原假设，即不能认为这批产品的寿命服从指数分布。

2.3.2 K-S 检验

Kolmogorov-Smirnov 检验，简称 K-S 检验，常译成柯尔莫哥洛夫-斯米尔诺夫检验，亦称 D 检验法，也是一种拟合优度检验方法。它涉及一组样本数据的实际分布与某一指定的理论分布的符合程度问题，用来检验所获取的样本数据是否来自具有某一理论分布的总体。K-S 检验的功效比 χ^2 检验更强，对于特别小的样本数目，χ^2 检验不能应用，而 K-S 检验则不受限制，但总体的分布必须假定为连续型分布且不含任何未知参数。

K-S 检验法的基本原理和步骤如下。

(1) 设总体 X 的分布函数为 $F(x)$，$x_1, x_2, \cdots, x_n$ 是来自总体 X 的简单随机样本，按照样本观测值从小到大的顺序排列为

$$x_1 \leqslant x_2 \leqslant \cdots \leqslant x_n$$

(2) 得到经验分布函数 $F_n(x)$，即

$$F_n(x) = \begin{cases} 0 & x \leqslant x_1 \\ \dfrac{i}{n} & x_i \leqslant x \leqslant x_{i+1} \\ 1 & x \geqslant x_n \end{cases} \tag{2-7}$$

(3) 提出原假设

$$H_0: F(x) = F_0(x)$$

其中，$F_0(x)$ 为给定的连续分布函数。

(4) 提出检验统计量

$$D_n = \sup_{-\infty < x < \infty} |F_n(x) - F(x)| \tag{2-8}$$

当假设 H_0 成立时，对于给定的 n，可以得到 D_n 的精确分布和 $n \to \infty$ 时的极限分布。

(5) 在计算统计量 D_n 时，先求出

$$\delta_i = \max\{|F_0(x_i) - (i-1)/n|, |F_0(x_i) - i/n|\}, i = 1, 2, \cdots, n \tag{2-9}$$

$\delta_1, \delta_2, \cdots, \delta_n$ 中最大的一个便是 D_n，即

$$D_n = \max_i \{\delta_i\} \tag{2-10}$$

(6) 对于给定的显著性水平 α 和样本容量 n，通过查找 D_n 极限分布表得到临界值 D_n^α。当

$$D_n \leqslant D_n^\alpha \tag{2-11}$$

时，接受假设 H_0；否则拒绝假设 H_0。

例 2-2 设从连续分布总体中抽取容量为 20 的样本，样本观测值如表 2-3 所示，试在显著性水平 $\alpha = 0.05$ 下，检验其是否服从均值 $\mu = 30$，方差 $\sigma = 100$ 的正态分布。

表 2-3 样本观测值

39	67	42	43	26	29	48	53	21	37
15	40	34	23	45	30	49	32	58	19

解 ①把样本观测值按照从小到大的顺序排列，即

$$x_1 \leqslant x_2 \leqslant \cdots \leqslant x_{20}$$

如表 2-4 的第二列所示。

②得到经验分布函数 $F_n(x)$，计算 $F_n(x)$ 的观察值，列入表 2-4 的第三列。

$$F_n(x)=\begin{cases}0 & x\leqslant 15\\ 0.05 & 15\leqslant x<19\\ 0.10 & 19\leqslant x<21\\ \vdots & \vdots\\ 1 & x>67\end{cases}$$

③假设 $F_0(x)$ 为 $N(30,10^2)$，$F(x)$ 为总体分布函数，要检验假设

$$H_0:F(x)=F_0(x)$$

利用标准正态分布表计算 $F_0(x)$ 的值，即

$$F_0(x)=\Phi\left(\frac{x-\mu}{\sigma}\right)=\Phi\left(\frac{x-30}{10}\right)$$

并将 $F_0(x)$ 的计算结果列于表 2-4 的第四列。

④计算 $F_n(x)$ 与 $F_0(x)$ 的差。记 $d_{i1}=|F_0(x_{i-1})-F_n(x_{i-1})|$，$d_{i2}=|F_0(x_i)-F_n(x_i)|$，分别列于表 2-4 的第五列和第六列。

表 2-4　K-S 检验计算

序号	x_i	$F_n(x_i)$	$F_0(x_i)$	d_{i1}	d_{i2}	δ_i
1	15	0.05	0.067	0.067	0.017	0.067
2	19	0.10	0.136	0.086	0.036	0.086
3	21	0.15	0.185	0.085	0.035	0.085
4	23	0.20	0.242	0.092	0.042	0.092
5	26	0.25	0.345	0.145	0.008	0.145
6	29	0.30	0.461	0.211	0.161	0.211
7	30	0.35	0.500	0.200	0.150	0.200
8	32	0.40	0.579	0.229	0.179	0.229
9	34	0.45	0.655	0.255	0.205	0.255
10	37	0.50	0.758	0.308	0.258	0.308
11	39	0.55	0.815	0.315	0.265	0.315
12	40	0.60	0.841	0.291	0.241	0.291
13	42	0.65	0.884	0.284	0.234	0.284
14	43	0.70	0.903	0.253	0.203	0.253
15	45	0.75	0.933	0.233	0.183	0.233
16	48	0.80	0.964	0.214	0.164	0.214
17	49	0.85	0.971	0.171	0.121	0.171
18	53	0.90	0.989	0.139	0.089	0.139
19	58	0.95	0.997	0.097	0.047	0.097
20	67	1	0.999	0.049	0	0.049

⑤根据表 2-4 的最后一列可知

$$D_n=\max_i\{\delta_i\}=0.315$$

⑥由显著性水平 $\alpha=0.05$，查找 D_n 极限分布表（见附表 4），得到临界值 $D_{20}^{0.05}=0.29408$。因为

$$D_n = 0.315 > 0.29408$$

所以拒绝 H_0，不能认为样本服从正态分布 $N(30,10^2)$。

2.4　分布参数估计

对于同一分布来说，分布参数不同，分布的概率密度曲线也不同，因此在母体分布类型已知的情况下，数据分析的主要任务就是根据子样的统计数据估计母体分布参数。由前述可知，指数分布只有一个参数，即失效率 λ；正态分布有两个参数，即均值 μ 和标准差 σ；对数正态分布也有两个参数，即对数均值 μ 和对数标准差 σ；威布尔分布则有 3 个分布参数，即形状参数 m、尺度参数 η、位置参数 γ。只有既确定了产品的寿命分布类型，又掌握了产品的寿命分布参数，才能对产品的可靠性指标进行计算。

2.4.1　矩量法

用一个点值来估计母体分布参数的方法，在统计学中称为参数的点估计法。比较精确的点估计方法有矩量法、最小二乘法、极大似然估计(MLE)法等。

根据矩量法的原理，在 n 足够大时，将 n 次试验中事件 A 出现的频率作为它出现的概率 p_i 的点估计值；将子样观察值的平均值

$$\bar{x} = \frac{1}{n}\sum_{i=1}^{n} x_i \tag{2-12}$$

作为母体数学期望 μ 的点估计值；将子样观察值的方差

$$s_n^2 = \frac{1}{n}\sum_{i=1}^{n}(x_i - \bar{x})^2 \tag{2-13}$$

作为母体方差的点估计值。

例 2-3　一个无线电数据系统安装于建筑物外，依靠设备间的红外线光束提供高速数据传输服务。红外线光束的大小对系统的稳定性，以及抵抗雪和雾等天气对光路阻碍的能力有直接影响。持续地使用红外线光束传输数据并记录失效（没有收到传输数据）时间（单位：h），如下所示：

47，81，127，183，188，221，253，311，323，360，489，496，511，725，772，880，1509，1675，1806，2008，2026，2040，2869，3104，3205。

假设失效时间服从指数分布，使用矩量法确定分布的参数，并计算系统在 1000 h 时的可靠度。（以上数据是从参数 $1/\lambda=1000$ 的指数分布中生成的。）

解　指数分布的参数为

$$\hat{\lambda} = \frac{n}{\sum_{i=1}^{n} x_i} = \frac{25}{26209} = 0.00095387$$

$$1/\hat{\lambda} = 1048.36$$

这非常接近用于生成数据的分布中使用的参数值。显然，随着观测数据的增加，被测参数

$\hat{\lambda}$ 会迅速接近失效数据的实际分布参数。

则系统在 1000 h 时的可靠度为

$$R(1000)=\mathrm{e}^{-0.95387}=0.385247$$

2.4.2　最小二乘法

最小二乘法是确定因变量与其自变量之间经验关系的一种估计方法。对于一次线性回归方程 $y=bx+a$，由试验观测值(x_i,y_i)可以得出系数 a、b 的点估计式，表示为

$$\begin{cases}\hat{b}=\dfrac{\sum_i X_iY_i}{\sum_i X_i^2}\\ \hat{a}=\bar{y}-\hat{b}\bar{x}\end{cases}\tag{2-14}$$

式中

$$\sum_i X_iY_i=\sum_i(x_i-\bar{x})(y_i-\bar{y})=\sum_i x_iy_i-\frac{1}{n}\sum_i x_i\sum_i y_i$$

$$\sum_i X_i^2=\sum_i(x_i-\bar{x})^2$$

$$\bar{x}=\frac{1}{n}\sum_i x_i$$

$$\bar{y}=\frac{1}{n}\sum_i y_i$$

其中：n 为试样数。

在威布尔分布中，若令 $x=\ln t$，$y=\ln\ln\dfrac{1}{1-F(t)}$，并设 $B=\ln t_0$，则经过直线化后，可以化为如下线性方程：

$$y=mx-B\tag{2-15}$$

因此，若试验观察值为 t_i，分别计算出 x_i、y_i之后，由最小二乘法的系数公式可以得出

$$\begin{cases}\hat{m}=\dfrac{\sum_i X_iY_i}{\sum_i X_i^2}\\ \hat{B}=\hat{m}\bar{x}-\bar{y}\end{cases}\tag{2-16}$$

由于 $B=\ln t_0$，因此 $t_0=\mathrm{e}^B=\mathrm{e}^{\hat{m}\bar{x}-\bar{y}}$，有

$$\hat{\eta}=t_0^{1/\hat{m}}=\mathrm{e}^{(\hat{m}\bar{x}-\bar{y})/\hat{m}}=\mathrm{e}^{\bar{x}}/\mathrm{e}^{\bar{y}/\hat{m}}\tag{2-17}$$

因此，威布尔分布的形状参数 m 和特征寿命 B 的点估计值为

$$\begin{cases}\hat{m}=\dfrac{\sum_i X_iY_i}{\sum_i X_i^2}\\ \hat{B}=\mathrm{e}^{\bar{x}}/\mathrm{e}^{\bar{y}/\hat{m}}\end{cases}\tag{2-18}$$

2.4.3　极大似然估计法

极大似然估计(MLE)法是选取使观察结果出现可能性为极大时的数值作为参数估计值的一种方法。其步骤是先构造一个似然函数，而后给出使似然函数取极大值的似然方程，似然方程的解即为待估计参数的极大似然估计值。

假设有两个事件，其中一个出现的概率为 0.99，另一个为 0.01。显然，在一次观察中人们趋于相信概率为 0.99 的那个事件会出现。假定母体待估计的参数只有一个，记为 θ。我们在 θ 的一切值之中，取观察结果出现的概率最大的 θ 作为估计值 $\hat{\theta}$。

假定母体服从某一分布，其概率密度函数为 $f(x,\theta)$。θ 是该母体的一个参数。现在，设观测到的数据为 $x_1,x_2,\cdots,x_n$，n 次独立观察得到的 n 个数据出现的概率是各个数据出现概率的乘积：

$$f(x_1,x_2,\cdots,x_n,\theta)=f(x_1,\theta)\cdot f(x_2,\theta)\cdots f(x_n,\theta) \tag{2-19}$$

把参数 θ 看成子样 $x_1,x_2,\cdots,x_n$ 的函数，则可以构造似然函数

$$L(\theta)=f(x_1,\theta)\cdot f(x_2,\theta)\cdots f(x_n,\theta) \tag{2-20}$$

使得 $L(\theta)$ 取最大值的 θ 应满足似然方程

$$\frac{\mathrm{d}L(\theta)}{\mathrm{d}\theta}=0 \tag{2-21}$$

由于 $L(\theta)$ 和 $\ln L(\theta)$ 的最大值是等价的（取值点相同），为了计算方便，经常用如下方程来代替似然方程：

$$\frac{\mathrm{d}\ln L(\theta)}{\mathrm{d}\theta}=0 \tag{2-22}$$

似然方程(2-21)或(2-22)的解，就称为参数的极大似然估计值。

例 2-4　假设一个集成电路生产商从同一批产品中抽取 10、15 和 25 三批样本，经检验发现这些样本中分别有 2、3 和 5 个缺陷。那么这批产品的次品率是多少？

解　由于这三个样本是从同一批产品中抽取的，因此其次品率均为 θ，并且服从参数为 θ 的二项分布，那么以上三次抽样结果发生的概率分别为

$$C_{10}^{2}\theta^{2}(1-\theta)^{8},C_{15}^{3}\theta^{3}(1-\theta)^{12},C_{25}^{5}\theta^{5}(1-\theta)^{20}$$

似然函数为

$$L(\theta)=C_{10}^{2}\theta^{2}(1-\theta)^{8}\cdot C_{15}^{3}\theta^{3}(1-\theta)^{12}\cdot C_{25}^{5}\theta^{5}(1-\theta)^{20}=K\theta^{10}(1-\theta)^{40}$$

其中：K 为常数项乘积。

对数似然函数为

$$l(\theta)=\ln L(\theta)=\ln K+10\ln\theta+40\ln(1-\theta)$$

根据似然方程(2-22)，可得

$$\frac{\mathrm{d}l(\theta)}{\mathrm{d}\theta}=0+10\frac{1}{\theta}-40\frac{1}{(1-\theta)}=0$$

θ 的极大似然估计值 $\hat{\theta}$ 为 0.2。

2.5　可靠性工程中的贝叶斯方法

经典可靠性理论目前已经得到了广泛的应用，但是必须充分认识到，只有在大样本的前提条件下，用故障频率代替故障概率去表征产品可靠性才合理。然而对于大多数实际工程问题，用大样本数据作为前提假设是不切实际的，因此，经典可靠性理论在实际的工程应用中存在一定的局限性。为了解决实际工程应用中的小样本量问题，一般采用贝叶斯方法，利用经验信息得出先验分布，根据先验分布和试验数据得出后验分布，再根据后验分布得出贝叶斯点估计和区间估计。

贝叶斯公式也称为逆概公式，描述的是事件 B 能且仅能与事件 $A_1,A_2,\cdots,A_n$ 中的任一个

同时发生，并且知道事件 A_i 发生的概率和事件 B 在事件 A_i 条件下发生的概率，那么能够得出事件 A_i 在事件 B 条件下发生的概率(后验概率)。贝叶斯公式表示为

$$P(A_i \mid B) = \frac{P(A_i)P(B \mid A_i)}{\sum_{j=1}^{n} P(A_j)P(B \mid A_j)} \tag{2-23}$$

下面从随机变量的密度函数来描述贝叶斯公式。在贝叶斯统计中，密度函数记为 $p(x|\theta)$，表示随机变量 θ 在给定某个值时，总体指标 X 的条件分布。

(1) 根据 θ 的先验信息确定 θ 的先验分布 $\pi(\theta)$。

(2) 产生样本 $X=(x_1,x_2,\cdots,x_n)$。设想从先验分布 $\pi(\theta)$ 中产生参数 θ，在给定 θ 下，从总体分布 $p(x|\theta)$ 中产生一个样本 $X=(x_1,x_2,\cdots,x_n)$，得到似然函数：

$$p(X \mid \theta) = \prod_{i=1}^{n} p(x_i \mid \theta) \tag{2-24}$$

(3) 样本 x 和参数 θ 的联合分布为

$$h(X,\theta) = p(X \mid \theta)\pi(\theta) \tag{2-25}$$

(4) 对未知参数 θ 进行推断。在没有样本信息的情况下，只能根据先验分布 $\pi(\theta)$ 对 θ 做出推断。在有样本的情况下，可根据联合分布 $h(X,\theta)$ 对 θ 做出推断。因此，需要将 $h(X,\theta)$ 进行如下分解：

$$h(X,\theta) = h(\theta \mid X)m(X) \tag{2-26}$$

式中：$m(X)$ 是 X 的边际密度函数，表达式为

$$m(X) = \int_{\Theta} h(X,\theta)\mathrm{d}\theta = \int_{\Theta} p(X \mid \theta)\pi(\theta)\mathrm{d}\theta \tag{2-27}$$

即它与 θ 无关，其中 Θ 是 θ 的取值空间。

(5) 因此可用条件分布 $h(\theta|X)$ 对 θ 做出推断，得出贝叶斯公式的密度函数形式：

$$h(\theta \mid X) = \frac{h(X,\theta)}{m(X)} = \frac{p(X \mid \theta)\pi(\theta)}{\int_{\Theta} p(X \mid \theta)\pi(\theta)\mathrm{d}\theta} \tag{2-28}$$

在给定样本 X 的情况下，θ 的条件分布被称为 θ 的后验分布。得到后验分布 $h(\theta|X)$，就能集总体信息、样本信息和先验信息于一体，全面描述参数 θ 的概率分布，因此有关参数 θ 的点估计、假设检验等相关信息也都可以从后验分布中提取。

习　　题

2-1　给出如下失效时间(单位：h)数据：40,45,55,68,78,85,94,99,120,140,160,175。

(1) 假设数据服从指数分布，求出失效率的函数表达式。

(2) 运用矩量法估计指数分布的参数。

(3) 当 $t=49$ h 时，属于同一样本空间的组件的可靠度是多少？

(4) 画出组件可靠度与时间的关系图。

2-2　下列失效时间(单位：h)是从一次可靠性试验中获得的，且已知失效时间服从威布尔分布。

320,370,410,475,562,613,662,770,865,1000

(1) 运用矩量法确定与以上数据相符的参数。

(2) 运用极大似然估计法确定与以上数据相符的参数。

(3) 运用最小二乘法确定与以上数据相符的参数。

(4) 比较以上三种方法所得的结果。

2-3 一个典型的比例积分求导(PID)控制器由以下三部分组成:一个独立的调节器,可以调节运行过程中的控制变量;一个可以进入系统前端的下动操作的控制器;一个可实现算法的处理器或计算机。当控制器观测到输出值与定义参考值存在偏差时,调节器自动调整过程参数来弥补这个偏差。调节器可以是机械、电子或机电系统,并对程序参数执行相应的控制。对于18个控制器,其调节器的失效时间(单位:h)记录如下:551,571,571,583,590,592,594,598,606,610,611,611,613,615,615,626,629和637。

(1) 假设失效数据服从指数分布,运用矩量法求该分布的参数。

(2) 假设失效数据服从威布尔分布,运用极大似然估计法求该分布的参数。

(3) 比较以上两种方法的结果,你能从中得到什么结论?你更倾向于使用哪种方法?

2-4 一个液压涡轮机械的生产商生产涡轮、转子、泵等设备。生产商希望对发电涡轮的组件寿命进行估计。该生产商让涡轮经受高速水流,从而使其经受高速流蒸发并产生气泡。气泡因压力变化而破裂,其液体微粒高速撞击机器表面,这样高速高压的液体微粒会不断切削结构中的金属,造成机器局部疲劳,最终导致其失效。生产商对15个涡轮进行高速水流测试,得到如下失效时间(单位:h):46,70,76,78,81,86,87,92,93,95,101,105,148,154和158。假设失效时间数据服从对数logistic分布,形式为

$$f(t)=\frac{\lambda p(\lambda t)^{p-1}}{[1+(\lambda t)^{p}]^{2}}$$

其中:$\lambda=e^{-\alpha}$且$p=1/\sigma$。运用矩量法估计参数α和σ,并估计$t=200$ h时涡轮的可靠度。

2-5 将规格相同的50个轴承投入恒定载荷下运行,其失效时的运行时间及失效数如表2-5所示,求该规格轴承工作到100 h和400 h的可靠度。

表2-5 轴承失效数据

运行时间/h	10	25	50	100	150	250	350	400
失效数/个	4	2	3	7	5	3	2	2

2-6 某批轴承的故障统计数据如表2-6所示,计算该批轴承的B10寿命。

表2-6 某批轴承故障统计数据 (单位:h)

序号	时间	序号	时间	序号	时间	序号	时间
1	158	6	680	11	887	16	1182
2	387	7	754	12	964	17	1224
3	527	8	797	13	981	18	1313
4	562	9	801	14	994	19	1322
5	621	10	854	15	996	20	1479

2-7 从一批产品中随机抽取10个样本做寿命试验,得到如下10个数据(单位:h):1.1,2.3,4.5,5.5,6.0,8.2,12.7,19.1,25.0,70.9。利用这10个数据,判断其分布是否符合平均寿命为10 h的指数分布。

第 3 章　机械可靠性设计理论及可靠度计算

可靠性问题是一种综合性的系统工程问题。产品的可靠性与其设计、制造、运输、储存、使用和维修等各个环节紧密相关。设计虽然只是其中的一个环节，但却是保证产品可靠性的最重要的环节，它为产品的可靠性水平奠定了先天性的基础。因为产品的可靠性主要取决于其零部件的结构、尺寸，选用的材料，加工制造工艺、检验标准，运行维护条件，以及各种安全保障措施等，而这些都是在设计中决定的。固有可靠性是产品可靠性的核心内容，设计则是保证和提高产品固有可靠性的根本环节。制造和使用固然也对产品可靠性有极其重要的影响，但毕竟制造是依照设计进行的，制造和使用的任务是实现产品设计时所要求的可靠性。由此可见，设计对产品可靠性具有重要意义。

从宏观上看，机械设计是一个探索性的创新过程，是在预定目标下，对事物进行分析、综合、评价、优化、决策和实施的过程。这个过程中既存在着大量确定性的因素和规律，又存在着大量随机或模糊的非确定性因素和规律。因此，既需要运用多种确定性的理论和方法为设计提供确定性的模型、数值和图形支持，以解决设计中的确定性问题，又需要运用非确定性的随机方法或模糊方法，通过可靠性设计去处理设计中的非确定性问题。此外，设计过程中的很多环节，如设计方案和产品造型的拟定，材料、结构类型和设计参数的选择，以及工艺流程规划等，不仅涉及一系列的技术因素，如设计水平、制造水平、维护使用条件等，还涉及经济效益、社会效益等很多人文因素。所以，随着机械设计问题的深度、广度、精度及复杂程度的增加，要求现代机械设计既要解决好技术问题又要解决好人文问题，既要解决确定性问题又要解决非确定性问题，以更有效地提高产品设计的水平，在产品多指标的综合效益中达到最优的应用效果。

机械设计在整体上包括传统的常规机械设计和机械可靠性设计。它们都以机械零件和机械系统为研究对象，但这两种设计方法并不是并行的。常规机械设计是设计知识的基础，机械可靠性设计是常规设计理论和方法的发展和深化，是一种更高层次的设计方法。

机械可靠性一般可分为结构可靠性和机构可靠性。结构可靠性主要研究机械结构的强度及因受载荷的影响而疲劳、磨损、断裂等引起的失效；机构可靠性则主要研究机构在运动过程中由运动问题引起的故障。

机械可靠性设计与常规机械设计方法不同，它具有以下基本特点。

(1) 将应力和强度等设计参数作为随机变量。零部件所受到的载荷、材料的强度、零部件的机构尺寸和运行状况均非定值，属于随机变量，均具有离散变动性和统计规律。

(2) 应用概率和数理统计的方法进行更为有效的分析和参数设定。这是基于对设计变量和参数随机性事实的客观认识。

(3) 能够对产品的质量即其中的可靠性进行定量评价和说明。能够保证产品的失效率不超过技术文件要求的限值。能够定量地给出所设计的产品主要的可靠性特征量。

(4) 具有较丰富的评价指标体系。传统的常规机械设计方法对所有类型产品只做安全系数的评定，而机械可靠性设计可以根据不同产品的特点选择不同的、最适宜的评价指标进行评定，如适用于车辆的指标首次故障里程等。此外，常用的指标有失效率、可靠度、平均无故障工作时间、维修度和有效度等。

（5）强调了设计对产品质量的主导作用。认识到固有可靠性是产品可靠性的根本，且固有可靠性由设计来决定。因为设计是制造生产的依据，如果产品设计不当，那么无论后续制造工艺和管理水平有多高，产品质量都不会好。设计是赋予产品较好性能和较高可靠性的根本环节。

（6）考虑了环境因素对产品的影响。由于高温、低温、潮湿、冲击、振动、烟雾、腐蚀、沙尘和磨损等外在环境因素会直接作用于产品，从而对产品可靠性及质量产生较大影响，因此，对环境质量的监控也是改善产品可靠性和质量的有效途径。

（7）考虑了维修性对产品使用效能的重要作用。对于工程机械产品而言，较高的可靠性固然是产品具有较高的使用效能的体现。但是，一般组成这类产品的零部件的种类和数量都很多，出于经济性和生产能力的考虑，有时与其让整体或每一个部分都具有很高的可靠性，付出很大的代价，不如用较好的维护性去补偿，使产品的使用效能在低成本的条件下得到充分和连续的发挥。可靠性和维护性在产品设计中如何分配，要依据产品性能、使用要求、消费对象等多种因素综合决定。

（8）在设计过程中可实现可靠性增长。所谓可靠性增长，指的是产品的可靠性逐步提高的过程。产品的设计过程通常可以分为设计初期、设计中期和设计后期三个阶段，中间还会有小规模的研制生产、使用等试验环节。一般来讲，随着设计阶段的推进，产品的可靠性会得到不同程度的改善，因为通过前期的可靠性预计和可靠性试验的结果分析，可以找到产品的薄弱环节或获取改进产品可靠性的相关信息，以便后期的设计可有针对性地进行，改进效果即可靠性增长仍可由可靠性预计和可靠性试验进行验证。当然，设计经验的累积和生产工艺的提高也有助于提高产品的可靠性。

（9）将系统工程的观点贯穿设计始终。从整体的、全局的、系统的，包括人机工程的观点出发考虑设计问题。这个系统不仅包括产品组成要素，还包括在生产、使用、维修等各个环节中所有的影响，以及人和社会环境的因素。可靠性设计应综合考虑这些因素，对设计过程进行综合分析。

3.1 机械零件可靠性设计物理量统计数据分析

机械零件可靠性设计的物理量主要包括应力、强度、几何尺寸等，本节重点介绍应力和强度这两个重要物理量的统计分析方法。

应力一般指所考察零部件的某一单位截面上的内力。通常，应力不仅会随外力的增大而增大，而且会随着各种环境因素的变化而变化，如环境温度、湿度的变化，腐蚀作用，粒子辐射等都会对应力的大小产生影响。

强度一般指材料或构件承受外力时，抵抗塑性变形或破坏的能力。同样，即便是同一种材料，由于在冶炼、锻造、焊接和热处理等加工过程中加工精度存在差异，强度确定时试样的取样位置、加载方式、试验环境也有些许差异，因此其强度也会呈现随机的离散变化。

从可靠性的角度看，对于某一种材料，应力的增长是有限度的，超过强度这一限值，材料就要损坏。实际中应力和强度又是随机变量，所以，可靠性设计的任务就是如何在二者的特征变化区间内，使设计产品材料强度大于实际承受应力的概率尽量增大。要达到这一设计目的，一方面要对实际应力和强度的分布有充分的了解，另一方面要正确应用可靠性设计的方法。

在可靠性设计中，只有已知零部件所用材料的强度和所受应力的概率分布，才能计算零部件的主要可靠性指标，才能将设计的可靠性要求融入设计的过程中。所以，应力分布和强度分布的确定方法对可靠性设计十分重要。

3.1.1　应力分布的确定

1. 应力的主要影响因素和一般函数表达

按应力随时间变化的特性，应力分为静应力和变应力两大类。变应力又可分为对称循环变应力、脉动循环变应力和非对称循环变应力三种基本类型。

零件的应力 S 一般与其承受的载荷、温度、几何尺寸、材料物理特性和时间有关。其一般的函数表达为

$$S = f(L, T, G, p, t) \tag{3-1}$$

式中：L 为各种载荷（轴向载荷、弯曲载荷、扭矩载荷）；T 为温度；G 为几何参数（尺寸大小及特征）；p 为物理参数（泊松比、弹性模量、剪切弹性模量、膨胀系数等）；t 为时间。

2. 确定应力分布的基本步骤

(1) 确定零件所有重要的失效模式，并根据失效模式确定适当的失效判据。

(2) 应力单元体分析。如果零件的主要失效模式是由复合应力引起的，则应根据有限元分析或试验应力分析，选取零件上最有可能导致零件失效的点或几个应力较高的点作为应力单元体，计算其应力，以确定最有可能导致零件失效的位置。

(3) 计算应力单元体上的应力分量。6 个名义应力分量分别为 3 个正应力 X_{1x}、X_{1y}、X_{1z} 和 3 个剪应力 τ_{xy}、τ_{yz}、τ_{xz}。计算这些应力，需要材料力学、弹塑性理论、有限元分析、疲劳统计、断裂力学、试验应力分析等方面的知识基础。

(4) 选取适当的应力修正系数，确定每一应力分量的最大值。常用的应力系数主要有应力集中系数、载荷系数、温度应力系数、成形或制造应力系数、切痕敏感系数、热处理应力系数、表面处理应力系数、装配应力系数、腐蚀应力系数、环境应力系数等。

(5) 计算主应力。是否需要计算主应力取决于所确定的失效判据。当失效判据为最大主应力或最大剪应力时，需要计算主应力；否则不需要。

(6) 根据对失效判据的分析，将上述的应力分量综合为复合应力。复合应力最大处即为零件失效概率最大的部位。

(7) 确定每个名义应力、应力修正系数和相关设计参数自身的概率分布。确定名义应力的分布需要获知各种相关载荷（如弯曲载荷、扭转载荷等）的分布和几何尺寸（如长度、直径、沟槽尺寸等）的分布。其中载荷的分布可通过试验测定。值得说明的是，影响应力分布的参数较多，但是关于这些参数本身的统计数据仍然很缺乏，并且对于同一参数，不同来源的数据也不尽相同，所以为了改善这方面的局限性，一方面要靠不断积累数据，另一方面也需要缜密的判断和分析，确定不同数据来源之间及应用条件之间的差异。

(8) 确定应力分布可采用代数法、矩法，或者蒙特卡洛模拟法。按照应力公式将与应力有关的参数分布拟合成应力分布，对所有可能出现的重要失效模式都应重复上述步骤，确定每个失效模式下的应力分布。

3. 确定应力分布的主要方法

1) 代数法

代数法适用于影响零件工作应力的主要参数均服从正态分布的情形。

如果影响零件工作应力的主要参数 X_1、X_2、…、X_n 均服从于正态分布，即 $X_i \sim N(\mu_i, \sigma_i^2)$，$i=1,2,\cdots,n$，且已知每个参数分布的均值 μ_i 和标准差 σ_i，则可根据这些参数与应力的函数关系 $S=f(X_1, X_2, \cdots, X_n)$ 确定应力的均值和标准差，进而确定出应力的分布。

确定过程可由综合两个随机变量开始，先综合随机变量 X_1，X_2，求出合成变量的均值和标准差，再将这一合成变量与 X_3 综合，求出第二次合成变量的均值和标准差，并以此类推，直到完成所有变量的综合。对于满足上述条件的随机变量，表 3-1 中给出了两个随机变量常用运算关系的合成分布参数，即均值和标准差。

表 3-1　正态分布随机变量的统计特征常用综合计算表

序号	合成变量 S	合成变量均值 μ_S	合成变量标准差 σ_S
1	$S=cX$	$c\mu_x$	$c\sigma_x$
2	$S=X+c$	μ_x+c	σ_x
3	$S=X+Y$	$\mu_x+\mu_y$	$\sqrt{\sigma_x^2+\sigma_y^2}$
4	$S=X-Y$	$\mu_x-\mu_y$	$\sqrt{\sigma_x^2+\sigma_y^2}$
5	$S=XY$	$\mu_x\mu_y$	$\sqrt{\mu_x^2\sigma_y^2+\mu_y^2\sigma_x^2+2\rho\mu_x\mu_y\sigma_x\sigma_y}$
6	$S=X/Y$	μ_x/μ_y	$\sqrt{\mu_x^2\sigma_y^2+\mu_y^2\sigma_x^2}/\mu_y^2$
7	$S=X^n$（n 为整数）	μ_x^n	$\lvert n \rvert \mu_x^{n-1}\sigma_x$
8	$S=X^{0.5}$	$(0.5\sqrt{4\mu_x^2-2\sigma_x^2})^{0.5}$	$(\mu_x-0.5\sqrt{4\mu_x^2-2\sigma_x^2})^{0.5}$
9	$S=(X^2+Y^2)^{0.5}$	$\sqrt{\mu_x^2+\mu_y^2}-\dfrac{\mu_x^2\sigma_y^2+\mu_y^2\sigma_x^2}{2\sqrt{(\mu_x^2+\mu_y^2)^3}}$	$\sqrt{\dfrac{\mu_x^2\sigma_y^2+\mu_y^2\sigma_x^2}{\mu_x^2+\mu_y^2}}$
10	$S=\lg X$	$\lg\mu_x$	$0.434\sigma_x/\mu_x$

表 3-1 中随机变量 X、Y 可以是独立的，也可以是相关的。如果二者是相互独立的，则相关系数 $\rho=0$；如果二者关系呈正完全线性相关，则 $\rho>0$。表中关于随机变量和、差的综合变量统计特征的计算是精确的，其余表达式则均为近似式。如果随机变量自身的标准差与均值的比值即 σ_i/μ_i 均较小（小于 0.10），则统计计算具有较好的近似精度。一般情况下，结构设计中各种变量的 σ_i/μ_i 值常小于 0.10。

例 3-1　有一直齿圆柱齿轮，传动过程中，齿轮每转一周，齿轮根部就会产生一次拉应力 X_1，且 $X_1 \sim N(350, 24.5^2)$MPa，制造过程中的热处理环节使齿轮根部产生了残余压应力 X_2，且 $X_2 \sim N(110, 10^2)$MPa，试估算齿轮根部的有效作用应力的统计特征。

解　设根部有效作用应力为 S，则 $S=X_1-X_2$，由表 3-1 中随机变量差的综合变量统计特征的计算公式得

$$\mu_S=\mu_{x1}-\mu_{x2}=350-110=240(\text{MPa})$$

$$\sigma_S=\sqrt{\sigma_{x1}^2+\sigma_{x2}^2}=\sqrt{24.5^2+10^2}=26.46(\text{MPa})$$

例 3-2　有一受拉杆件，已知其直径 $d \sim N(40, 0.82^2)$mm，长度 $l \sim N(6000, 60^2)$mm，承受拉力 $p \sim N(80000, 1200^2)$N，以及杆件材料的弹性模量 $E \sim N(210000, 3150^2)$MPa，求在弹性变形范围内杆件的伸长量 δ。

解　由胡克定理可知，受拉杆件的伸长量 $\delta=pl/(AE)$，其中 A 为杆件的横截面积。

设以上变量均为相互独立的随机变量，由表 3-1 中相应公式对已知变量逐一合成。

①求杆件横截面积 A 的统计特征。

$$A=\frac{\pi}{4}d^2$$

故

$$\mu_A=\frac{\pi}{4}\mu_d^2=\frac{\pi}{4}\times 40^2=1.26\times 10^3(\text{mm}^2)$$

$$\sigma_A=\frac{\pi}{4}(2\mu_d\sigma_d)=\frac{\pi}{4}\times(2\times 40\times 0.8)=50.27(\text{mm}^2)$$

即 $A\sim N(1.26\times 10^3,50.27^2)$mm。

②计算 AE 的乘积 H 及 pl 的乘积 G 的统计特征。

设 $AE=H$，则

$$\mu_H=\mu_A\mu_E=1.26\times 10^3\times 210000=2.65\times 10^8(\text{N})$$

$$\begin{aligned}\sigma_H&=\sqrt{\mu_A^2\sigma_E^2+\mu_E^2\sigma_A^2+2\rho\mu_A\mu_E\sigma_A\sigma_E}\\&=\sqrt{(1.26\times 10^3)^2\times 3150^2+210000^2\times 50.27^2}=1.13\times 10^7(\text{N})\end{aligned}$$

即 $H\sim N(2.65\times 10^8,(1.13\times 10^7)^2)$N。

同理得 $\mu_G=4.8\times 10^8$ N·mm，$\sigma_G=8.654\times 10^6$ N·mm，即 $G\sim N(4.8\times 10^8,(8.654\times 10^6)^2)$N·mm。

③计算杆件的伸长量 δ 的统计特征。

由 $\delta=\dfrac{pl}{AE}=\dfrac{H}{G}$ 得

$$\mu_\delta=\frac{\mu_G}{\mu_H}=\frac{4.8\times 10^8}{2.65\times 10^8}=1.81(\text{mm})$$

$$\begin{aligned}\sigma_\delta&=\frac{\sqrt{\mu_H^2\sigma_G^2+\mu_G^2\sigma_H^2}}{\mu_G^2}\\&=\frac{1}{(2.65\times 10^8)^2}\sqrt{(2.65\times 10^8)^2\times(8.65\times 10^6)^2+(4.8\times 10^8)^2\times(1.13\times 10^7)^2}\\&=0.0839(\text{mm})\end{aligned}$$

即 $\delta\sim N(1.81,0.0839^2)$mm。

根据正态分布的 3σ 原则可知，杆件伸长量的公差 $\Delta=3\sigma=3\times 0.0839=0.25(\text{mm})$，故杆件的伸长量 $\delta=(1.81\pm 0.25)$mm。

2）矩法

当零件的工作应力与其主要影响因素之间的函数较复杂时，利用代数法确定应力的统计分布特征可能会很困难，这时可以选择用矩法。所谓矩法就是将随机变量函数展开成泰勒级数，求展开式均值和方差的方法。这种方法得到的虽然是近似解，但求解更容易，而且精度也足以满足设计的要求。

（1）一维随机变量函数统计特征的求解。

设函数 Y 只含有一个随机变量 X，将 $Y=f(X)$ 在 $X=\mu$ 处展开泰勒级数，得

$$Y=f(X)=f(\mu)+(X-\mu)f'(\mu)+\frac{1}{2!}(X-\mu)^2f''(\mu)+\cdots \tag{3-2}$$

对式(3-2)取数学期望，得

$$E(Y) = E[f(\mu)] + E[(X-\mu)f'(\mu)] + E\left[\frac{1}{2!}(X-\mu)^2 f''(\mu)\right] + \cdots \tag{3-3}$$

由数学期望的性质 $E(c)=c, E(cX)=cE(X)$，且式(3-3)等号右边从第三项之后的所有项均属高阶无穷小，可以忽略不计，可将式(3-3)简化为

$$E(Y) \approx f(\mu) \tag{3-4}$$

对式(3-2)取方差，得

$$D(Y) = D[f(\mu)] + D[(X-\mu)f'(\mu)] + D\left[\frac{1}{2!}(X-\mu)^2 f''(\mu)\right] + \cdots \tag{3-5}$$

由方差的性质 $D(c)=0, D(cX)=c^2D(X)$，且式(3-5)等号右边从第三项之后的所有项均属于高阶无穷小，可以忽略不计，可将式(3-5)简化为

$$D(Y) \approx [f'(\mu)]^2 D(X) = [f'(\mu)]^2 \sigma_X^2 \tag{3-6}$$

(2) 多维随机变量统计特征的求解。

设多维随机变量函数 $Y=f(X_1,X_2,\cdots,X_n)$，将其在 $X_1=\mu_1, X_2=\mu_2, \cdots, X_n=\mu_n$ 处展开泰勒级数，得

$$\begin{aligned} Y &= f(X_1,X_2,\cdots,X_n) \\ &= f(\mu_1,\mu_2,\cdots,\mu_n) + \sum_{i=1}^{n} \frac{\partial Y}{\partial X_i}\bigg|_{X_i=\mu_i}(X_i-\mu_i) \\ &\quad \frac{1}{2!}\sum_{i=1}^{n}\sum_{j=1}^{n}\frac{\partial^2 Y}{\partial X_i \partial X_j}\bigg|_{X_i=\mu_i}(X_i-\mu_i)(X_j-\mu_j) + \cdots \end{aligned} \tag{3-7}$$

用上述同样的方法解得多维随机变量函数统计特征，分别为

$$E(Y) \approx f(\mu_1,\mu_2,\cdots,\mu_n) + \frac{1}{2!}\sum_{i=1}^{n}\frac{\partial^2 Y}{\partial X_i^2}\bigg|_{X_i=\mu_i}\sigma_i^2 \tag{3-8}$$

如果每个随机变量的方差均很小，则等式右侧的第二项可忽略不计，即

$$E(Y) \approx f(\mu_1,\mu_2,\cdots,\mu_n) \tag{3-9}$$

$$D(Y) \approx \sum_{i=1}^{n}\left[\frac{\partial Y}{\partial X_i}\bigg|_{X_i=\mu_i}\sigma_i^2\right]^2 \sigma_i^2 = \sigma_Y^2 \tag{3-10}$$

例 3-3 已知一轴销的半径 $r \sim N(10, 0.5^2)$mm，求轴销横截面积 A 的统计特征。

解 因 $A=\pi r^2=f(r)$，故 $f'(r)=2\pi r$，由式(3-9)和式(3-10)得

$$E(A) \approx f(\mu_r) = \pi\mu_r^2 = \pi\times 10^2 = 314.16(\text{mm})$$

$$D(A) \approx [f'(\mu_r)]\sigma_r^2 = (2\pi\mu_r)\sigma_r^2 = (2\pi\times 10)^2\times 0.5^2 = 986.97(\text{mm}^2)$$

例 3-4 已知一拉杆受外力 p 的作用，若外力 p 的均值 $\mu_p=20000$ N，标准差 $\sigma_p=2000$ N，拉杆横截面积 $A\sim N(1000, 80^2)$mm，求其随机变量的统计特征。

解 由式(3-9)和式(3-10)得

$$E(X_1) = f(\mu_p, \mu_A) = \frac{\mu_p}{\mu_A} = \frac{20000}{1000} = 20(\text{MPa})$$

$$\begin{aligned} D(X_1) &\approx \left[\frac{\partial X_1}{\partial p}\bigg|_{p=\mu_p, A=\mu_A}\right]\sigma_p^2 + \left[\frac{\partial X_1}{\partial A}\bigg|_{p=\mu_p, A=\mu_A}\right]\sigma_A^2 \\ &= \left(\frac{1}{\mu_A}\right)^2\sigma_p^2 + \left(-\frac{\mu_p}{\mu_A^2}\right)\sigma_A^2 \\ &= \left(\frac{1}{1000}\right)^2\times 2000^2 + \left(-\frac{20000}{1000^2}\right)^2\times 80^2 = 6.56(\text{MPa}) \end{aligned}$$

3）蒙特卡洛模拟法

蒙特卡洛模拟法又称统计试验法。该方法是以统计抽样理论为基础，以计算机技术为手段，通过对随机变量的统计抽样试验或随机模拟，从而求解变量函数统计特征的近似求解方法。该方法的优点是简单，便于编程，可用于任何一种分布，所以在工程中得到了广泛的应用。

蒙特卡洛模拟法基本步骤如下：

①确定零件的应力函数 $S=f(X_1,X_2,\cdots,X_n)$ 及其随机变量 $X_1,X_2,\cdots,X_n$；

②对应力函数中每一个随机变量 X_i，确定其概率密度函数 $f(X_i)$；

③确定每一个概率密度函数 $f(X_i)$ 所对应的累积分布函数 $F(X_i)$；

④对应力函数中每一个随机变量 X_i，产生在[0,1]区间内服从均匀分布的伪随机数列（由计算机程序生成的随机数列）$\mathrm{RN}_{X_{ij}}$：

$$\mathrm{RN}_{X_{ij}} = \int_{-\infty}^{X_{ij}} f(X_i)\mathrm{d}X_i \tag{3-11}$$

式中：i 为随机变量的编号；j 为模拟次数的编号。对于每一个随机变量 X_i，每模拟一次即可得出一组伪随机数，第 j 次模拟得出的一组伪随机数用 X_{ij} 表示。

⑤将每一次模拟得到的各组伪随机数列 X_{ij} 的值代入应力函数中，即得相应的函数值：

$$S_j = f(X_{1j},X_{2j},\cdots,X_{nj}) \tag{3-12}$$

⑥重复上述步骤，使模拟次数 $j\geqslant 1000$，得各次应力函数值 $S_1,S_2,\cdots,S_j$，并将它们按数值大小进行排序。

⑦根据对排序的统计结果，作应力 S 的直方图，并在指数分布、正态分布、对数正态分布、威布尔分布等常用分布中，确定出可能拟合这一直方图的分布。

⑧对选择的疑似拟合分布进行拟合检验，以确定零件工作应力的实际分布。拟合检验常用的方法有 χ^2 检验和 K-S 检验。

3.1.2　强度分布的确定

要计算零件的主要可靠性特征量，除确定零件的应力分布之外，还必须确定零件的强度分布，然后才可以按照应力-强度分布理论确定零件的可靠度等主要可靠性特征量。

1. 强度的主要影响因素和一般函数表达

机械零件的强度包括整体强度和表面强度两类。其中，整体强度根据零件所受应力种类的不同，可分为静强度和疲劳强度；表面强度根据零件接触状态和工作条件不同，可分为表面接触强度、表面挤压强度和表面磨损强度。

零件的强度 δ 通常与材料的性质、热处理方式、应力的种类和环境等因素有关。其一般函数表达为

$$\delta=f(L,T,G,K,\beta,t,p) \tag{3-13}$$

式中：L 为各种载荷（轴向载荷、弯曲载荷、扭矩载荷等）；T 为温度；G 为几何参数（尺寸大小及特征）；K 为应力集中系数；β 为零件表面质量系数；t 为时间；p 为环境参数。

2. 确定强度分布的基本步骤

（1）确定强度的判据。

强度的判据应与确定应力分布时所用的失效判据一致，常用的判据有最大正应力强度判据、最大剪应力强度判据、最大变形能强度判据、复合疲劳应力下的最大变形能疲劳强度判据。

(2) 确定名义强度分布。

名义强度指各待测试件在相应的标准试验条件下确定的强度。不同场合涉及的强度主要有强度极限、屈服极限、有限寿命疲劳、无限寿命疲劳、疲劳失效循环次数、变形、变形能、蠕变、腐蚀、压杆失稳、疲劳下的复合强度、振动、噪声、磨损等。这些名义强度的分布可以通过大量试验获取。

(3) 引用适当的系数修正名义强度,并确定各修正系数的分布。

零件的名义强度是在试验条件下得到的测定值,和零件的实际强度有差异,所以需要用适当的修正系数修正,以转换成在实际使用环境下具有实际几何尺寸的零件的强度。

常用的修正系教有表面质量系数、尺寸系数、应力集中系数、温度系数、时间系数、成形和制造过程系数、腐蚀系数等。在疲劳强度的可靠性设计中必须考虑这些系数和它们的离散性。其中,表面质量系数指不同的加工方法对疲劳强度的影响,不同的加工方法使零件具有不同的表面粗糙度,也会直接影响零件疲劳强度;同时,试验时所用零件的尺寸是服从正态分布的随机变量,由于零件尺寸较大时,材料的晶粒较粗,出现缺陷的概率较大.而机械加工后表面冷作硬化层相对较薄,因此测得的疲劳强度也会随尺寸的增大而降低;零件加工的过程中,形成尖角、刻痕、凹槽和断面变化的过程,也是形成应力集中的过程,而这是造成零件疲劳强度降低的主要原因之一。所以这些影响必须在名义强度的修正中得到补偿。通常,对于低塑性材料(如低温回火的高强度钢)、脆性材料(如铸铁),其强度计算必须考虑应力集中的影响;对于一般工作期内应力变化次数小于 10^3(或 10^4)次的,可按静力强度计算。

当然,通过现场可靠性试验得出的零件强度分布数据不需要修正,可直接用于该零件的可靠性设计。

(4) 确定强度的分布。在已知强度公式和其中各设计变量分布的条件下,即可将这些分布综合成强度的分布。综合的方法与综合应力分布的方法相同,主要有代数法、矩法和蒙特卡洛模拟法。

3. 确定强度分布的主要方法

1) 代数法

用代数法确定强度分布的过程与用该方法确定应力分布的过程一样,只需要将其中的应力改为强度即可。

例 3-5 已知仅受弯矩载荷的轴,其目标寿命为 5×10^6 次,该轴试件的疲劳耐久极限 $\sigma'_{-1}\sim N(560,42^2)$ MPa。若仅考虑尺寸系数 $\varepsilon\sim N(0.856,0.0889^2)$、表面质量系数 $\beta\sim N(0.7933,0.0357^2)$和疲劳应力集中系数 $K_\varepsilon\sim N(1.692,0.0768^2)$的离散性影响,试求该轴强度分布的统计特征。

解 零件的实际疲劳耐久极限可由试件的耐久极限经过修正系数修正后得到,即

$$\sigma_{-1}=\sigma'_{-1}\frac{\varepsilon\beta}{K_\varepsilon}k_T k_t$$

其中:k_T 和 k_t 分别为定值量的温度系数和时间系数。

设 $A=\varepsilon\beta$,则由表 3-1 中关于服从正态分布的两随机变量乘法和除法的统计特征计算公式,得

$$\mu_A=\mu_\varepsilon\mu_\beta=0.856\times0.7933=0.6791$$

$$\begin{aligned}\sigma_A&=\sqrt{\mu_\varepsilon^2\sigma_\beta^2+\mu_\beta^2\sigma_\varepsilon^2+2\rho\mu_\varepsilon\mu_\beta\sigma_\varepsilon\sigma_\beta}\\&=\sqrt{0.856^2\times0.0357^2+0.7933^2\times0.0889^2}=0.0769\end{aligned}$$

即 $A \sim N(0.6791, 0.0769^2)$。设 $B = A\sigma'_{-1}$，则

$$\mu_B = \mu_A \mu_{\sigma'_{-1}} = 560 \times 0.6791 = 380.296(\text{MPa})$$

$$\sigma_B = \sqrt{\mu_A^2 \sigma_{\sigma'_{-1}}^2 + \mu_{\sigma'_{-1}}^2 \sigma_A^2 + 2\rho \mu_A \mu_{\sigma'_{-1}} \sigma_A \sigma_{\sigma'_{-1}}} = \sqrt{0.0769^2 \times 560^2 + 42^2 \times 0.6791^2} = 51.6529(\text{MPa})$$

即 $B \sim N(380.296, 51.6529^2)$。设 $C = B/K_\varepsilon$，则

$$\mu_C = \mu_B / \mu_{K_\varepsilon} = 380.296/1.692 = 224.7612(\text{MPa})$$

$$\mu_C = \sqrt{\mu_B^2 \sigma_{K_\varepsilon}^2 + \mu_{K_\varepsilon}^2 \sigma_B^2} / \mu_{K_\varepsilon}^2 = \frac{\sqrt{380.296^2 \times 0.0768^2 + 1.692^2 \times 51.6529^2}}{1.692^2} = 32.1873(\text{MPa})$$

故 $\mu_{\sigma_{-1}} = \mu_C$，$\sigma_{\sigma_{-1}} = \sigma_C$，即该轴的强度 $\sigma_{\sigma_{-1}} \sim N(224.7612, 32.1873^2)\text{MPa}$。

2）矩法

用矩法确定强度分布的过程与用该方法确定应力分布的过程相同。

例 3-6　用矩法解例 3-5 的问题。

解　由式(3-9)和式(3-10)得

$$E_{\sigma_{-1}} \approx f(\mu_{\sigma'_{-1}}, \mu_\varepsilon, \mu_{K_\varepsilon}, \mu_\beta) + \frac{1}{2} \sum_{i=1}^{4} \frac{\partial^2 \sigma_{-1}}{\partial X^2} \bigg|_{X_i = \mu_i} \cdot \sigma_i^2$$

$$= \mu_{\sigma'_{-1}} \frac{\mu_\varepsilon \mu_\beta}{\mu_{K_\varepsilon}} + \frac{1}{2} \frac{\partial^2 \sigma_{-1}}{(\partial \sigma'_{-1})^2} \bigg|_{X_i = \mu_i} \cdot \sigma_{\sigma'_{-1}}^2 + \frac{1}{2} \frac{\partial^2 \sigma_{-1}}{\partial \varepsilon^2} \bigg|_{X_i = \mu_i} \cdot \sigma_\varepsilon^2$$

$$\frac{1}{2} \frac{\partial^2 \sigma_{-1}}{\partial \beta^2} \bigg|_{X_i = \mu_i} \cdot \sigma_\beta^2 + \frac{1}{2} \frac{\partial^2 \sigma_{-1}}{\partial K_\varepsilon^2} \bigg|_{X_i = \mu_i} \cdot \sigma_{K_\varepsilon}^2$$

式中

$$\frac{\partial \sigma_{-1}}{\partial \sigma'_{-1}} = \frac{\varepsilon \beta}{K_\varepsilon} k_T k_t, \frac{\partial^2 \sigma_{-1}}{(\partial \sigma'_{-1})^2} = 0; \frac{\partial \sigma_{-1}}{\partial \varepsilon} = \sigma'_{-1} \frac{\beta}{K_\varepsilon} k_T k_t, \frac{\partial^2 \sigma_{-1}}{\partial \varepsilon^2} = 0$$

$$\frac{\partial \sigma_{-1}}{\partial \beta} = \sigma'_{-1} \frac{\varepsilon}{K_\varepsilon} k_T k_t, \frac{\partial^2 \sigma_{-1}}{\partial \beta^2} = 0; \frac{\partial \sigma_{-1}}{\partial K_\varepsilon} = -\sigma'_{-1} \frac{\varepsilon \beta}{K_\varepsilon^2} k_T k_t, \frac{\partial^2 \sigma_{-1}}{\partial K_\varepsilon^2} = 2\sigma'_{-1} \frac{\varepsilon \beta}{K_\varepsilon^3} k_T k_t$$

故

$$E_{\sigma_{-1}} \approx \mu_{\sigma'_{-1}} \frac{\mu_\varepsilon \mu_\beta}{\mu_{K_\varepsilon}} + \frac{1}{2} \times 2\mu_{\sigma'_{-1}} \frac{\mu_\varepsilon \mu_\beta}{\mu_{K_\varepsilon}^3} \sigma_{K_\varepsilon}^2$$

$$= \frac{560 \times 0.856 \times 0.7933}{1.692} + \frac{560 \times 0.856 \times 0.7933}{1.692^3} \times 0.0768^2$$

$$= 225.2126(\text{MPa})$$

$$D_{\sigma_{-1}} = \sigma_{-1}^2 \approx \sum_{i=1}^{4} \left[\frac{\partial \sigma_{-1}}{\partial X_i} \Big|_{X_i = \mu_i} \right]^2 \sigma_i^2 \mu_{\sigma'_{-1}} \frac{\mu_\varepsilon \mu_\beta}{\mu_{K_\varepsilon}} + \frac{1}{2} \times 2\mu_{\sigma'_{-1}} \frac{\mu_\varepsilon \mu_\beta}{\mu_{K_\varepsilon}^3} \sigma_{K_\varepsilon}^2$$

$$= \left[\frac{\partial \sigma_{-1}}{\partial \sigma'_{-1}} \Big|_{X_i = \mu_i} \right]^2 \sigma_{\sigma'_{-1}}^2 + \left[\frac{\partial \sigma_{-1}}{\partial \varepsilon} \Big|_{X_i = \mu_i} \right]^2 \sigma_\varepsilon^2 + \left[\frac{\partial \sigma_{-1}}{\partial \sigma'_{-1}} \Big|_{X_i = \mu_i} \right]^2 \sigma_\beta^2 + \left[\frac{\partial \sigma_{-1}}{\partial \sigma'_{-1}} \Big|_{X_i = \mu_i} \right]^2 \sigma_{K_\varepsilon}^2$$

$$D_{\sigma_{-1}} \approx \left(\frac{\mu_\varepsilon \mu_\beta}{\mu_{K_\varepsilon}} \right)^2 \sigma_{\sigma'_{-1}}^2 + \left(\mu_{\sigma'_{-1}} \frac{\mu_\beta}{\mu_{K_\varepsilon}} \right)^2 \sigma_\varepsilon^2 + \left(\mu_{\sigma'_{-1}} \frac{\mu_\varepsilon}{\mu_{K_\varepsilon}} \right)^2 \sigma_\beta^2 + \left(-\mu_{\sigma'_{-1}} \frac{\mu_\varepsilon \mu_\beta}{\mu_{K_\varepsilon}^2} \right)^2 \sigma_\varepsilon^2$$

$$= \left(\frac{0.856 \times 0.7933}{1.692} \right)^2 \times 42^2 + \left(\frac{560 \times 0.7933}{1.692} \right)^2 \times 0.0889^2$$

$$+\left(\frac{560\times0.856}{1.692}\right)^2\times0.0357^2+\left(-\frac{560\times0.856\times0.7933}{1.692^2}\right)^2\times0.0768^2$$

$$=1035.3177(\mathrm{MPa})$$

故 $\sigma_{\sigma_{-1}}=32.1764$ MPa，即该轴的强度 $\sigma_{\sigma_{-1}}\sim N(225.2126,32.1764^2)$MPa。

由此可见，由矩法求得的强度分布与由代数法求得的强度分布非常接近。一般情况下，由矩法所得的强度分布更为准确。

3.2　应力-强度干涉模型与可靠度计算方法

3.2.1　应力-强度干涉模型的基本概念

针对具体的机械零件，如果强度(用符号 δ 表示)大于应力(用符号 S 表示)，即 $\delta>S$，说明该零件处于正常工作状态，零件的可靠度就是事件 $\delta>S$ 发生的概率，表示为

$$R=P(\delta>S) \tag{3-14}$$

如果 $\delta\leqslant S$，说明该零件丧失工作能力，它的失效概率就是事件 $\delta\leqslant S$ 发生的概率，表示为

$$F=P(\delta\leqslant S) \tag{3-15}$$

假设某零件的强度 δ 用概率密度函数 $g(\delta)$来描述，而承受载荷作用的应力 S 用概率密度函数 $f(S)$来描述，如果将 $\delta-g(\delta)$和 $S-f(S)$在同一坐标系中绘出，则有以下几种情况。

(1) 两概率密度函数曲线不重叠，可能出现的最大应力均小于可能出现的最小强度，如图 3-1(a)所示，此时 $R=1,F=0$。

(2) 两概率密度函数曲线不重叠，但可能出现的最大强度均小于可能出现的最小应力，如图 3-1(b)所示，此时 $R=0,F=1$。

(3) 两概率密度函数曲线产生部分重叠——干涉，如图 3-1(c)所示，此时，不能保证应力在任意情况下均小于强度，即 $F=P(\delta\leqslant S)>0$。

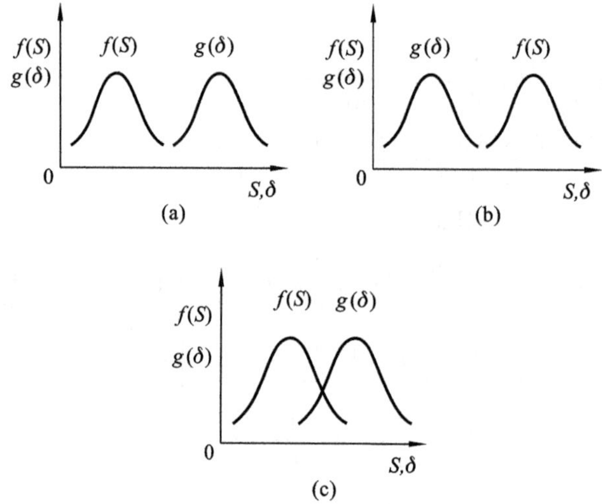

图 3-1　应力-强度干涉模型

3.2.2　应力-强度干涉模型的可靠度计算方法

通用可靠度计算模型基本表达式有以下几种情况。

(1) 强度取值大于应力取值的情况。

强度和应力的概率密度函数曲线重叠部分(干涉区域)放大图如图 3-2(a)所示。我们在图 3-2(a)的横坐标上取值 S_0,同时取一小单元 dS,则 S_0落在区间 dS 的概率为

$$P\left(S_0-\frac{\mathrm{d}S}{2}\leqslant S\leqslant S_0+\frac{\mathrm{d}S}{2}\right)=f(S_0)\mathrm{d}S \tag{3-16}$$

强度取值大于应力 S_0的概率为

$$P(\delta>S_0)=\int_{S_0}^{\infty}g(\delta)\mathrm{d}\delta \tag{3-17}$$

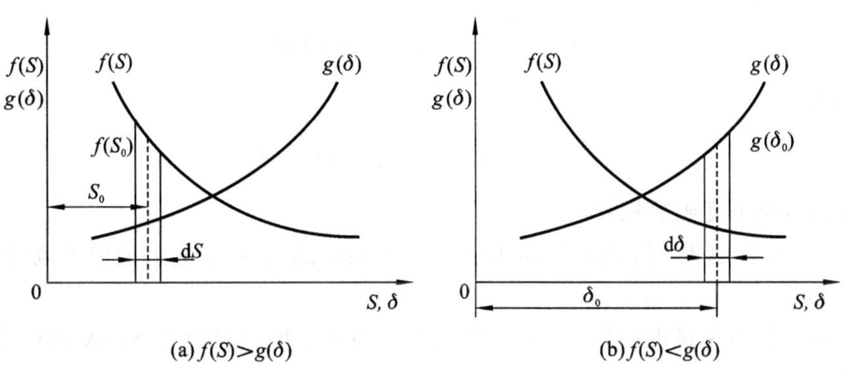

图 3-2　干涉区域放大图

因 S_0的取值范围为$(0,+\infty)$,故可靠度表达式为

$$R=P(\delta>S)=\int_0^{\infty}\int_S^{\infty}g(\delta)f(S)\mathrm{d}\delta\mathrm{d}S \tag{3-18}$$

另一表达形式:令 δ 取值在区间$(0,S)$上的概率为 $G(S)$,则

$$G(S)=P(0<\delta<S)=1-\int_S^{\infty}g(\delta)\mathrm{d}\delta \tag{3-19}$$

对式(3-19)进行移项,得

$$\int_S^{\infty}g(\delta)\mathrm{d}\delta=1-G(S) \tag{3-20}$$

将式(3-20)代入式(3-18),得

$$R=1-\int_0^{\infty}G(S)f(S)\mathrm{d}S \tag{3-21}$$

则失效概率为

$$F=\int_0^{\infty}G(S)f(S)\mathrm{d}S \tag{3-22}$$

(2) 应力取值小于强度取值的情况。

强度和应力的概率密度函数曲线重叠部分(干涉区域)放大图如图 3-2(b)所示,强度 δ 取值落在区间 dδ 的概率为

$$P\left(\delta_0-\frac{\mathrm{d}\delta}{2}\leqslant\delta\leqslant\delta_0+\frac{\mathrm{d}\delta}{2}\right)=g(\delta_0)\mathrm{d}\delta \tag{3-23}$$

应力取值小于强度 δ_0 的概率为

$$P(S<\delta_0)=\int_0^{\delta_0} f(S)\mathrm{d}S \tag{3-24}$$

故 δ 取值落在区间 $\mathrm{d}\delta$ 而应力取值小于强度 δ_0 的概率为

$$P\left(\delta_0-\frac{\mathrm{d}\delta}{2}\leqslant\delta\leqslant\delta_0+\frac{\mathrm{d}\delta}{2},S<\delta_0\right)=g(\delta_0)\mathrm{d}\delta\int_0^{\delta_0} f(S)\mathrm{d}S \tag{3-25}$$

因 δ 取值范围为$(0,+\infty)$,以 δ 取代 δ_0 得

$$R=\int_0^{\infty} g(\delta)\int_0^{\delta} f(S)\mathrm{d}S\mathrm{d}\delta \tag{3-26}$$

令 S 取值在区间$(0,\ \delta)$上的概率为 $F(\delta)$,得

$$F(\delta)=\int_0^{\delta} f(S)\mathrm{d}S \tag{3-27}$$

将式(3-27)代入式(3-26),则失效概率为

$$F=\int_0^{\infty}[1-F(\delta)]g(\delta)\mathrm{d}\delta \tag{3-28}$$

可靠度为

$$R=1-F=\int_0^{\infty} F(\delta)g(\delta)\mathrm{d}\delta \tag{3-29}$$

(3) 联合概率密度函数积分法。

令 $X=\delta-S$,X 也为一随机变量,δ 和 S 均为非负的随机变量,它们的取值范围为$(0,\infty)$,X 的取值范围为$(-\infty,\infty)$。

假设强度 δ 的概率密度函数为 $g(\delta)$,应力 S 的概率密度函数为 $f(S)$,X 的概率密度函数为 $h(X)$,则

$$h(X)=\int_S g(X+S)f(S)\mathrm{d}S \tag{3-30}$$

其积分的上下限如下。

上限:由 S 的取值范围为$(0,\infty)$可知,上限为∞。下限:当 $X>0$ 时,下限为 0;当 $X\leqslant 0$ 时,因为 δ 最小为 0,所以 S 的下限为$-X$。从而,$h(X)$的表达式可写为

$$h(X)=\begin{cases}\displaystyle\int_0^{\infty} g(X+S)f(S)\mathrm{d}S, & X>0\\ \displaystyle\int_{-X}^{\infty} g(X+S)f(S)\mathrm{d}S, & X\leqslant 0\end{cases} \tag{3-31}$$

由此得零件的可靠度与失效概率表达式分别为

$$\begin{cases}R=P(X=\delta-S>0)=\displaystyle\int_0^{\infty}\int_0^{\infty} g(X+S)f(S)\mathrm{d}S\mathrm{d}X\\ F=P(X=\delta-S\leqslant 0)=\displaystyle\int_{-\infty}^{0}\int_{-X}^{\infty} g(X+S)f(S)\mathrm{d}S\mathrm{d}X\end{cases} \tag{3-32}$$

3.3 各类应力-强度分布的可靠度计算

在应力和强度分布确定以后,即可在应力-强度干涉模型的基础上确定具体零件在使用过程中主要的可靠性特征量。下面介绍几种常用的应力-强度分布的可靠度计算。

3.3.1 应力和强度均服从正态分布的可靠度计算

当零件的工作应力 S 和强度 δ 均服从于正态分布时，其概率密度函数分别为

$$f(S)=\frac{1}{\sigma_S\sqrt{2\pi}}\exp\left(-\frac{1}{2}\left(\frac{S-\mu_S}{\sigma_S}\right)^2\right) \tag{3-33}$$

$$g(\delta)=\frac{1}{\sigma_S\sqrt{2\pi}}\exp\left(-\frac{1}{2}\left(\frac{\delta-\mu_\delta}{\sigma_\delta}\right)^2\right) \tag{3-34}$$

式中：μ_S，μ_δ，σ_S，σ_δ分别为应力和强度的均值和标准差。

令 $X=\delta-S$，由概率统计知识可知，X 也服从于正态分布，其概率密度函数为

$$f(X)=\frac{1}{\sigma_X\sqrt{2\pi}}\exp\left(-\frac{1}{2}\left(\frac{X-\mu_X}{\sigma_X}\right)^2\right) \tag{3-35}$$

且根据表 3-1 可知

$$\mu_X=\mu_\delta-\mu_S \tag{3-36}$$

$$\sigma_X=\sqrt{\sigma_\delta^2+\sigma_S^2} \tag{3-37}$$

但强度 δ 大于应力 S，即 $X=\delta-S>0$ 时，产品安全可靠，故可靠度 R 的表达式为

$$R=P(X>0)=\int_0^\infty\frac{1}{\sigma_X\sqrt{2\pi}}\exp\left(-\frac{1}{2}\left(\frac{X-\mu_X}{\sigma_X}\right)^2\right)\mathrm{d}X \tag{3-38}$$

令 $u=\dfrac{X-\mu_X}{\sigma_X}$，则 $\mathrm{d}X=\sigma_X\mathrm{d}u$，积分下限 $X=0$ 时，$u=-\dfrac{\mu_X}{\sigma_X}$，积分上限 $X\to\infty$时，$u\to\infty$。将上述关系代入式(3-38)，得

$$R=\frac{1}{\sqrt{2\pi}}\int_{-\frac{\mu_X}{\sigma_X}}^{\infty}\exp\left(-\frac{1}{2}u^2\right)\mathrm{d}u \tag{3-39}$$

由正态分布的对称性，式(3-39)可靠度的积分值可表示为

$$R=\frac{1}{\sqrt{2\pi}}\int_{-\infty}^{\frac{\mu_X}{\sigma_X}}\exp\left(-\frac{1}{2}u^2\right)\mathrm{d}u \tag{3-40}$$

显然，随机变量 u 服从标准正态分布，令 $Z=\mu_X/\sigma_X$，则式(3-40)所表达的可靠度可直接通过标准正态分布表查 $\Phi(Z)$值获知。

由式(3-36)和式(3-37)可知

$$Z=\frac{\mu_X}{\sigma_X}=\frac{\mu_\delta-\mu_S}{\sqrt{\sigma_\delta^2+\sigma_S^2}} \tag{3-41}$$

由于式(3-41)将应力分布参数、强度分布和可靠度三者联系起来，因此该式称为联接方程或耦合方程。该方程是可靠性理论的基本表达式，也是可靠性设计的重要依据。

例 3-7　拟设计某型汽车上的一种新零件，根据应力分析可知该零件的工作应力为拉应力，且为正态分布 $S_1\sim N(352,40.2^2)$ MPa，为提高其疲劳寿命，制造时使其产生残余压应力，也为正态分布 $S_2\sim N(100,16^2)$ MPa，经分析确定零件强度也服从正态分布，已知强度均值 $\mu_\delta=502$ MPa，但由于各种原因，强度的标准差 σ_δ 尚未清楚，为了确保零件的可靠度不低于 0.999，问强度标准差的最大值是多少？

解　已知工作拉应力和残余压应力均服从正态分布，所以，有效应力 $S=S_1-S_2$ 也服从正态分布，且

$$\mu_S=\mu_{S_1}-\mu_{S_2}=352-100=252(\text{MPa})$$

$$\sigma_S=\sqrt{\sigma_{S_1}^2+\sigma_{S_2}^2}=\sqrt{40.2^2+16^2}=43.2671(\text{MPa})$$

由题目要求知，$R=\Phi(Z)=0.999$，反查标准正态分布表得 $Z=3.091$。又 $\mu_\delta=502$ MPa，将以上各项代入联接方程(3-41)，得

$$Z=\frac{\mu_\delta-\mu_S}{\sqrt{\sigma_\delta^2+\sigma_S^2}}=\frac{502-252}{\sqrt{\sigma_\delta^2+43.2671^2}}=3.091$$

解方程得

$$\sigma_\delta=\sigma_{\delta\max}=68.3339\ \text{MPa}$$

3.3.2　应力和强度均服从对数正态分布的可靠度计算

当随机变量 X 的对数 $\ln X$ 服从正态分布，即 $\ln X\sim N(\mu_{\ln X},\sigma_{\ln X}^2)$ 时，称 X 服从对数正态分布。

当应力 S 和强度 δ 均服从对数正态分布时，其对数 $\ln S$ 和 $\ln\delta$ 服从正态分布，即

$$\ln S\sim N(\mu_{\ln S},\sigma_{\ln S}^2),\ln\delta\sim N(\mu_{\ln\delta},\sigma_{\ln\delta}^2) \tag{3-42}$$

式中：$\mu_{\ln S}$，$\mu_{\ln\delta}$，$\sigma_{\ln S}$，$\sigma_{\ln\delta}$分别是 $\ln S$ 和 $\ln\delta$ 的均值和标准差。

设随机变量 $\ln X=\ln(S/\delta)=\ln S-\ln\delta$，则 $\ln X$ 也服从于正态分布，即

$$\ln X\sim N(\mu_{\ln X},\sigma_{\ln X}^2) \tag{3-43}$$

且 $\mu_{\ln X}=\mu_{\ln\delta}-\mu_{\ln S}$，$\sigma_{\ln X}=\sqrt{\sigma_{\ln\delta}^2+\sigma_{\ln S}^2}$。

由可靠度定义得

$$R=P(\delta>S)=P\left(\frac{\delta}{S}>1\right)=P(\ln\delta-\ln S>0)=P(\ln X>0) \tag{3-44}$$

因为 $\ln X$ 服从正态分布，其概率密度函数 $f(\ln X)$ 为

$$f(\ln X)=\frac{1}{\sigma_{\ln X}\sqrt{2\pi}}\exp\left(-\frac{1}{2}\left(\frac{X-\mu_{\ln X}}{\sigma_{\ln X}}\right)^2\right) \tag{3-45}$$

故有

$$\begin{aligned}R&=P(\ln X>0)=\int_0^\infty f(\ln X)\mathrm{d}(\ln X)\\&=\int_0^\infty\frac{1}{\sigma_{\ln X}\sqrt{2\pi}}\exp\left(-\frac{1}{2}\left(\frac{\ln X-\mu_{\ln X}}{\sigma_{\ln X}}\right)^2\right)\mathrm{d}(\ln X)\end{aligned} \tag{3-46}$$

令 $u=\dfrac{\ln X-\mu_{\ln X}}{\sigma_{\ln X}}$，将式(3-46)转化成标准正态分布表达式，得

$$R=\int_{-\infty}^{\frac{\mu_{\ln X}}{\sigma_{\ln X}}}\frac{1}{\sqrt{2\pi}}\exp\left(-\frac{1}{2}u^2\right)\mathrm{d}u=\Phi(Z) \tag{3-47}$$

式中

$$Z=\frac{\mu_{\ln X}}{\sigma_{\ln X}}=\frac{\mu_{\ln\delta}-\mu_{\ln S}}{\sqrt{\sigma_{\ln\delta}^2+\sigma_{\ln S}^2}} \tag{3-48}$$

由式(1-79)可知，服从对数正态分布的随机变量 S 的均值 μ_S 为

$$E(S)=\mu_S=\exp\left(\mu_{\ln S}+\frac{1}{2}\sigma_{\ln S}^2\right) \tag{3-49}$$

两边取对数后可改写为

$$\mu_{\ln S} = \ln\mu_S - \frac{1}{2}\sigma_{\ln S}^2 \tag{3-50}$$

由式(1-80)可知，服从对数正态分布的随机变量 S 的方差 σ_S^2 为

$$\begin{aligned} D(S) = \delta_S^2 &= \exp(2\mu_{\ln S} + \sigma_{\ln S}^2)(\exp\sigma_{\ln S}^2 - 1) \\ &= \mu_S^2(\exp\sigma_{\ln S}^2 - 1) \end{aligned} \tag{3-51}$$

整理得

$$\sigma_{\ln S}^2 = \ln\left(\left(\frac{\sigma_S}{\mu_S}\right)^2 + 1\right) \tag{3-52}$$

故

$$\begin{cases} \mu_{\ln S} = \ln\mu_S - \dfrac{1}{2}\sigma_{\ln S}^2 \\ \sigma_{\ln S}^2 = \ln\left(\left(\dfrac{\sigma_S}{\mu_S}\right)^2 + 1\right) \end{cases} \tag{3-53}$$

同理可推导出 $\mu_{\ln\delta}$ 和 $\sigma_{\ln\delta}^2$ 的表达式。

例 3-8　已知某机械零件的应力和强度分别服从对数正态分布，其均值和标准差分别为 $\mu_S=60$ MPa，$\mu_\delta=100$ MPa，$\sigma_S=10$ MPa，$\sigma_\delta=10$ MPa，试求该零件的可靠度。

解　由式(3-53)分别计算应力和强度对数的均值和方差：

$$\sigma_{\ln S}^2 = \ln\left(\left(\frac{\sigma_S}{\mu_S}\right)^2 + 1\right) = \ln\left(\left(\frac{10}{60}\right)^2 + 1\right) = 0.0274(\text{MPa}^2)$$

$$\mu_{\ln S} = \ln\mu_S - \frac{1}{2}\sigma_{\ln S}^2 = \ln 60 - \frac{1}{2}\times 0.0274 = 4.0806(\text{MPa})$$

$$\sigma_{\ln\delta}^2 = \ln\left(\left(\frac{\sigma_\delta}{\mu_\delta}\right)^2 + 1\right) = \ln\left(\left(\frac{10}{100}\right)^2 + 1\right) = 0.00995(\text{MPa}^2)$$

$$\mu_{\ln\delta} = \ln\mu_\delta - \frac{1}{2}\sigma_{\ln\delta}^2 = \ln 100 - \frac{1}{2}\times 0.00995 = 4.6002(\text{MPa})$$

将以上结果代入式(3-48)，得

$$Z = \frac{\mu_{\ln\delta} - \mu_{\ln S}}{\sqrt{\sigma_{\ln\delta}^2 + \sigma_{\ln S}^2}} = \frac{4.6002 - 4.0806}{\sqrt{0.00995 + 0.0274}} = 2.6886$$

查表得

$$R = \Phi(Z) = \Phi(2.6886) = 0.9964$$

3.3.3　应力和强度均服从指数分布的可靠度计算

当应力 S 和强度 δ 均服从指数分布时，其概率密度函数分别为

$$\begin{cases} f(S) = \lambda_S\exp(-\lambda_S S) & (S \geqslant 0) \\ g(\delta) = \lambda_\delta\exp(-\lambda_\delta\delta) & (\delta \geqslant 0) \end{cases} \tag{3-54}$$

由式(3-32)中的第一个式子得

$$\begin{aligned} R = P(x = \delta - S > 0) &= \int_0^\infty\int_0^\infty g(X+S)f(S)\,\mathrm{d}S\mathrm{d}X \\ &= \int_0^\infty\int_0^\infty \lambda_\delta\lambda_S\exp(-\lambda_\delta(X+S))\exp(-\lambda_S S)\,\mathrm{d}S\mathrm{d}X \end{aligned}$$

$$\begin{aligned} &= \int_0^{\infty} \lambda_S \left(\int_0^{\infty} \lambda_\delta \exp(-\lambda_\delta (X+S)) \mathrm{d}X \right) \exp(-\lambda_S S) \mathrm{d}S \\ &= \int_0^{\infty} \lambda_S \exp(-\lambda_\delta S) \exp(-\lambda_S S) \mathrm{d}S \\ &= \frac{\lambda_S}{\lambda_S + \lambda_\delta} \end{aligned} \tag{3-55}$$

由式(1-61)得

$$E(S)=\mu_S=\frac{1}{\lambda_S}, E(\delta)=\mu_\delta=\frac{1}{\lambda_\delta}$$

故产品可靠度为

$$R=\frac{\mu_\delta}{\mu_\delta+\mu_S} \tag{3-56}$$

3.3.4　应力和强度均服从威布尔分布的可靠度计算

当应力 S 和强度 δ 均服从威布尔分布时，其概率密度函数分别为

$$f(S) = \frac{m_S}{\eta_S}\left(\frac{S-\gamma_S}{\eta_S}\right)^{m_S-1} \exp\left(-\left(\frac{S-\gamma_S}{\eta_S}\right)^{m_S}\right) \quad (S \geqslant \gamma_S)$$

$$g(\delta) = \frac{m_\delta}{\eta_\delta}\left(\frac{\delta-\gamma_\delta}{\eta_\delta}\right)^{m_\delta-1} \exp\left(-\left(\frac{\delta-\gamma_\delta}{\eta_\delta}\right)^{m_\delta}\right) \quad (S \geqslant \gamma_S)$$

由式(1-84)和式(3-21)可得产品的可靠度 R 为

$$\begin{aligned} R &= 1-\int_0^{\infty} G(S) f(S) \mathrm{d}S = \int_0^{\infty} (1-G(S)) f(S) \mathrm{d}S \\ &= \int_0^{\infty} \exp\left(-\left(\frac{S-\gamma_\delta}{\eta_\delta}\right)^{m_\delta}\right) \cdot \frac{m_S}{\eta_S}\left(\frac{S-\gamma_S}{\eta_S}\right)^{m_S-1} \exp\left(-\left(\frac{S-\gamma_S}{\eta_S}\right)^{m_S}\right) \mathrm{d}S \end{aligned} \tag{3-57}$$

令 $u=\left(-\left(\frac{S-\gamma_S}{\eta_S}\right)^{m_S}\right)$，则

$$\mathrm{d}u = \frac{m_S}{\eta_S}\left(\frac{S-\gamma_S}{\eta_S}\right)^{m_S-1} \mathrm{d}S, S = \eta_S u^{\frac{1}{m_S}} + \gamma_S$$

所以式(3-57)可写成

$$R = \int_0^{\infty} \exp\left(-u-\left(\frac{\eta_S}{\eta_\delta} u^{\frac{1}{m_S}} + \frac{\gamma_S-\gamma_\delta}{\eta_\delta}\right)^{m_\delta}\right) \mathrm{d}u \tag{3-58}$$

可以采用数值积分法对式(3-58)在不同的应力和强度参数下进行积分计算，从而根据失效概率与可靠度之间的互补关系，求得可靠度。

3.3.5　应力和强度之一服从指数分布，另一服从正态分布的可靠度计算

当应力 S 服从指数分布，强度 δ 服从正态分布时，其概率密度函数分别为

$$f(S) = \lambda_S \exp(-\lambda_S S) \quad (S \geqslant 0)$$

$$g(\delta) = \frac{1}{\sigma_\delta \sqrt{2\pi}} \exp\left(-\frac{1}{2}\left(\frac{\delta-\mu_\delta}{\sigma_\delta}\right)^2\right)$$

根据式(3-29)且考虑指数分布的随机变量只能为正的情况，有

$$
\begin{aligned}
R &= \int_0^{\infty} F(\delta) g(\delta) \mathrm{d}\delta \\
&= \int_0^{\infty} (1-\exp(-\lambda_S \delta)) \cdot \frac{1}{\sigma_\delta \sqrt{2\pi}} \exp\left(-\frac{1}{2}\left(\frac{\delta-\mu_\delta}{\sigma_\delta}\right)^2\right) \mathrm{d}\delta \\
&= \int_0^{\infty} \frac{1}{\sigma_\delta \sqrt{2\pi}} \exp\left(-\frac{1}{2}\left(\frac{\delta-\mu_\delta}{\sigma_\delta}\right)^2\right) \mathrm{d}\delta \\
&\quad - \int_0^{\infty} \exp(-\lambda_S \delta) \frac{1}{\sigma_\delta \sqrt{2\pi}} \exp\left(-\frac{1}{2}\left(\frac{\delta-\mu_\delta}{\sigma_\delta}\right)^2\right) \mathrm{d}\delta
\end{aligned}
\tag{3-59}
$$

令 $u=\frac{\delta-\mu_\delta}{\sigma_\delta}$，则 $\sigma_\delta \mathrm{d}u=\mathrm{d}\delta$，且当 $\delta=0$ 时，$u=-\frac{\mu_\delta}{\sigma_\delta}$，设

$$
\begin{aligned}
A &= \int_0^{\infty} \frac{1}{\sigma_\delta \sqrt{2\pi}} \exp\left(-\frac{1}{2}\left(\frac{\delta-\mu_\delta}{\sigma_\delta}\right)^2\right) \mathrm{d}\delta = \int_{-\frac{\mu_\delta}{\sigma_\delta}}^{\infty} \frac{1}{\sqrt{2\pi}} \exp\left(-\frac{1}{2}u^2\right) \mathrm{d}u \\
&= 1-\Phi\left(-\frac{\mu_\delta}{\sigma_\delta}\right) = \Phi\left(\frac{\mu_\delta}{\sigma_\delta}\right)
\end{aligned}
\tag{3-60}
$$

$$
\begin{aligned}
B &= \int_0^{\infty} \exp(-\lambda_S \delta) \frac{1}{\sigma_\delta \sqrt{2\pi}} \exp\left(-\frac{1}{2}\left(\frac{\delta-\mu_\delta}{\sigma_\delta}\right)^2\right) \mathrm{d}\delta \\
&= \int_0^{\infty} \frac{1}{\sigma_\delta \sqrt{2\pi}} \exp\left(-\frac{1}{2}\left(\frac{\delta-\mu_\delta}{\sigma_\delta}\right)^2 - \lambda_S \delta\right) \mathrm{d}\delta \\
&= \int_0^{\infty} \frac{1}{\sigma_\delta \sqrt{2\pi}} \exp\left(-\frac{1}{2\sigma_\delta^2}((\delta-\mu_\delta)^2 + 2\lambda_S \delta \sigma_\delta^2)\right) \mathrm{d}\delta \\
&= \int_0^{\infty} \frac{1}{\sigma_\delta \sqrt{2\pi}} \exp\left(-\frac{1}{2\sigma_\delta^2}((\delta-\mu_\delta+\lambda_S \sigma_\delta^2)^2 + 2\mu_\delta \lambda_S \delta \sigma_\delta^2 - \lambda_S^2 \sigma_\delta^4)\right) \mathrm{d}\delta
\end{aligned}
\tag{3-61}
$$

令 $v=\frac{1}{\sigma_\delta}(\delta-\mu_\delta+\lambda_S \sigma_\delta^2)$，则 $\mathrm{d}\delta=\sigma_\delta \mathrm{d}v$，当 $\delta=0$ 时，$v=-\left(\frac{\mu_\delta}{\sigma_\delta}-\lambda_S \sigma_\delta\right)$，代入式(3-61)，得

$$
\begin{aligned}
B &= \int_{-\left(\frac{\mu_\delta}{\sigma_\delta}-\lambda_S \sigma_\delta\right)}^{\infty} \frac{1}{\sqrt{2\pi}} \exp\left(-\frac{1}{2}v^2 - \frac{1}{2}(2\mu_\delta \lambda_S - \lambda_S^2 \sigma_\delta^2)\right) \mathrm{d}v \\
&= \int_{-\left(\frac{\mu_\delta}{\sigma_\delta}-\lambda_S \sigma_\delta\right)}^{\infty} \frac{1}{\sqrt{2\pi}} \exp\left(-\frac{1}{2}v^2\right) \exp\left(-\frac{1}{2}(2\mu_\delta \lambda_S - \lambda_S^2 \sigma_\delta^2)\right) \mathrm{d}v \\
&= \Phi\left(\frac{\mu_\delta}{\sigma_\delta} - \lambda_S \sigma_\delta\right) \exp\left(\frac{1}{2}\lambda_S^2 \sigma_\delta^2 - \mu_\delta \lambda_S\right)
\end{aligned}
\tag{3-62}
$$

将式(3-60)和式(3-62)代入式(3-59)，得可靠度 R 为

$$
R = \Phi\left(\frac{\mu_\delta}{\sigma_\delta}\right) - \Phi\left(\frac{\mu_\delta}{\sigma_\delta} - \lambda_S \sigma_\delta\right) \exp\left(\frac{1}{2}\lambda_S^2 \sigma_\delta^2 - \mu_\delta \lambda_S\right)
\tag{3-63}
$$

同理，当强度 δ 服从指数分布，应力 S 服从正态分布时，其概率密度函数分别为

$$
g(\delta) = \lambda_\delta \exp(-\lambda_\delta \delta) \quad (\delta \geqslant 0)
$$

$$
f(S) = \frac{1}{\sigma_S \sqrt{2\pi}} \exp\left(-\frac{1}{2}\left(\frac{S-\mu_S}{\sigma_S}\right)^2\right)
$$

根据式(3-21)且考虑指数分布的随机变量只能为正的情况，有

$$
\begin{aligned}
R &= 1 - \int_0^{\infty} G(S) f(S) \mathrm{d}S = \int_0^{\infty} (1-G(S)) f(S) \mathrm{d}S \\
&= \int_0^{\infty} \exp(-\lambda_\delta S) \cdot \frac{1}{\sigma_S \sqrt{2\pi}} \exp\left(-\frac{1}{2}\left(\frac{S-\mu_S}{\sigma_S}\right)^2\right) \mathrm{d}S
\end{aligned}
\tag{3-64}
$$

整理可得

$$R=\Phi\left(\frac{\mu_S}{\sigma_S}-\lambda_\delta\sigma_S\right)\exp\left(\frac{1}{2}\lambda_\delta^2\sigma_S^2-\mu_S\lambda_\delta\right) \tag{3-65}$$

例 3-9 已知某汽车零件,其强度分布为正态分布 $\delta\sim N(200,20^2)$MPa,而作用在该零件上的应力 S 服从指数分布,且 $\mu_S=100$ MPa,试求该零件的可靠度。

解 由应力服从指数分布,且均值 $\mu_S=100$ MPa,得 $\lambda_S=1/\mu_S=1/100=0.01$,又 $\mu_\delta=200$ MPa,$\sigma_\delta=20$ MPa,将各项代入式(3-63),得

$$\begin{aligned}R&=\Phi\left(\frac{\mu_\delta}{\sigma_\delta}\right)-\Phi\left(\frac{\mu_\delta}{\sigma_\delta}-\lambda_S\sigma_\delta\right)\exp\left(\frac{1}{2}\lambda_S^2\sigma_\delta^2-\mu_\delta\lambda_S\right)\\&=\Phi\left(\frac{200}{20}\right)-\Phi\left(\frac{200}{20}-0.01\times20\right)\exp\left(\frac{1}{2}\times0.01^2\times20^2-200\times0.01\right)\\&=0.8619\end{aligned}$$

3.3.6 应力服从正态分布而强度服从威布尔分布时的可靠度计算

当应力 S 服从正态分布时,其概率密度函数为

$$f(S)=\frac{1}{\sigma_S\sqrt{2\pi}}\exp\left(-\frac{1}{2}\left(\frac{S-\mu_S}{\sigma_S}\right)^2\right)$$

当强度 δ 服从威布尔分布时,其概率密度函数为

$$g(\delta)=\frac{m_\delta}{\eta_\delta}\left(\frac{\delta-\lambda_\delta}{\eta_\delta}\right)^{m_\delta-1}\exp\left(-\left(\frac{\delta-\lambda_\delta}{\eta_\delta}\right)^{m_\delta}\right)\quad(\delta\geqslant\lambda_\delta)$$

其累积分布函数为

$$G(\delta)=1-\exp\left(-\left(\frac{\delta-\lambda_\delta}{\eta_\delta}\right)^{m_\delta}\right)$$

均值和方差分别为

$$E(\delta)=\gamma_\delta+\eta_\delta\Gamma\left(1+\frac{1}{m_\delta}\right)$$

$$D(\delta)=\eta_\delta^2\left[\Gamma\left(1+\frac{2}{m_\delta}\right)-\Gamma^2\left(1+\frac{1}{m_\delta}\right)\right]$$

将以上条件代入式(3-22)可得

$$\begin{aligned}F&=\int_0^\infty G(S)f(S)\mathrm{d}S\\&=\int_{\gamma_\delta}^\infty\left\{1-\exp\left(-\left(\frac{S-\gamma_\delta}{\eta_\delta}\right)^{m_\delta}\right)\right\}\cdot\frac{1}{\sigma_S\sqrt{2\pi}}\exp\left(-\frac{1}{2}\left(\frac{S-\mu_S}{\sigma_S}\right)^2\right)\mathrm{d}S\\&=\int_{\gamma_\delta}^\infty\frac{1}{\sigma_S\sqrt{2\pi}}\exp\left(-\frac{1}{2}\left(\frac{S-\mu_S}{\sigma_S}\right)^2\right)\\&\quad-\int_{\gamma_\delta}^\infty\frac{1}{\sigma_S\sqrt{2\pi}}\exp\left(-\frac{1}{2}\left(\frac{S-\mu_S}{\sigma_S}\right)^2-\left(\frac{S-\gamma_\delta}{\eta_\delta}\right)^{m_\delta}\right)\mathrm{d}S\end{aligned} \tag{3-66}$$

令 $u=\dfrac{S-\mu_S}{\sigma_S}$,则 $\sigma_S\mathrm{d}u=\mathrm{d}S$,当 $S=\gamma_\delta$ 时,$u=\dfrac{\lambda_\delta-\mu_S}{\sigma_S}$,设

$$A=\int_{\gamma_\delta}^\infty\frac{1}{\sigma_S\sqrt{2\pi}}\exp\left(-\frac{1}{2}\left(\frac{S-\mu_S}{\sigma_S}\right)^2\right)\mathrm{d}S=\int_{\frac{\gamma_\delta-\mu_S}{\sigma_S}}^\infty\frac{1}{\sqrt{2\pi}}\exp\left(-\frac{1}{2}u^2\right)\mathrm{d}u$$

$$= 1 - \Phi\left(\frac{\gamma_\delta - \mu_S}{\sigma_S}\right) \tag{3-67}$$

令 $v = \dfrac{S - \gamma_\delta}{\eta_\delta}$，则

$$\mathrm{d}S = \eta_\delta \mathrm{d}v, S = \eta_\delta v + \gamma_\delta$$

$$\frac{S - \mu_S}{\sigma_S} = \frac{\eta_\delta v + \gamma_\delta - \mu_S}{\sigma_S} = \frac{\eta_\delta}{\sigma_S} v + \frac{\gamma_\delta - \mu_S}{\sigma_S}$$

设

$$\begin{aligned} B &= \int_{\gamma_\delta}^{\infty} \frac{1}{\sigma_S \sqrt{2\pi}} \exp\left(-\frac{1}{2}\left(\frac{S-\mu_S}{\sigma_S}\right)^2 - \left(\frac{S-\gamma_\delta}{\eta_\delta}\right)^{m_\delta}\right)\mathrm{d}S \\ &= \frac{1}{\sqrt{2\pi}} \frac{\eta_\delta}{\sigma_S} \int_{\gamma_\delta}^{\infty} \exp\left(-\frac{1}{2}\left(\frac{\eta_\delta}{\sigma_S} v + \frac{\gamma_\delta - \mu_S}{\sigma_S}\right)^2 - v^{m_\delta}\right)\mathrm{d}v \end{aligned} \tag{3-68}$$

将式(3-66)和式(3-67)代入式(3-68)，得

$$\begin{aligned} F &= A - B \\ &= 1 - \Phi\left(\frac{\lambda_\delta - \mu_S}{\sigma_S}\right) - \frac{1}{\sqrt{2\pi}} \frac{\eta_\delta}{\sigma_S} \int_{\gamma_\delta}^{\infty} \exp\left(-\frac{1}{2}\left(\frac{\eta_\delta}{\sigma_S} v + \frac{\gamma_\delta - \mu_S}{\sigma_S}\right)^2 - v^{m_\delta}\right)\mathrm{d}v \end{aligned} \tag{3-69}$$

例 3-10　若某弹簧强度服从威布尔分布，已知其参数 $\gamma_\delta = 100$ MPa，$m_\delta = 3$，$\eta_\delta = 30$ MPa，弹簧的作用载荷服从正态分布，$\mu_S = 98.81$ MPa，$\sigma_S = 1.2$ MPa，求该弹簧的可靠度。

解　根据式(3-69)，利用 Matlab 编程求解，具体程序为

```
gamma=100;%γδ
m=3;%mδ
h=30;%ηδ
mu=98.81;%μS
sigma=1.2;%σS
syms v
F=1-norm((gamma- mu)/sigma)-1/sqrt(2*pi)...
      *(h/sigma)*int(exp(-0.5*(h/sigma*v...
      +(gamma-mu)/sigma)^2-v^m),gamma,inf)
R=1-F;
vpa(R)
```

运行结果为

$$R = 1 - F = 1 - 0.0083 = 0.9916$$

习　题

3-1　已知某零件材料的强度和应力均服从对数正态分布，且 $\ln\delta \sim N(100, 10^2)$ MPa，$\ln S \sim N(60, 10^2)$ MPa。求该零件的可靠度。

3-2　已知零件的剪切强度 $\tau_\delta \sim N(186, 22^2)$ MPa，而其承受的剪切应力服从指数分布，$\mu_\tau = 127$ MPa，求该零件的可靠度。

3-3　已知某零件的工作应力和强度的分布参数分别为 $\mu_S = 500$ MPa，$\sigma_S = 50$ MPa，$\mu_\delta = 600$ MPa，$\sigma_\delta = 60$ MPa。①若应力和强度均服从正态分布，试计算该零件的可靠度；②若应力和强度均服从对数正态分布，试计算该零件的可靠度。

3-4　已知强度和应力均服从对数正态分布，且已知 $\mu_\delta = 150$ MPa，$\mu_S = 100$ MPa，$\sigma_S = 15$ MPa，试问强度的最大容许标准差为多少，方能使可靠度不低于 0.999?

3-5　已知某发动机零件的应力和强度均服从正态分布，且已知 $\mu_S = 350$ MPa，$\sigma_S = 40$ MPa，$\mu_\delta = 820$ MPa，$\sigma_\delta = 80$ MPa，试计算该零件的可靠度。又假设零件的热处理不好，使零件强度标准差增大为 $\sigma_\delta = 150$ MPa，试求零件的可靠度。

3-6　已知一拉杆的拉伸载荷 $P \sim N(30000, 2000^2)$N，拉杆材料的屈服极限 $\sigma_S \sim N(1076, 12.2^2)$MPa，拉杆直径 $d \sim N(6.4, 0.02^2)$mm。试计算此拉杆的可靠度。

3-7　拉杆承受轴向载荷 $P \sim N(80000, 150^2)$N，拉杆直径 $d \sim N(35, 0.8^2)$mm，拉杆长度 $L \sim N(6400, 64^2)$mm，弹性模量 $E \sim N(210000, 3200^2)$MPa。试计算拉杆伸长量 λ 的分布。

第 4 章 概率法机械可靠性设计及其应用

4.1 机械静强度的可靠性设计

可靠性设计是指对传统的设计内容赋予概率的意义，将应力分布、强度分布和可靠度（或其他主要可靠性指标）在概率的意义下联系起来，构成一种设计计算的判据，从而可根据产品设计时的可靠性指标要求，确定其满足设计要求所需要的结构尺寸和材料性能。

在进行可靠性概率设计时，不仅需要确定零件的工作应力和材料强度的分布或者分布特征，而且必须合理地制订设计所要求的可靠性指标水平。在缺乏相关信息时，表 4-1 所示的可靠度推荐值可供参考。

表 4-1 可靠度推荐值

设计内容	设计重点	可靠度推荐值
非常重要的零件或设备	全面进行可靠性设计，要求考虑所有零件的每一种失效模式	≥0.9999990
比较重要的零件或设备	对其中重要零件进行可靠性设计，考虑其所有失效模式	0.9999910～0.9999990
一般重要的零件或设备	只对重要零件的最危险失效模式进行可靠性设计，其他的进行传统设计	0.999910～0.999990
不太重要的零件或设备	大多数零件进行传统设计，少数进行可靠性设计	0.99910～0.99990
不重要的零件或设备	对所有零件进行传统设计	0.9910～0.9990

下面将通过一些典型设计案例，重点介绍机械静强度可靠性概率设计的计算过程。算例中还讨论了相关参数的变化对产品可靠度的影响，以便在实际的设计和选材上，注意对那些影响显著的参数进行控制。

4.1.1 受拉零件的可靠性设计

在机械设计中有很多受拉零件。作用在零件上的拉伸载荷 P（应力 S）、零件材料的抗拉强度 δ 一般服从正态分布，即 $S\sim N(\mu_S,\sigma_S^2)$，$\delta\sim N(\mu_\delta,\sigma_\delta^2)$。拉伸载荷的离散性较小，即 σ_S 较小时，可按静强度问题处理，失效模式为拉断。其可靠性设计的基本步骤如下：

(1) 确定可靠性的设计指标（一般选用可靠度 R）及要求值；

(2) 根据 $R=\Phi(Z)$ 确定 Z 值；

(3) 确定强度分布特征 μ_δ 和 σ_δ^2；

(4) 确定应力函数表达式,确定应力分布特征与所设计的零件尺寸分布特征之间的关系;

(5) 将 Z 值、可靠度分布特征和以设计尺寸分布特征所表达的应力分布特征代入联接方程(3-41),确定尺寸分布特征中两未知参数之间的关系,并使该方程只含有尺寸分布特征中的一个未知参数;

(6) 求解联接方程,求得该未知尺寸参数,并由此确定设计尺寸分布特征。

例 4-1 已知某截面为圆形的拉杆所承受的拉力 $P \sim N(40000, 1200^2)$N,若选取 45 号钢为制造材料,试设计该拉杆的截面尺寸。

解 ①根据拉杆在实际使用环境中的要求,确定可靠度的设计指标 $R=0.999$。

②由 $R=\Phi(Z)=0.999$,确定 $Z=3.091$。

③根据 45 号钢,确定该材料的抗拉强度分布特征。

$$\mu_\delta = 667\ \text{MPa}, \quad \sigma_\delta = 25.3\ \text{MPa}$$

④确定应力函数表达式。

$$S = \frac{P}{A} = \frac{P}{\pi r^2}$$

由 $A=\pi r^2$,以及表 3-1,得

$$\mu_A = \pi\mu_r^2, \quad \sigma_A = 2\pi\mu_r\sigma_r \tag{4-1}$$

由 $S=\dfrac{P}{A}$,以及表 3-1,得

$$\mu_S = \frac{\mu_P}{\mu_A}, \quad \sigma_S = \frac{\sqrt{\mu_P^2\sigma_A^2 + \mu_A^2\sigma_P^2}}{\mu_A^2} \tag{4-2}$$

由于设计尺寸 r 通常服从正态分布,因此根据正态分布的 3σ 原则 $r=\mu_r \pm 3\sigma_r$,根据产品统计数据,选取半径 r 的公差 $\Delta=0.015\mu_r$(即 $3\sigma_r=0.015\mu_r$),则 $\sigma_r=0.005\mu_r$,$\sigma_A=0.01\pi\mu_r^2$。将以上各项代入式(4-2),得

$$\mu_S = \frac{\mu_P}{\mu_A} = \frac{40000}{\pi\mu_r^2} = 1.2732 \times 10^4 \frac{1}{\mu_r^2}$$

$$\begin{aligned}\sigma_S &= \frac{\sqrt{\mu_P^2\sigma_A^2 + \mu_A^2\sigma_P^2}}{\mu_A^2} \\ &= \frac{\sqrt{(40000)^2 \times (0.01\pi\mu_r^2) + (\pi\mu_r^2)^2 \times (1200)^2}}{(\pi\mu_r^2)^2} \\ &= \frac{402.634}{\mu_r^2}\end{aligned}$$

⑤将 Z 值、强度分布和以设计尺寸分布参数所表达的应力分布特征,代入联接方程(3-41),得

$$Z = \frac{\mu_\delta - \mu_S}{\sqrt{\sigma_\delta^2 + \sigma_S^2}} = \frac{667 - 12732.406/\mu_r^2}{\sqrt{25.3^2 + (402.634/\mu_r^2)^2}} = 3.091$$

整理得

$$\mu_r^4 - 38.71\mu_r^2 + 365.941 = 0$$

⑥求解该方程,解得 $\mu_r^2=22.301$ 和 $\mu_r^2=16.410$,即 $\mu_r=4.722$ mm 和 $\mu_r=4.050$ mm,取 $\mu_r=4.722$ mm,则 $\sigma_r=0.005\mu_r=0.005\times 4.722=0.0236$ mm。故

$$r=u_r \pm 3\sigma_r = 4.722 \pm 3\times 0.0236 = 4.722 \pm 0.0708(\text{mm})$$

所以,为了保证拉杆具有 0.999 的可靠度,其设计半径应为 4.722 ± 0.0708(mm)。

该设计如果按照常规方法进行，则有

$$\sigma_{计算} = \frac{P}{\pi r^2} \leqslant [\sigma] = \frac{\mu_\delta}{n} \tag{4-3}$$

若安全系数 $n=3$，则

$$\frac{P}{\pi r^2} = \frac{\mu_P}{\pi r^2} = \frac{40000}{\pi r^2} \leqslant \frac{\mu_\delta}{n} = \frac{667}{3}$$

解得拉杆设计半径 $r \geqslant 7568$ mm。

显然，常规设计的截面尺寸比可靠性设计的尺寸大了很多。如果在常规设计中按可靠性设计的尺寸结果去选择安全系数，则安全系数应为

$$n \leqslant \frac{\mu_\delta}{\mu_P}\pi r^2 = \frac{667}{40000}\pi \times (4.722)^2 = 1.168$$

通常，常规设计中的最小安全系数为 1.5，所以 $n=1.168$ 从常规设计来看是不敢选用的，而可靠性设计却可以证明，该参数下产品可具有 0.999 的高可靠度。当然，从联接方程可以看出，要保证产品这一高可靠度，必须要求相应的 μ_S，σ_S，μ_δ，σ_δ 值保持稳定。如果 μ_S，μ_δ 保持不变，那么产品设计的可靠度将随 σ_S，σ_δ 的增大而迅速减小。同时，如果设定设计尺寸偏差

$$\Delta = \alpha\mu_r = 3\sigma_r \tag{4-4}$$

则偏差系数 α 越大，意味着 σ_S 越大，所以可靠度将随 α 的增大而减小。

这也表明可靠性设计的先进性是以材料制造工艺的稳定性和对载荷测定统计的准确性为前提条件的。

4.1.2　梁的可靠性设计

承受集中载荷 P 作用的简支梁如图 4-1 所示。显然载荷 P、梁长（跨）度 l 及力的作用点与 A 端的距离 a 均为随机变量。该简支梁结构尺寸的可靠性设计过程同例 4-1，而工作应力为力作用点截面上的最大弯曲应力。

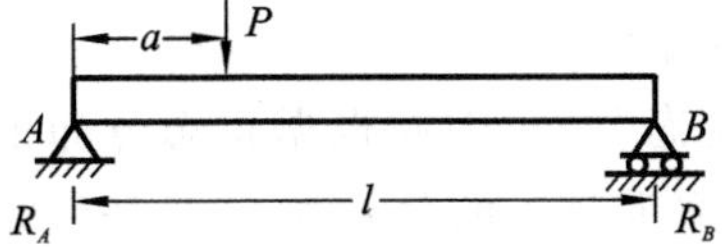

图 4-1　承受集中载荷 P 作用的简支梁

例 4-2　有一承受集中载荷的简支工字梁，已知该工字梁材料强度 $\delta \sim N(1171.2, 32.794^2)$ MPa，集中载荷 $P \sim N(27011.5, 890^2)$ N，梁的长度 l 为 (3048 ± 3.175) mm，集中载荷 P 与梁 A 端的距离 $a \sim N(1828.3, 1.058^2)$ mm。若设计所要求的可靠性指标 $R=0.999$，试设计该梁的截面尺寸。

解　①确定可靠性的设计指标，$R=0.999$。

②根据 $R=\Phi(Z)=0.999$，确定 $Z=3.091$。

③确定强度分布特征 $\mu_\delta=1171.2$ MPa 和 $\sigma_\delta=32.794$ MPa。

④确定应力函数表达式。

由于梁的最大弯矩发生在集中载荷 P 的作用点处，因此

$$M = \frac{Pa(l-a)}{l} \tag{4-5}$$

而最大弯曲应力发生在该截面的底面和顶面，所以最大弯曲应力为

$$S = \frac{MC}{I} \tag{4-6}$$

式中：C 为截面中性轴主梁的底面和顶面的距离，单位为 mm；I 为梁截面对中性轴的惯量矩，单位为 mm^4。

故

$$\mu_S = \frac{\mu_M \mu_C}{\mu_I} = \frac{\mu_M}{\mu_K}, \quad \sigma_K = \sqrt{\mu_M^2 \sigma_K^2 + \mu_K^2 \sigma_M^2} / \mu_K^2 \tag{4-7}$$

式中：$K = I/C$。

简支工字梁的截面尺寸符号如图 4-2 所示。

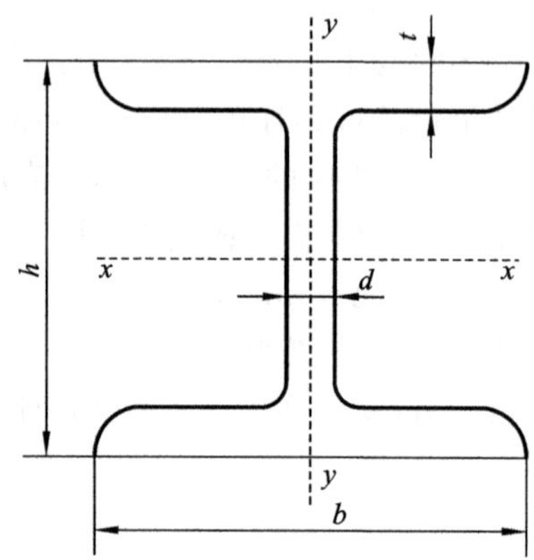

图 4-2　简支工字梁截面尺寸符号

$C = h/2$，查机械零件手册，得工字梁的参数比为 $b/t = 8.88$，$h/d = 15.7$，$b/h = 0.92$，并令 $C_h = \sigma_h/\mu_h = 0.01$，则

$$K = \frac{I}{C} = \frac{(bh^3 - (b-d)(h-2t)^3)/12}{h/2} 0.08224h^3$$

查表 3-1，有 $\mu_K = 0.08224\mu_h^3$，$\sigma_K = 0.08224 \times 3\mu_h^2 \sigma_h = 0.002466\mu_h^3$。

由于设计尺寸 l 通常服从正态分布，因此根据正态分布的 3σ 原则 $l = \mu_l \pm 3\sigma_l$，$\mu_l = 3048$ mm，根据产品统计数据，选取梁的长度 r 的公差 $\Delta = 3.175 = 3\sigma_l$，则 $\sigma_l = 1.058$ mm。

根据式(3-9)可得

$$\mu_M = \frac{\mu_P \mu_a (\mu_l - \mu_a)}{\mu_l} = \frac{27011.5 \times 1828.3 \times (3048 - 1828.3)}{3048} = 1.9762 \times 10^7 (\text{N} \cdot \text{mm})$$

根据式(3-10)可得

$$\begin{aligned}
\sigma_M^2 &\approx \left(\frac{\partial M}{\partial P}\right)^2 \sigma_P^2 + \left(\frac{\partial M}{\partial a}\right)^2 \sigma_a^2 + \left(\frac{\partial M}{\partial l}\right)^2 \sigma_l^2 \frac{Pa(l-a)}{l} \\
&= \left(\frac{\mu_a(\mu_l - \mu_a)}{\mu l}\right)^2 \sigma_P^2 + \left(\frac{\mu_P(\mu_l - 2\mu_a)}{\mu_l}\right) \sigma_a^2 + \left(\frac{\mu_P \mu_a^2}{\mu_l^2}\right)^2 \sigma_l^2 \\
&= \left(\frac{1828.3 \times (3048 - 1828.3)}{3048}\right)^2 \times 890^2 + \left(\frac{27011.5 \times (3048 - 2 \times 1828.3)}{3048}\right) \\
&\quad \times 1.058^2 + \left(\frac{27011.5 \times 1828.3^2}{3048^2}\right)^2 \times 1.058^2 \\
&\approx 4.2412 \times 10^{11} (\text{N} \cdot \text{mm})^2
\end{aligned}$$

所以

$$\mu_S = \frac{\mu_M}{\mu_K} = \frac{1.976 \times 10^7}{0.08224\mu_h^3} = \frac{2.403 \times 10^8}{\mu_h^3}$$

$$\begin{aligned}
\sigma_S &= \sqrt{\mu_M^2\sigma_K^2 + \mu_K^2\sigma_M^2}/\mu_K^2 \\
&= \sqrt{(1.9762 \times 10^7)^2 \times (0.002466\mu_h^3)^2 + (0.08224\mu_h^3)^2 \times 4.2412 \times 10^{11}}/(0.08224\mu_h^3)^2 \\
&= \sqrt{2.3749 \times 10^9\mu_h^6 + 2.8685 \times 10^9\mu_h^6}/(0.08224\mu_h^3)^2 \\
&= 1.0706 \times 10^7\mu_h^3
\end{aligned}$$

⑤将 Z 值、可靠度分布特征 $\mu_S, \sigma_S, \mu_\delta, \sigma_\delta$ 和以设计尺寸分布特征所表达的应力分布特征代入联接方程式(3-41)，得

$$Z = \frac{\mu_\delta - \mu_S}{\sqrt{\sigma_\delta^2 + \sigma_S^2}} = \frac{1171.2 - 2.4030 \times 10^8/\mu_h^3}{\sqrt{(32.794)^2 + (1.0706 \times 10^7/\mu_h^3)^2}} = 3.091$$

⑥解得 $\mu_h = 62.1667$ mm，故 $\sigma_h = 0.6217$ mm，所以 $h = \mu_h \pm 3\sigma_h = 62.1667 \pm 1.8651$(mm)。

由于简支工字梁截面参数有 $d = 0.0637h, b = 0.92h, t = 0.1036h$，根据 μ_h 和 σ_h 分别求出各参数的均值和标准差为

$$\mu_d = 0.0637\mu_h = 0.0637 \times 62.1667 = 3.96(\text{mm})$$

$$\sigma_d = 0.0637\sigma_h = 0.0637 \times 0.6217 = 0.0396(\text{mm})$$

故

$$d = \mu_d \pm 3\sigma_d = 3.96 \pm 0.1188(\text{mm})$$

$$\mu_d = 0.92\mu_h = 0.92 \times 62.1667 = 57.1934(\text{mm})$$

$$\sigma_d = 0.92\sigma_h = 0.92 \times 0.6217 = 0.572(\text{mm})$$

得

$$b = \mu_b \pm 3\sigma_b = 57.1934 \pm 1.7159(\text{mm})$$

$$\mu_t = 0.1036\mu_h = 0.1036 \times 62.1667 = 6.4405(\text{mm})$$

$$\sigma_t = 0.1036\sigma_h = 0.1036 \times 0.6217 = 0.0644(\text{mm})$$

故

$$t = \mu_t \pm 3\sigma_t = 6.4405 \pm 0.1932(\text{mm})$$

4.1.3　轴的可靠性设计

1. 承受转矩的轴的可靠性设计

对一端固定而另一端承受转矩的实心轴进行可靠性设计。如对于汽车的扭杆弹簧，假定其应力和强度均服从正态分布，则其静强度的可靠性设计过程也如前所述，仅应力函数表达式不同。

设轴的直径为 d(mm)，单位长度的扭矩角为 θ(rad)，材料的剪切弹性模量为 G(MPa)，则转矩 $T = G\theta I_p$。其中，I_p 为轴横截面的极惯性矩。对于实心轴，$I_p = \pi d^4/32$。故在该转矩的作用下，产生的剪切应力 τ 为

$$\tau = \frac{1}{2}G\theta d = \frac{Td}{2I_p} = \frac{16T}{\pi d^3} = \frac{2T}{\pi r^3} \tag{4-8}$$

例 4-3　对于一端固定而另一端承受扭矩的实心轴，假设已知作用转矩 $T \sim N(11.303 \times 10^6, 1.278 \times 10^{12})$ N · mm，许用剪切应力 $[\tau] \sim N(344.47, 34.447^2)$ MPa。若可靠性设计指标

$R=0.999$，试设计该轴的半径。

解 ①确定可靠性的设计指标 $R=0.999$。

②根据 $R=\Phi(Z)=0.999$ 确定 $Z=3.091$。

③确定强度分布特征 $\mu_\delta=\mu_{[\tau]}=344.47$ MPa 和 $\sigma_\delta=\sigma_{[\tau]}=34.447$ MPa。

④确定应力分布特征 μ_S 和 σ_S。

根据式(4-8)和式(3-9)可得

$$\mu_S=\frac{2\mu_T}{\pi\mu_r^3}=\frac{2\times 11.303\times 10^6}{\pi\times\mu_r^3}=\frac{7.1957\times 10^6}{\mu_r^3}$$

根据式(3-10)可得

$$\begin{aligned}\sigma_S^2&\approx\left[\frac{2}{\pi\mu_r^3}\right]^2\sigma_T^2+\left[-\frac{6\mu_T}{\pi\mu_r^4}\right]^2\sigma_r^2\\&=\left[\frac{2}{\pi\mu_r^3}\right]^2\times 1.278\times 10^{12}+\left[-\frac{6\times 11.303\times 10^6}{\pi\mu_r^4}\right]^2\times(0.01\mu_r)^2\\&=\frac{5.6455\times 10^{11}}{\mu_r^6}\end{aligned}$$

⑤将 Z 值、可靠度分布特征和以设计尺寸分布特征所表达的应力分布特征代入联接方程(3-41)，可得

$$Z=\frac{\mu_\delta-\mu_S}{\sqrt{\sigma_\delta^2+\sigma_S^2}}=\frac{344.47-7.1957\times 10^6/\mu_r^3}{\sqrt{(34.447)^2+5.6455\times 10^{11}/\mu_r^6}}=3.091$$

⑥求解联接方程，得 $\mu_r=32.126$ mm，$\sigma_r=0.01\mu_r=0.32126$ mm，因此轴的半径设计尺寸 $r=\mu_r\pm 3\sigma_r=32.126\pm 0.9638$(mm)。

上述设计中，选取 $\sigma_r=0.01\mu_r$，由式(4-4)可知 $\sigma_r=\alpha\mu_r/3$，此时的半径偏差系数 $\alpha=0.03$，若将解得的半径均值 $\mu_r=32.126$ mm 代入联接方程，并改变 α 值，计算相应的 Z 值和轴的可靠度 R，分析半径偏差系数 α 对于可靠度的影响，则 Matlab 计算程序如下：

```
mud=344.47;%强度均值
sigmad=34.447;%强度标准差
mut=11.303e6;%转矩均值
sigmat=1.1303e6;%转矩标准差
alpha=[0.01,0.02,0.03,0.04,0.05,0.10];%偏差系数
mur=32.126;%轴径均值
n=length(alpha);%alpha中元素个数
R=zeros(n,1);%可靠度占位
Z=zeros(n,1);%联接值占位
for i=1:n
    sigmar=alpha(i)/3*mur;%轴径标准差
    mus=2*mut/(pi*mur^3);%应力均值
    sigmas=((2/(pi*mur^3))^2*sigmat^2+ (6*mut/(pi*mur^4))^2*sigmar^2)^0.5;%应力标
准差
    Z(i)=(mud-mus)/(sigmad^2+ sigmas^2)^0.5;%联接方程(3-41)
    R(i)=normcdf(Z,0,1);
end
```

计算结果如表 4-2 所示。

表 4-2　半径偏差系数 α 对可靠度 R 的影响

偏差系数 α	Z	可靠度 R	偏差系数 α	Z	可靠度 R
0.01	3.1259	0.999114	0.04	3.0615	0.998899
0.02	3.1127	0.999074	0.05	3.0248	0.998756
0.03	3.0911	0.999002	0.10	2.7624	0.997131

可见，产品的可靠度会随设计尺寸偏差系数的增大而减小。

若将 $\mu_r=32.13$ mm 和偏差系数 $\alpha=0.03$ 代入联接方程并且保持不变，而改变制造材料强度的标准差 σ_δ，计算相应的 Z 和可靠度 R，分析材料强度的离散性对于可靠度的影响，则 Matlab计算程序如下：

```
mud=344.47;%强度均值
sigmad=[13.779,27.558,34.447,41.336,55.115,68.894];%强度标准差
mut=11.303e6;%转矩均值
sigmat=1.1303e6;%转矩标准差
alpha=0.03;%偏差系数
mur=32.126;%轴径均值
n=length(sigmad);%alpha 中元素个数
R=zeros(n,1);%可靠度占位
Z=zeros(n,1);%联接值占位
sigmar=alpha/3*mur;%轴径标准差
mus=2*mut/(pi*mur^3);%应力均值
sigmas=((2/(pi*mur^3))^2*sigmat^2+(6*mut/(pi*mur^4))^2*sigmar^2)^0.5;%应力标准差
for i=1:n
    Z(i)=(mud- mus)/(sigmad(i)^2+sigmas^2)^0.5;%联接方程
    R(i)=normcdf(Z(i),0,1);
end
```

计算结果如表 4-3 所示。

表 4-3　剪切强度标准差 σ_δ 对可靠度 R 的影响

剪切强度标准差 σ_δ/MPa	Z	可靠度 R	剪切强度标准差 σ_δ/MPa	Z	可靠度 R
13.779	4.8060	0.999999	41.3360	2.7037	0.996571
27.5580	3.5723	0.999823	55.1150	2.1387	0.983771
34.4470	3.0911	0.999003	68.8940	1.7573	0.960568

可见，产品的可靠度会随选用材料强度的离散性增大而减小。

若将 $\mu_r=32.13$ mm、偏差系数 $\alpha=0.03$ 及制造材料强度的标准差 $\sigma_\delta=34.447$ MPa 代入联接方程并保持不变，改变设计半径均值 μ_r，并计算相应 Z 和可靠度 R，分析设计半径均值 μ_r 对可靠度 R 的影响，则 Matlab 计算程序如下：

```
mud=344.47;%强度均值
sigmad=34.447;%强度标准差
mut=11.303e6;%转矩均值
sigmat=1.1303e6;%转矩标准差
alpha=0.03;%偏差系数
```

```
mur=[25.40 30.48 32.13 40.64 45.72 50.80];%轴径均值
n=length(mur);%alpha 中元素个数
R=zeros(n,1);%可靠度占位
Z=zeros(n,1);%联接值占位
for i=1:n
    sigmar=alpha/3*mur(i);%轴径标准差
    mus=2*mut/(pi*mur(i)^3);%应力均值
    sigmas=((2/(pi*mur(i)^3))^2*sigmat^2+(6*mut/(pi*mur(i)^4))^2*sigmar^2)^0.5;
%应力标准差
    Z(i)=(mud-mus)/(sigmad^2+sigmas^2)^0.5;%联接方程
    R(i)=normcdf(Z(i),0,1);
end
```

计算结果如表 4-4 所示。

表 4-4　设计半径均值 μ_r 对可靠度 R 的影响

设计半径均值 μ_r/mm	Z	可靠度 R	设计半径均值 μ_r/mm	Z	可靠度 R
25.40	−1.6504	0.049432	40.64	6.5507	1.0
30.48	2.0781	0.981151	45.72	7.6184	1.0
32.13	3.0934	0.999011	50.80	8.2926	1.0

可见，产品的可靠度会随设计尺寸的增大而增大。

2. 受弯扭组合作用的轴的可靠性设计

受弯扭组合作用的轴在机械设计系统及汽车结构中应用最多。若已知该轴材料的强度 δ、扭矩 T 和最大弯矩 M 均服从正态分布，则其静强度的可靠性设计过程同前所述，只是应力函数表达式不同。

弯曲应力

$$S_\sigma = \frac{MC}{I} \tag{4-9}$$

对于实心轴，$\frac{I}{C}=\frac{\pi}{32}d^3=\frac{\pi}{4}r^3$。其中，$d$、$r$ 分别为轴的直径和半径。

扭转应力

$$S_\tau = \frac{2T}{\pi r^3} \tag{4-10}$$

应用第四强度理论，该轴的实际工作应力 S 为

$$S = \sqrt{S_{1-\omega}^2 + 3S_{1-\tau}^2} \tag{4-11}$$

4.2　机械疲劳强度的可靠性设计

工程机械构件在实际使用过程中所承受的载荷具有多种形式。不同形式的载荷所表现的作用方式、作用速度、变动幅值及载荷工况均不相同。许多机械构件承受着随机载荷、波动载荷或变动载荷，这些载荷产生交变应力。这种交变应力引起的疲劳是造成构件断裂的主要原因之一。通常，工程机械的构件破坏有三种形式：磨损、腐蚀和断裂。其中磨损和腐蚀进行得

较为缓慢，一般可以通过定期维修或更换零部件来解决。而断裂通常是难预防的突发事件，往往会造成灾难性的事故。因此，疲劳问题在现代机械设计和研究中非常重要，是一个焦点问题。

疲劳指材料在循环应力或循环应变作用下，某点或某些点逐渐产生局部永久性的结构变化，从而在一定的载荷循环作用后，导致零件材料内部的损伤累积，形成裂纹或断裂的过程。造成材料疲劳破坏的应力往往低于材料的强度极限和屈服极限。因此，对于承受交变载荷(或称疲劳载荷)的多数机械构件来说，机械静强度可靠性设计不能全面反映它们所承受的实际载荷。因此，对于这类零件，为了保证其设计的可靠性，一方面要对这类零件进行疲劳强度可靠性设计，另一方面还应从微观角度，应用断裂力学方法，根据材料裂纹的扩展速率和断裂韧性进行疲劳寿命估算，并用无损探伤等测试手段进行监测，以更好地实现零件的可靠性设计要求。

4.2.1　疲劳问题概述

随着现代工业产品大型化、集成化程度的加深，机械构件在使用中承受的应力也越来越复杂，加之疲劳问题本身的复杂性和难以控制性，使得疲劳问题的研究得到越来越广泛的重视。据统计，机械零件的破坏中 50%～90%为疲劳破坏，例如，连杆、曲轴、齿轮、弹簧、螺栓、压力容器、汽轮机叶片和焊接结构等，其主要的破坏方式都是疲劳破坏。疲劳不仅影响一般机械产品的使用性能，而且会对如轮船、汽车、建筑、桥梁及航空航天大型复杂系统等造成重大的危害。很多惨重的教训提示我们必须重视疲劳问题。

疲劳问题的产生可追溯到 19 世纪初期。工业革命后，随着蒸汽机车的发展和机械设备的广泛应用，运动部件的破坏时常发生。破坏往往发生在零件的截面突变处，且破坏处的工作应力并不高，通常低于材料的强度极限和屈服极限。这一问题让工程师们困惑了很久，直到 1892 年德国工程师 Albert 通过矿山卷扬机焊接链条的工程试验才证实了构件破坏的疲劳原因。从此，人们围绕疲劳问题展开了广泛的研究。

目前，针对机械疲劳问题的研究内容主要有：疲劳裂纹的产生及扩展机理、疲劳强度的影响机理、疲劳的累积损伤理论、疲劳试验、疲劳故障分析、疲劳强度的强化方法、抗疲劳设计方法及特殊疲劳问题的研究，如腐蚀疲劳、接触疲劳、微动磨损疲劳、随机疲劳、高湿疲劳、热疲劳等多个方面。

1. 基本概念

1）应力分类

应力可分为静应力和变应力两类。变应力指应力的作用大小、方向都随时间呈周期性或不规则、随机性变化的应力。疲劳应力包括稳定变应力和非稳定变应力。稳定变应力又分为脉动循环变应力、对称循环变应力和非对称循环变应力。非稳定变应力又分为有规律的非稳定变应力和无规律的非稳定变应力。

2）疲劳寿命

疲劳寿命指在疲劳失效前所经历的应力或应变的循环次数，记为 N。

3）疲劳破坏特征

疲劳破坏与静强度破坏有本质的不同，主要表现在以下几个方面。

(1) 交变应力水平低。构件所承受的交变应力远小于材料的强度极限或屈服极限，破坏就有可能发生。

(2) 脆性断裂。不管构件的材料是脆性材料还是塑性材料，疲劳断裂在宏观上都表现为有明显塑性变形的突然断裂。

(3) 具有局部性。疲劳破坏不涉及构件的整个结构，由此可采用增强局部设计或改进局部工艺的方法来增强疲劳强度和延长疲劳寿命。如发现疲劳裂纹时，可采取磨去细小表面裂纹或扩孔去掉空边裂纹等局部处理措施来解决。

(4) 疲劳过程是一个累积损伤的过程，一般的疲劳断裂要经历裂纹形成、裂纹扩展和失稳断裂三个阶段。

(5) 凡疲劳破坏，断口在宏观、微观都具有疲劳特征。可通过分析断口特征研究复杂的疲劳破坏机理。

2. 影响材料疲劳强度的因素

影响材料疲劳强度的因素很多，主要有形状、尺寸、表面状况、平均应力、复合应力、加载速率、应力波形、腐蚀介质和温度等。通过疲劳试验获得的材料疲劳强度数据是材料的名义强度，只能较好地说明标准光滑试样的疲劳性能。实际零件的尺寸、形状和表面情况各式各样，与标准件有一定的差别。所以在机械疲劳强度的可靠性设计中，应将材料的名义强度转化成具有零件具体尺寸、形状及表面状况的实际强度。这就需要引入主要影响因素系数对试件强度数据加以修正。

1) 几何形状和应力集中系数

机械部件的任何结构都不可避免地存在台阶、开孔、榫槽等形成截面突变的地方。当结构受力时，这些地方会出现局部应力增大现象，称为应力集中。对材料而言，疲劳源总是出现在应力集中的地方，应力集中处的疲劳强度低，为薄弱环节。所以疲劳设计时必须考虑应力集中，应力集中系数记为 k_σ。

2) 尺寸效应及尺寸系数

通常，零件的尺寸越大，出现最薄弱晶粒和较大缺陷的概率就会越大，疲劳强度就越低。尺寸系数 ε 即为当应力集中与加工情况相同时，实际尺寸为 d 的零件疲劳极限与标准试样的疲劳极限之比。

3) 表面加工效应及表面状态系数

疲劳裂纹常常从表面开始，所以零件材料的表面状态对疲劳有较大的影响。材料的表面状态主要指表面组织结构、应力状态和表面粗糙度。一般来讲，在零件表面切削加工时，材料的疲劳极限会随着表面应变硬化程度的增加而提高。如果应变硬化层厚度没有超过材料的弹塑性变形区厚度，此厚度与疲劳极限成正比；如果应变硬化层厚度已经超过材料的弹塑性变形区厚度，此厚度对疲劳极限无影响。在试件表面，应变硬化所引起的都是残余压应力；在试件中部，应变硬化所引起的都是残余拉应力。残余压应力可提高弯曲疲劳极限和应力集中零件的疲劳极限，残余拉应力可以降低光滑零件的拉伸疲劳极限。机加工表面层温度升高，使各种情况下的疲劳极限均有所下降。此外，表面加工粗糙度增加，也会降低疲劳极限。这些因素的影响均用表面加工系数表示，表面加工系数记为 β。

4) 其他影响因素

材料的疲劳极限还受到平均应力、载荷加载频率、应力波和应力加载是否中间停歇等因素影响。

平均应力决定零件疲劳强度的应力幅，一般来说，拉伸平均应力使极限应力幅减小，压缩平均应力使极限应力幅增大。

如果将载荷加载频率分为三段——正常频率(5～30 Hz)、低频(0.5～5 Hz)和高频(300～10000 Hz),那么,一般在温度低于 50 ℃时,加载频率在正常范围内,对大多数的金属疲劳极限无影响,而低频加载使疲劳极限降低,高频加载使疲劳极限升高。

应力波对疲劳极限的影响体现为不同的波形对裂纹在最大应力下的停留时间的影响。而对加载中间停歇的研究表明,小间隔停歇对疲劳极限没有明显影响,而对疲劳寿命有一定的影响,停歇越频繁,停歇时间越长,对疲劳寿命的影响越大。

如果通过疲劳试验得到标准试件的疲劳极限为 δ_r,其分布为 $\delta_r \sim N(\mu_{\delta_r},\sigma_{\delta_r}^2)$mm,而实际零件的疲劳极限为 δ_{rc}.其分布为 $\delta_{rc} \sim N(\mu_{\delta_{rc}},\sigma_{\delta_{rc}}^2)$mm,在常规疲劳强度计算中,零件的疲劳强度 δ_{rc} 可通过修正材料标准试件的疲劳强度 δ_r 得到,即

$$\delta_{rc} = \frac{\varepsilon\beta}{k_\sigma}\delta_r \tag{4-12}$$

为了简化计算,一般假设影响零件疲劳强度的各种因素相互独立。因此,零件疲劳强度的均值 $\mu_{\delta_{rc}}$ 和方差 $\sigma_{\delta_{rc}}^2$ 根据式(3-9)和式(3-10)分别修正为

$$\mu_{\delta_{rc}} = \frac{\mu_\varepsilon\mu_\beta}{\mu_{k_\sigma}}\mu_{\delta_r} \tag{4-13}$$

$$\sigma_{\delta_{rc}}^2 = \left(\frac{\mu_\beta\mu_{\delta_r}}{\mu_{k_\sigma}}\right)^2\sigma_\varepsilon^2 + \left(\frac{\mu_\varepsilon\mu_{\delta_r}}{\mu_{k_\sigma}}\right)^2\sigma_\beta^2 + \left(\frac{\mu_\varepsilon\mu_\beta}{\mu_{k_\sigma}}\right)^2\sigma_{\delta_r}^2 + \left(\frac{\mu_\varepsilon\mu_\beta\mu_{\delta_r}}{\mu_{k_\sigma}^2}\right)^2\sigma_{k_\sigma}^2 \tag{4-14}$$

4.2.2　*S-N* 及 *P-S-N* 疲劳曲线

静态应力-强度干涉模型对恒定应力或变应力的单次作用是有效的。而研究疲劳强度就是要考虑应力载荷的反复作用及强度分布随时间的变化规律。这样的可靠性模型通常称为应力-强度-时间模型。这里的“应力”和“强度”具有更广泛的含义。“应力”指导致零件失效的所有因素,而“强度”指阻止该失效发生的所有因素。

由于应力随时间变化而变化,因此研究中反映其中的变动规律。*S-N* 曲线即为反映疲劳试验中不同应力(*S*)水平与标准试样疲劳寿命(也称应力循环次数,*N*)之间关系的曲线。而将 *S-N* 曲线中相同应力水平下可靠度相同的点连起来构成的曲线记为 *P-S-N* 曲线。

1. *S-N* 曲线

由于疲劳破坏与应力循环次数有关,因此为了得到变应力下的极限应力,必须在给定循环特征条件下,在不同的应力水平下做寿命试验,将这些数据描在以最大应力 $S_{\max}$ 为纵坐标、以达到疲劳破坏时的应力循环次数 N 为横坐标的图上,并用曲线拟合,即得疲劳曲线,称为 *S-N* 曲线,如图 4-3 所示。

疲劳试验需要大量人力、物力和时间。由于循环特征 r 在区间[-1,1]上连续变化,因此不可能得到任意 r 时的疲劳曲线,一般只有对称循环,即 $r=-1$ 时的疲劳曲线。由于零件各种各样,一般也不可能直接用零件做疲劳试验,因此一般只有材料(标准试件)的疲劳曲线。在进行零件的疲劳强度计算时,需用系数加以修正。

疲劳曲线由两部分组成。如图 4-3 所示,左分支 AB 段呈幂函数关系,即

$$S_{-1N}^m N = C \tag{4-15}$$

式中:m 和 C 为材料常数,与载荷性质、试样形式和载荷加载方式等因素有关。

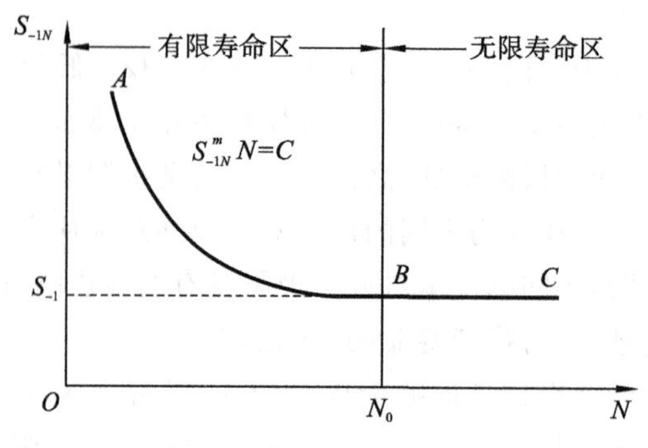

图 4-3　S-N 曲线

右分支 BC 段为一条水平线。这两条曲线的交点 B 所对应的横坐标 N_0 称为循环基数。对于一般结构钢，硬度不大于 350HBS 时，$N_0 \approx 10^7$；硬度大于 350HBS 时，$N_0 \approx 25\times10^7$。B 点对应的纵坐标为 S_{-1}，称为疲劳极限。各种材料的疲劳极限通过试验求得，并载入材料的机械性能数据表中供使用时查阅。

疲劳曲线图可分为两个区域。N_0 右边的区域称为无限寿命区。当最大工作应力小于疲劳极限时，循环次数 N 可无限大，所以根据疲劳极限所作的疲劳强度设计称为无限寿命设计。N_0 左边的区域称为有限寿命区。根据有限寿命区的疲劳曲线，每给定一个寿命 N 都可以找到相应的产生疲劳破坏的最大应力（极限应力）S_{-1N}，这个应力称为材料的条件疲劳极限。根据条件疲劳极限所作的疲劳强度设计称为有限寿命设计。

由 S_{-1}，N_0 及式(4-15)可得到循环次数为 N 时的条件疲劳极限，为

$$S_{-1N}^{m}N = S_{-1N}^{m}N_0 \tag{4-16}$$

经整理，得

$$S_{-1N} = S_{-1}\left(\frac{N_0}{N}\right)^{\frac{1}{m}} \tag{4-17}$$

材料常数 m 与应力状态、材料性质和热处理方法有关，其数值变化范围较大，因此最好根据具体零件材料的疲劳曲线来确定。在一般设计计算中，钢制零件受弯曲应力时，可取 $m=9$。

如果在 S-N 曲线上已知任意两点的应力和循环次数（S_1，N_1）和（S_2，N_2），则可得 S-N 曲线在对数坐标下的斜率 m，为

$$m = \frac{\lg N_1 - \lg N_2}{\lg S_1 - \lg S_2} \tag{4-18}$$

2. *P-S-N* 曲线

S-N 曲线通常的绘制依据是疲劳试验数据的平均值。实践表明，S-N 曲线的试验数据由于受到作用载荷、试件几何形状、尺寸、表面粗糙度、材料的化学成分及均匀性、热处理及制造工艺等因素的分散性影响，且其本身也是随机变量，因此具有一定的离散性。比如，相同试件在相同条件下进行同样的疲劳试验，得到的疲劳寿命 N 并不相同，统计表明，疲劳寿命 N 具有概率分布的规律性，因此，可以用一定的概率来表达疲劳寿命 N 的大小。

所以，将各级应力水平下的 S-N 曲线上概率（即可靠度）相同的点用曲线连接起来，就得到了以不同可靠度值为参数的曲线族，这样形成的曲线族即为 P-S-N 曲线。该曲线显示了零件在多种应力水平下疲劳寿命的分布情况，如图 4-4 所示，随着应力水平的降低，疲劳寿命 N 的离散度越来越大。且在曲线族中，越靠下方的曲线，其对应的可靠度越高。P-S-N 曲线代

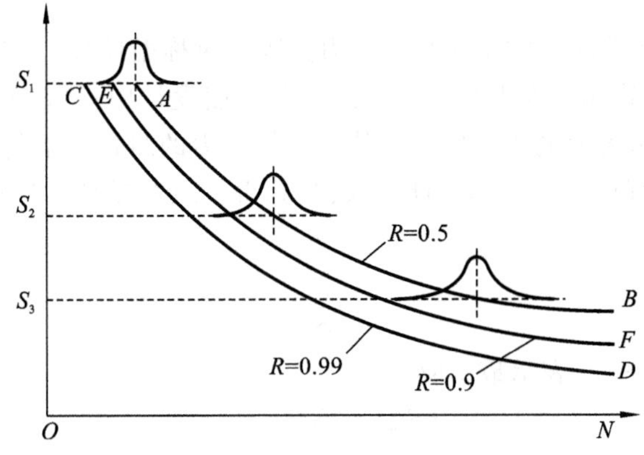

图 4-4　*P-S-N* 曲线的一般形式

表了更全面的应力与疲劳寿命关系，比 *S-N* 曲线有更广泛的用途。

在零件的疲劳可靠性设计中，必须考虑该试件的 *P-S-N* 曲线。那么设计时究竟应该采用哪条曲线作为设计标准呢？一般来讲，应根据产品设计的可靠性要求和经济性要求综合确定。若采用 *CD* 线（见图 4-4）进行设计，则产品的可靠性较高，但同时产品的使用安全寿命较低，经济性较差。对于一般产品，通常按照中值寿命的 *S-N* 曲线进行设计。

P-S-N 曲线的测定方法主要有单点法和成组法。用成组法进行测定的一般步骤如下。

（1）准备若干个标准试件（30 个左右）。

（2）确定应力水平（一般取 4 级或 5 级）。

（3）确定每一级应力上的试件数（大于 6 个）。若应力较大，则疲劳寿命分散度较小，试件就可取得少些；若应力较小，则疲劳寿命分散度较大，试件就应取得多些。

（4）按试验要求进行疲劳试验。

（5）根据试验数据，求出疲劳寿命均值 μ_N、标准差 σ_N 及变异系数 C_N，即

$$\mu_{Nj} = \frac{1}{n}\sum_{i=1}^{n} N_{i,j} \tag{4-19}$$

$$\sigma_{Nj} = \sqrt{\frac{1}{n-1}\left(\sum_{i=1}^{n} N_{i,j}^2 - \frac{1}{2}\left(\sum_{i=1}^{n} N_{i,j}\right)^2\right)} \tag{4-20}$$

$$C_{Nj} = \frac{\sigma_{Nj}}{\mu_{Nj}} \tag{4-21}$$

式中：$N_{i,j}$ 表示第 j 级应力下，第 i 个试件的寿命。

（6）分析有无异常数据，若有，则将该组数据删除。

（7）分析试件数是否充分。

（8）计算指定可靠度为 R 时的对数疲劳寿命分布，并据此分析数据服从的分布，即

$$\lg N_j = \mu_{N_j} + Z_R \sigma_{N_j} \tag{4-22}$$

式中：Z_R 为指定可靠度 R 所对应的标准正态分布偏量，即 $R = \Phi(Z_R)$。

通常，对数寿命在 $N < 10^6$ 时不服从对数正态分布，而威布尔分布的数据处理比较复杂，因此，在测定 *P-S-N* 曲线时，$N < 10^6$ 的高应力区用成组法进行测定，$N > 10^6$ 的应力循环用升降法进行测定。

（9）根据所计算的疲劳寿命，绘制 *P-S-N* 曲线。

3. 应力循环特征

S-N 曲线和 P-S-N 曲线通常是在平均应力为零的对称循环应力下绘制的。然而，平均应力对疲劳寿命有明显的影响。在循环应力下的疲劳强度设计中，给定寿命下疲劳强度常以等寿命曲线（导致相同疲劳寿命的不同应力幅值与平均应力的组合关系曲线）表示。等寿命曲线需要通过大量的不同载荷循环特征下的疲劳试验获得。载荷循环特征用应力比 r 表示，其定义为

$$r=\frac{S_{\min}}{S_{\max}} \tag{4-23}$$

式中：$S_{\max}$表示最大应力；$S_{\min}$表示最小应力。

$$\begin{cases} S_{\min}=S_{m}-S_{a} \\ S_{\max}=S_{m}+S_{a} \end{cases} \tag{4-24}$$

式中：S_{m}表示平均应力；S_{a}表示应力幅。

显然 r 的取值范围是[-1,1]。表 4-5 所示为几种典型应力循环的特征。

表 4-5　几种典型应力循环的特征

应力循环特征 r	应力值	应力类型
1	$S_{\min}=S_{\max}=S_{m}, S_{a}=0$	静应力
-1	$S_{\max}=-S_{\min}=S_{a}, S_{m}=0$	对称循环变应力
0	$S_{\min}=0, S_{m}=S_{a}=S_{\max}/2$	脉动循环变应力
$-1<r<1$	$\lvert S_{\min}\rvert<\lvert S_{\max}\rvert, S_{m}>0$	非对称循环变应力

当$|S_{\min}|$较大时，改变应力的正方向，保证$|S_{\max}|$最大。

没有相应材料的等寿命曲线时，可以应用简化的等寿命曲线。常用的简化等寿命曲线如下。

Goodman 直线，表示为

$$\frac{S_{a}}{S_{-1}}+\frac{S_{m}}{S_{b}}=1 \tag{4-25}$$

Gerber 抛物线，表示为

$$\frac{S_{a}}{S_{-1}}+\left(\frac{S_{m}}{S_{b}}\right)^{2}=1 \tag{4-26}$$

von Mises-Hencky 椭圆，表示为

$$\left(\frac{S_{a}}{S_{-1}}\right)^{2}+\left(\frac{S_{m}}{S_{b}}\right)^{2}=1 \tag{4-27}$$

式中：S_{-1}为对称循环应力下的疲劳极限；S_{b}为强度极限。

Goodman 直线较简单，且偏于安全，von Mises-Hencky 椭圆能更好地拟合实验数据。

例 4-4　某减速器主轴，已知传递扭矩 $T\sim N(1.2\times10^{5},9000^{2})$ N · mm，危险截面的弯矩 $M\sim N(14000,1200^{2})$ N · mm，轴的材料定为 45 号钢，强度极限均值 $\mu_{\delta_b}=637$ MPa，变异系数 $C_{\delta_b}=0.05$，疲劳极限均值 $\mu_{\delta^{-1}}=268$ MPa，变异系数 $C_{\delta^{-1}}=0.08$。如果当 $m=9$，$N=10^{6}$ 时要求可靠度 $R=0.9999$，试确定该轴的半径。

解　假设轴的强度与应力分布均为正态分布。

①确定工作应力的参数分布。

由式(4-9)得

$$\mu_{S_\sigma}=\frac{4\mu_M}{\pi\mu_r^3}=\frac{4\times 14000}{\pi\times\mu_r^3}=\frac{1.7825\times 10^4}{\mu_r^3}$$

$$\begin{aligned}\sigma_{S_\sigma}^2&=\left(\frac{4}{\pi\mu_r^3}\right)^2\sigma_M^2+\left(\frac{12\mu_M}{\pi\mu_r^4}\right)^2\sigma_r^2\\&=\left(\frac{4}{\pi\mu_r^3}\right)^2\times 1200^2+\left(\frac{12\times 14000}{\pi\mu_r^4}\right)^2\times(0.01\mu_r)^2\\&=\frac{2.6204\times 10^6}{\mu_r^6}\end{aligned}$$

式中：$\sigma_r=0.01\mu_r$。

由式(4-10)得

$$\mu_{S_\tau}=\frac{2\mu_T}{\pi\mu_r^3}=\frac{2\times 1.2\times 10^5}{\pi\mu_r^3}=\frac{7.6394\times 10^4}{\mu_r^3}$$

$$\begin{aligned}\sigma_{S_\tau}^2&=\left(\frac{2}{\pi\mu_r^3}\right)^2\sigma_T^2+\left(\frac{6\mu_T}{\pi\mu_r^4}\right)^2\sigma_r^2\\&=\left(\frac{2}{\pi\mu_r^3}\right)^2\times 9000^2+\left(\frac{6\times 1.2\times 10^3}{\pi\mu_r^3}\right)^2\times(0.01\mu_r)^2\\&=\frac{3.8081}{\mu_r^6}\end{aligned}$$

由第四强度理论得弯扭组合应力为

$$S=\sqrt{\sigma^2+3\tau^2}$$

由疲劳极限应力图可知，其合力为

$$S=\sqrt{S_a^2+S_m^2}$$

比较以上两式，可知应力幅 $S_a=S_\sigma$，平均应力 $S_m=\sqrt{3}S_\tau$，故

$$\mu_{S_a}=\mu_{S_\sigma}=\frac{1.7825\times 10^4}{\mu_r^3},\quad \sigma_{S_a}^2=\sigma_{S_\sigma}^2=\frac{2.6204\times 10^6}{\mu_r^6}$$

$$\mu_{S_m}=\sqrt{3}\mu_{S_\tau}=\frac{1.3232\times 10^5}{\mu_r^3},\quad \sigma_{S_m}^2=3\sigma_{S_\tau}^2=\frac{1.1424\times 10^8}{\mu_r^6}$$

根据式(3-8)和式(3-10)得该轴工作应力的均值和方差，分别为

$$\begin{aligned}\mu_S&=\sqrt{\mu_{S_a}^2+\mu_{S_m}^2}+\frac{1}{2}\left(\frac{\mu_{S_m}^2\sigma_{S_a}^2+\mu_{S_a}^2\sigma_{S_m}^2}{(\mu_{S_a}^2+\mu_{S_m}^2)^{1.5}}\right)\\&=\sqrt{\left(\frac{1.7825\times 10^4}{\mu_r^3}\right)^2+\left(\frac{1.3232\times 10^5}{\mu_r^3}\right)^2}\\&\quad+\frac{1}{2}\left(\frac{\left(\frac{1.3232\times 10^5}{\mu_r^3}\right)^2\times\frac{2.6204\times 10^6}{\mu_r^6}+\left(\frac{1.7825\times 10^4}{\mu_r^3}\right)^2\times\frac{1.1424\times 10^7}{\mu_r^6}}{\left(\frac{1.7825\times 10^4}{\mu_r^3}+\left(\frac{1.3232\times 10^5}{\mu_r^3}\right)^2\right)^{1.5}}\right)\\&=\frac{1.3353\times 10^5}{\mu_r^3}\end{aligned}$$

$$\sigma_S^2=\frac{\mu_{S_a}^2\sigma_{S_a}^2+\mu_{S_m}^2\sigma_{S_m}^2}{\mu_{S_a}^2+\mu_{S_m}^2}$$

$$=\frac{\left(\frac{1.7825\times10^4}{\mu_r^3}\right)^2\times\frac{2.6204\times10^6}{\mu_r^6}+\left(\frac{1.3232\times10^5}{\mu_r^3}\right)^2\times\frac{1.1424\times10^7}{\mu_r^6}}{\left(\frac{1.7825\times10^4}{\mu_r^3}\right)^2+\left(\frac{1.3232\times10^5}{\mu_r^3}\right)^2}$$

$$=\frac{1.1225\times10^8}{\mu_r^6}$$

$$\sigma_S=\frac{1.0595\times10^4}{\mu_r^3}$$

②确定有效疲劳强度分布参数。

$$\sigma_{\delta_{-1}}=C_{\delta_{-1}}\mu_{\delta_{-1}}=0.08\times268=21.44(\text{MPa})$$

根据轴的结构、尺寸和加工状况，确定应力集中系数的均值 $\mu_{k_\sigma}=2.62$，表面状态系数均值 $\mu_\beta=0.92$ 及尺寸系数均值 $\mu_\varepsilon=0.93$，根据式(4-13)得

$$\mu_{\delta_{-1}c}=\frac{\mu_\varepsilon\mu_\beta}{\mu_{k_\sigma}}\mu_{\delta_{-1}}=\frac{0.93\times0.92\times268}{2.62}=87.5194(\text{MPa})$$

取 $C_{\delta-1}=0.08$，则

$$\sigma_{\delta_{-1}c}=C_{\delta_{-1}}\mu_{\delta_{-1}}=0.08\times87.5194=7.0016(\text{MPa})$$

根据式(4-17)，当 $N=10^6$ 时，条件疲劳强度极限的分布参数为

$$\mu_{\delta_{-1}Nc}=\left(\frac{N_0}{N}\right)^{\frac{1}{m}}\mu_{\delta_{-1}c}=\left(\frac{10^7}{10^6}\right)^{\frac{1}{9}}\times87.5194=113.0357(\text{MPa})$$

$$\sigma_{\delta_{-1}Nc}=\left(\frac{N_0}{N}\right)^{\frac{1}{m}}\sigma_{\delta_{-1}c}=\left(\frac{10^7}{10^6}\right)^{\frac{1}{9}}\times7.0016=9.0429(\text{MPa})$$

③确定应力循环特征 r。

由应力循环参数关系得

最大应力 $S_{\max}=S_m+S_a=\mu_S+3\sigma_S=\frac{1.3352\times10^5}{\mu_r^3}+3\times\frac{1.0595\times10^4}{\mu_r^3}$

$$=\frac{1.6531\times10^5}{\mu_r^3}$$

最小应力 $S_{\min}=S_m-S_a=\mu_S-3\sigma_S=\frac{1.3352\times10^5}{\mu_r^3}-\frac{1.0595\times10^4}{\mu_r^3}$

$$=\frac{1.0174\times10^5}{\mu_r^3}$$

故

$$r=\frac{S_{\min}}{S_{\max}}=1.6248$$

直线与水平方向夹角为

$$\tan\alpha=S_a/S_m=0.2381,\quad \alpha=13.3903^\circ$$

④确定 $r=1.6248$ 时的强度分布参数。

$$\sigma_{\delta_b}=C_{\delta_b}\mu_{\delta_b}=0.05\times637=31.85(\text{MPa})$$

根据以上条件采用简化寿命曲线 Goodman 直线。参考图 4-5，已知 A 点对应的 $r=-1$，$S_a=\mu_{\delta_{-1}Nc}=113.3057(\text{MPa})$，$S_m=0$，已知 B 点对应的 $r=1$，$S_m=\mu_{\delta_b}=637(\text{MPa})$，$S_a=0$。

由于假设疲劳极限和强度极限均服从正态分布，因此根据正态分布的 3σ 原则，可在 AB 直线的基础上，分别加减 3 倍的相应标准差，得到疲劳极限最大应力和最小应力的变化直线。

如图 4-5 所示，直线 A_1B_1 即为在直线 AB 基础上减去 3 倍的标准差得到的，A_1 点对应的 $S_a=\mu_{\delta_{-1}Nc}-3\sigma_{\delta_{-1}Nc}=113.3057-3\times9.0429=85.9070$(MPa)，$B_1$ 点对应的 $S_m=\mu_{\delta_b}-3\sigma_{\delta_b}=637-3\times31.85=541.45$(MPa)。

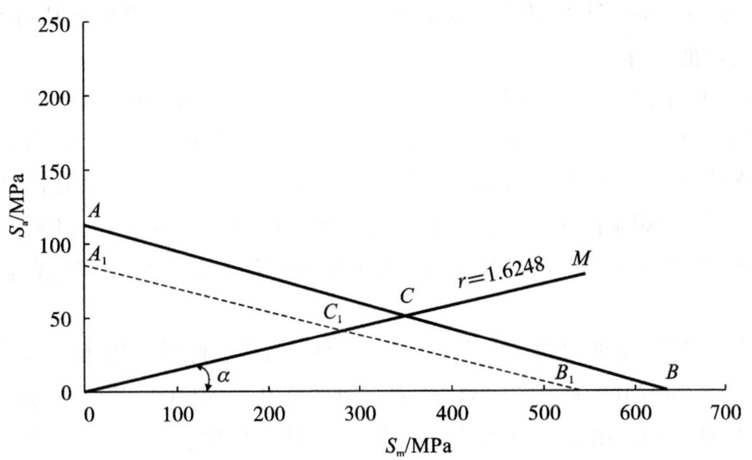

图 4-5　45 号钢的条件疲劳强度极限曲线

在该线图内，由原点作射线 OM，与水平轴夹角 $\alpha=65.14°$，该射线上所有点的应力循环特征均为 $r=-0.367$。

计算得 C、C_1 两点坐标分别为 $C(272.0146,64.7667)$ 和 $C_1(216.5208,51.5536)$，即

$$\mu_{\delta_m}=272.0146(\text{MPa}),\quad \mu_{\delta_a}=64.7667(\text{MPa})$$

所以，根据 3σ 原则，疲劳极限的应力幅和平均应力的标准差分别为

$$\sigma_{\delta_m}=\frac{272.0146-216.5208}{3}=18.4979(\text{MPa})$$

$$\sigma_{\delta_a}=\frac{64.7667-51.5536}{3}=4.4044(\text{MPa})$$

故 $r=1.6248$ 时，疲劳极限的均值和标准差分别为

$$\mu_{\delta_r Nc}=\sqrt{\mu_{\delta_a}^2+\mu_{\delta_m}^2}=\sqrt{64.7667^2+272.0146^2}=279.6188(\text{MPa})$$

$$\sigma_{\delta_r Nc}^2=\frac{\mu_{\delta_a}^2\sigma_{\delta_a}^2+\mu_{\delta_m}^2\sigma_{\delta_m}^2}{\mu_{\delta_a}^2+\mu_{\delta_m}^2}=\frac{64.7667^2\times4.4044^2+272.0146^2\times18.4979}{64.7667^2+272.0146^2}=324.8555(\text{MPa}^2)$$

⑤求轴的半径。

将 $r=1.6248$ 时疲劳极限的分布参数和工作应力的分布参数均代入联接方程(3-41)，可得

$$Z=\frac{\mu_{\delta_r Nc}-\mu_S}{\sqrt{\sigma_{\delta_r Nc}^2+\sigma_S^2}}=\frac{279.6188-\dfrac{1.3353\times10^5}{\mu_r^3}}{\sqrt{324.8555+\dfrac{1.1225\times10^8}{\mu_r^6}}}=3.719$$

解得 $\mu_r=8.8617$ mm，故 $\sigma_r=0.0886$ mm，则轴的半径设计尺寸为

$$r=\mu_r\pm3\sigma_r=8.8617\pm0.2658(\text{mm})$$

习　题

4-1　有一截面为圆形的拉杆，其制造半径的极限偏差为 $\Delta=\pm0.015\mu_r$。已知其承受的

拉力 $P \sim N(2750, 90^2)$ N，材料强度 $\delta \sim N(80, 3^2)$ MPa。若要求该拉杆具有可靠度 $R=0.999$，试设计该拉杆的尺寸。

4-2 截面宽为 B，高为 $H=2B$ 的一钢制长梁，受均布载荷 $P=(115 \pm 360)$ N/mm，支撑跨距 $L=(3500 \pm 150)$ mm，钢材屈服强度为 $\sigma_S=(377 \pm 57)$ MPa。若要求其可靠度 $R=0.99$，试设计所需要的截面尺寸。

4-3 已知一转轴受弯矩 $M=(1.5 \times 10^5 \pm 4.2 \times 10^4)$ N · mm，转矩 $T=(1.2 \times 10^5 \pm 3.6 \times 10^3)$ N · mm 的联合作用。该轴由钼钢制成，其抗拉强度的均值为 $\mu_\delta=935$ MPa，标准差为 $\sigma_\delta=18.75$ MPa，轴径制造公差为 $0.005\mu_d$。若要求其可靠度 $R=0.999$，试设计该轴尺寸。

4-4 设计一个一端固定一端承受转矩的实心轴。已知转矩 $T \sim N(11300, 1130^2)$ N · m，许用剪切应力 $\tau \sim N(342.6, 32.5^2)$ MPa。若设计要求可靠度为 $R=0.999$，试求轴的直径取值范围。

4-5 一个受拉螺栓受轴向力 $P \sim N(4000, 210)$ N 作用，材料强度服从正态分布，均值及标准差分别为 $\mu_S=100$ MPa，$\sigma_S=80$ MPa。若设计要求可靠度为 0.999，求螺栓的设计直径。

4-6 某零件试验测得的 P-S-N 曲线，在 $N=10^5$ 处对应的 $\mu_{\delta_{-1}N}=530$ MPa，$\mu_{\delta_{-1}N}-3\sigma_{\delta_{-1}N}=450$ MPa。假设其强度均服从正态分布，若该零件危险工作断面上的工作应力为 $\mu_S=438$ MPa，$\sigma_S=30$ MPa，求在 $N=10^5$ 处不产生疲劳失效时的可靠度。

第5章　机械系统可靠性设计

5.1　概　　述

系统指由某些彼此相互协调工作的零部件、子系统组成的，为了完成某一特定功能的综合体。组成系统的相对独立的机件称为单元。系统与单元为相对概念，根据研究对象确定。例如，若将汽车作为一个系统研究，发动机、离合器、变速箱、传动轴、车身、车架、制动器等都是作为汽车系统的单元而存在的；但是，若将驱动桥看作一个系统，则主减速器、差速器、驱动车轮传动装置、桥壳就成为驱动桥的组成单元了。因此，系统和单元是相对的，均可以是子系统、机器总成、部件、零件等。系统的可靠性不仅与组成单元的可靠性有关，同时也与组成系统的各个单元之间的组合方式和相互匹配有关。

随着科学技术的发展，系统的复杂程度越来越高，系统发生故障的可能性也越来越大，这就迫使人们必须提高组成系统的单元的可靠度。假定组成系统的单元的可靠度均为99.9%，且相互独立，则由40个单元组成的串联系统的可靠度为96.08%，而由500个单元组成的串联系统的可靠度为60.64%。而宇宙飞船、导弹等复杂系统包括成千上万个组成单元，那么，为了保证系统的高可靠度，需要对单元的可靠度提出更高的要求。但是，对组成单元提出的高可靠度要求，一方面可能受到材料及工艺的限制，无法达到；另一方面将致使系统本身价格高昂，系统一旦失效将带来巨大的损失，甚至会引起严重的后果。这使得系统可靠性问题尤为突出，迫使人们必须对系统可靠性问题进行深入研究。表5-1所示为系统复杂性对其可靠性的影响。

表5-1　系统复杂性对其可靠性的影响

单元个数	单元可靠度		
	99.999%	99.99%	99.9%
	系统可靠度		
40	99.96%	99.60%	96.08%
100	99.90%	99.00%	90.48%
300	99.70%	97.04%	74.07%
500	99.50%	95.12%	60.64%
800	99.20%	92.31%	44.91%
1000	99.00%	90.48%	36.77%
10000	90.48%	36.79%	＜0.1%
100000	36.79%	＜0.1%	＜0.1%

机械系统的可靠性由两个因素决定，一个是组成机械系统的各个零部件完成所需功能的能力，即机械零部件本身的可靠性；另一个是组成机械系统各个零部件之间的联系形式，即机械零部件组成系统的组合方式。

对于某一特定的机械系统而言，当组成系统的零部件可靠性保持不变，但零部件之间的组合方式变化时，机械系统的可靠性存在很大差异。因此，组合方式不同，机械系统的可靠性模型也不同。在机械系统工作过程中，由于各种载荷的作用，组成系统的各个单元的功能参数将会逐渐劣化，可能导致机械系统出现故障。在工程使用中，为了简化计算，假定各组成单元的失效都是独立事件。各单元的组合有串联方式和并联方式两种基本形式，复杂机械系统的组合也主要是这两种基本形式的组合或引申。

机械系统可靠性设计的目的，就是要使机械系统在满足规定的可靠性指标，完成规定功能的前提下，其技术性能、质量指标、制造成本及使用寿命等获得协调并达到最优化的结果；或者在性能、质量、成本和寿命等约束下，设计出可靠性更高的机械系统。

机械系统可靠性设计方法主要有两种类型：①按照已知零部件或各单元的可靠性数据，计算机械系统的可靠性指标，称为可靠性预计。它通过计算、比较系统的几种结构模型，得到满意的系统设计方案和可靠性指标。②按照给定的机械系统可靠性指标，分配组成机械系统的各单元，称为可靠性分配。它对多种设计方案进行比较和选优。

系统可靠性建模、预计与分配在机械产品定量设计中尤为重要。建立系统可靠性模型是进行可靠性预计和分配的基础。可靠性预计是评估系统是否达到了定量设计要求的方法，并为设计决策提供依据，发现设计中的薄弱环节，提出行之有效的改进措施。可靠性分配是将系统研制中规定的可靠性指标按照一定的方式分配到规定的层次，作为各层次的可靠性设计目标。

5.2　系统可靠性建模

5.2.1　系统可靠性模型的类型

可靠性模型是对系统及其组成单元之间的可靠性/故障逻辑关系的描述，包括可靠性框图和数学模型，按用途可分为基本可靠性模型和任务可靠性模型两类。

基本可靠性指产品（系统）在规定的条件下无故障地持续工作时间的概率。基本可靠性模型用来评估产品（系统）及其组成单元引起的维修及保障要求。系统中的任意单元发生故障都要进行维修或更换，因此，可以将该模型作为度量使用费用的一种模型。基本可靠性模型是一个全串联模型，即使存在冗余单元也按照串联来处理。基本可靠性模型中，储备单元越多，系统的基本可靠性越低。

任务可靠性指产品（系统）在规定的任务范围内，完成规定功能的能力。任务可靠性模型用以评估产品（系统）在执行任务过程中完成规定功能的概率，是一种度量工作有效性的模型。系统中的储备单元越多，其任务可靠性越高。

进行系统可靠性设计时，一般根据基本可靠性要求和任务可靠性要求，同时建立基本可靠性框图和任务可靠性框图，其目的是合理地综合考虑人力、物力、费用和任务要求。若在某种设计方案中，为了提高系统的任务可靠性而大量采用储备单元，则系统的基本可靠性必然会变低，即需要人力、设备等来维持储备单元。若为了减少维修和保障要求，而采用全串联模型，则系统的任务可靠性较低。因此，设计人员的责任就是在不同的方案中，利用基本可靠性模型和任务可靠性模型进行权衡，在一定的条件下得到最合理的设计方案。

图 5-1 所示为美国海军 F/A-18 战斗机基本可靠性框图与任务可靠性框图。从中可以看出基本可靠性框图是一个全串联模型，而任务可靠性框图是根据系统任务情况确定的，是一个串联-并联-旁连模型。

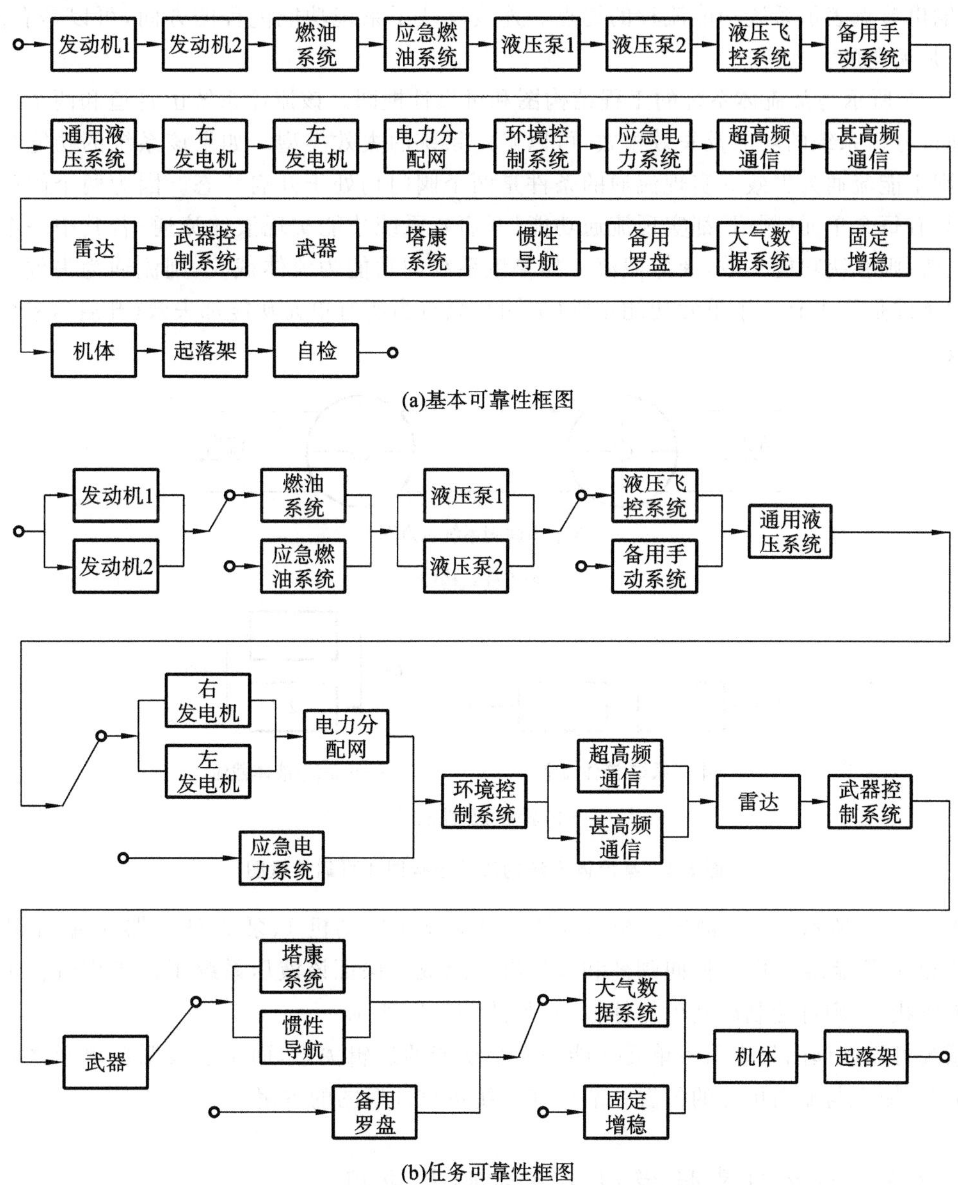

图 5-1　美国海军 F/A-18 战斗机的可靠性框图

5.2.2　系统可靠性框图

常用的系统可靠性分析方法是根据系统的结构组成和功能绘出可靠性框图，建立系统的可靠性数学模型，将系统的可靠性特征量表示为组成单元可靠性特征量的函数，通过已知的组成单元的可靠性特征量求出系统的可靠性特征量。其中，系统的结构图是绘制可靠性框图的依据，结构图表示的是系统各组成单元间的物理关系和工作关系，而可靠性框图则描述了系统功能和组成系统的各单元的可靠性功能，表示了各单元之间的逻辑关系，反映了各单元之间的功能关系，并可提供系统可靠度计算的数学模型。可靠性框图由代表单元的方框、逻辑关系、连线和节点组成。节点包括输入节点、中间节点和输出节点。输入节点表示系统功能流程的起点，输出节点表示系统功能流程的终点。连线反映了系统功能流程的方向，可以是有向的，也可以是无向的。

图 5-2 所示为某流体系统的工程结构图和可靠性框图。该流体系统由管道和两个阀门组成。通过分析系统的功能及失效模式，可以确定系统的失效类型。如果该系统的功能为流体流通，则不能流通为失效。实现流通的条件是两个阀门均处于开启状态。因为两个阀门相互独立，只有每个单元（阀门）都实现流通功能（开启），系统才能实现液体流通；若其中一个单元功能失效，则系统功能失效，液体截流。如果该系统的功能为流体截流，则流通为失效。实现截流的条件是至少有一个单元功能正常（关闭），只有当所有单元功能都失效（开启），系统功能才失效。

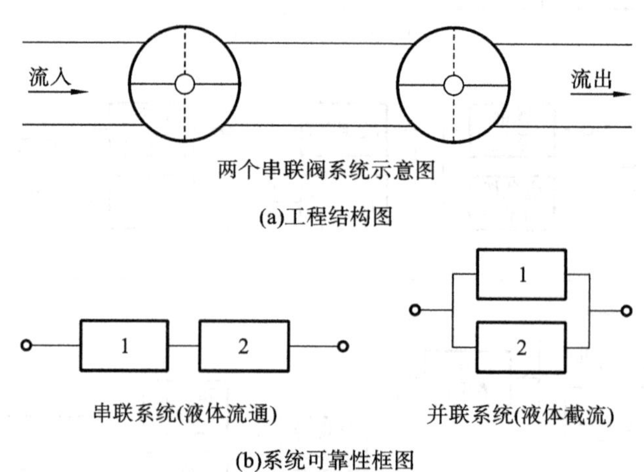

图 5-2　某流体系统的工程结构图和可靠性框图

图 5-3 (a)所示为某一液压系统结构图。该系统由电动机 1、泵 2、滤油器 3、溢流阀 4、单向阀 5 和 6、蓄能器 7、电磁换向阀 8 和液压缸 9 组成。保证该液压系统正常工作时各组成单元的工作状态，则可绘制出其可靠性框图，如图 5-3(b)所示。

系统可靠性框图只表明各单元功能与系统功能的逻辑关系，而不能表明各单元之间结构上的关系，输入与输出单元的位置一般放在系统可靠性框图的首尾。

5.2.3　系统可靠性模型建立步骤与应用

1. 系统可靠性模型的建立步骤

系统可靠性模型的正确建立对可靠性分析至关重要。建立的步骤如下。

(1) 系统功能的分析。任一复杂的机械系统，一般都具有完成多种功能的能力，而完成的功能不同，其可靠性模型也就不同，需要根据不同的功能，分别建立可靠性模型。

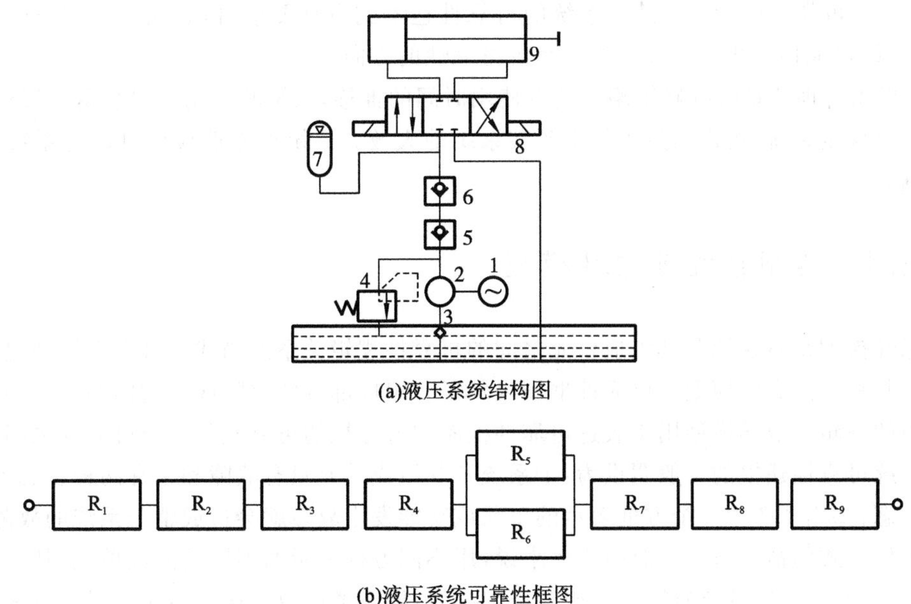

(a)液压系统结构图

(b)液压系统可靠性框图

图 5-3 某液压系统的结构图和可靠性框图

(2) 系统的任务定义和故障判据的确立。在进行系统功能分解、建立功能框图或功能流程图及确立时间基准的基础上，要建立系统的基本可靠性框图及任务可靠性框图，必须明确给出系统的任务定义及故障判据，作为系统可靠性定量分析计算的依据。产品或产品的一部分不能或即将不能完成预定功能的事件或状态，称为故障。对于具体的产品，应结合产品的功能及装备的性质与使用范围，给出产品故障的判别标准，即故障判据。故障判据是判断产品是否故障的依据。具体产品的故障判据与产品的使用环境、任务要求等密切相关。建立系统基本可靠性模型时，任务定义要考虑系统在运行过程中不产生非计划的维修及保障需求，故障判据的确立要考虑任何导致维修及保障需求的非人为事件，都是故障事件。对多任务、多功能的系统建立任务可靠性模型时，必须先明确所分析的任务是什么，要完成任务涉及系统哪些功能，其中哪些功能是不必要的，依此而形成系统的故障判据。影响系统完成全部必要功能的所有软、硬件故障均记为故障事件。

(3) 系统可靠性框图的建立。可靠性框图用来简明扼要、直观地描述系统为完成规定任务的各种组合，是系统与单元功能之间的逻辑关系图。因此，在建立系统可靠性框图时应该从系统功能关系和功能流程上入手。

(4) 系统数学模型的建立。针对已建立的系统可靠性框图，建立系统与单元之间的逻辑关系和数量关系，即建立相应的数学模型。数学模型通过数学表达式描述系统可靠性与单元可靠性间的函数关系，用于预计系统可靠性或进行系统可靠性设计。

2. 系统可靠性模型的应用

产品设计初期，建立系统的可靠性模型有助于设计的评审，并可为系统可靠性的预计与分配等提供依据。系统可靠性模型在可靠性工程及可靠性管理中具有重要作用。

(1) 复杂系统可靠性分析与预计。对于复杂系统，以一个整体来分析和预测其可靠性几乎是不可能的。而系统可靠性模型是将子系统及其单元的可靠性有机结合起来，形成对系统可靠性的描述。

(2) 系统可靠性设计。当某一系统的可靠性达不到设计要求时，必须采用相应的措施加以改进，系统可靠性分析能够提供提高系统可靠性的方向。

(3) 提供合理的系统维修策略。随着使用时间的推移，系统的功能出现衰退，最终系统失效。对于可修复系统，可以通过维修来延缓系统的失效。系统可靠性模型可以为系统的维修提供依据。

5.2.4　典型系统可靠性模型

可靠性模型是对系统及其组成单元之间的可靠性逻辑关系的描述。可靠性模型包括可靠性框图及其相应的数学模型。可靠性框图表示了各组成部分的故障或者它们的组合如何导致产品故障的逻辑。数学模型用于表达可靠性框图中各方框的可靠性与系统可靠性之间的函数关系。系统可靠性建模的一般假设为：①系统及其组成单元只有故障和正常两种状态，不存在第三种状态；②用框图中一个方框表示的单元或功能发生故障就会造成整个系统的故障(除去有替代工作方式的情况)；③就故障概率来说，用不同方框表示的不同功能或单元，其故障概率是相互独立的；④系统的所有输入在规定极限之内，即不考虑由于输入错误而引起系统故障的情况；⑤当软件可靠性没有纳入系统可靠性模型时，应假设整个软件是完全可靠的；⑥当人员可靠性没有纳入系统可靠性模型时，应假设人员是完全可靠的，而且人员与系统之间没有相互作用问题。

1. 串联系统

组成系统的所有单元之间的失效时间随机变量互相独立，其中任一单元的故障都会导致整个系统的故障，这样的系统称为串联系统。串联系统的模型为串联模型，即只有当所有单元都正常工作时，系统才能正常工作的模型。串联模型是最常用和最简单的可靠性模型之一，可用于基本可靠性建模和任务可靠性建模。由 n 个单元组成的串联系统的可靠性框图如图 5-4 所示。

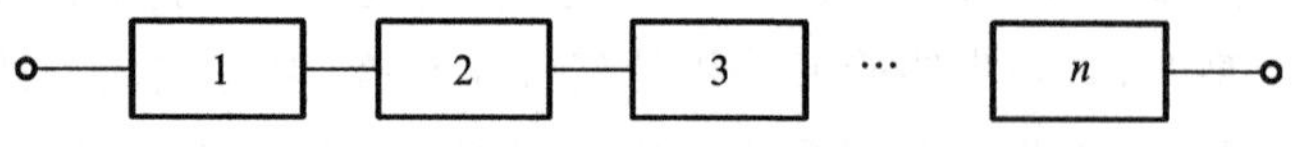

图 5-4　串联系统可靠性框图

设系统正常工作时间这个随机变量为 T，组成该系统的第 i 个单元的正常工作时间随机变量为 $t_i(i=1,2,\cdots,n)$，则在串联系统中，要使系统能够正常工作，n 个组成单元必须都能同时正常工作，而且要求每个单元的正常工作时间 $t_i(i=1,2,\cdots,n)$ 都大于系统正常工作时间 T。因此，按概率乘法定理及可靠度定义，串联系统的可靠度可表示为

$$\begin{aligned} R_s &= P[(t_1 \geqslant T) \cap (t_2 \geqslant T) \cap \cdots \cap (t_n \geqslant T)] \\ &= P(t_1 \geqslant T) \cdot P(t_2 \geqslant T) \cdot \cdots \cdot P(t_n \geqslant T) \\ &= R_1(t) \cdot R_2(t) \cdot \cdots \cdot R_n(t) \\ &= \prod_{i=1}^{n} R_i(t) \end{aligned} \tag{5-1}$$

即

$$R_s(t) = R_1 \cdot R_2 \cdot \cdots \cdot R_n = \prod_{i=1}^{n} R_i(t) \tag{5-2}$$

当各单元寿命分布均为指数分布时，系统的寿命也服从指数分布，则系统可靠度为

$$R_s(t) = \prod_{i=1}^{n} e^{-\lambda_i t} = e^{-\sum_{i=1}^{n}\lambda_i t} \tag{5-3}$$

系统的失效率为各单元失效率之和，表示为

$$\lambda_s = \lambda_1 + \lambda_2 + \cdots + \lambda_n = \sum_{i=1}^{n}\lambda_i \tag{5-4}$$

系统平均寿命为

$$\theta_s = \frac{1}{\lambda_s} = \frac{1}{\sum_{i=1}^{n}\lambda_i} \tag{5-5}$$

由式(5-3)可知，串联系统的可靠度为各组成单元的可靠度的乘积。串联系统可靠度低于该系统的每个单元的可靠度，且随着单元数目的增加而降低，组成系统单元数越多，系统可靠度越低，如图 5-5 所示。

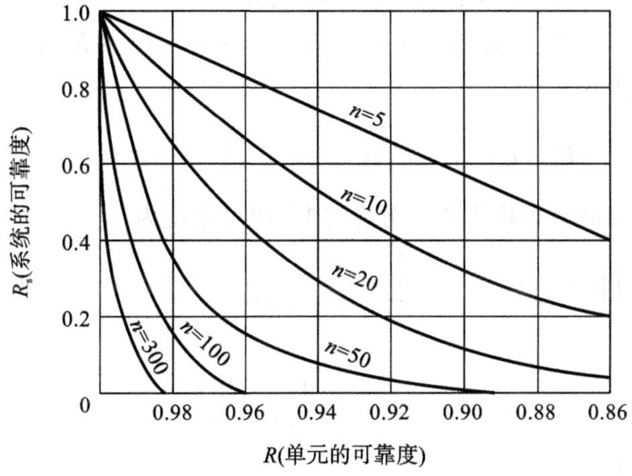

图 5-5　等可靠度单元的串联系统的可靠度 R_s

可知：串联系统的故障率大于每个单元的故障率。提高串联系统可靠度的方式是尽可能减少单元数目；提高单元可靠度，降低故障率；缩短工作时间。要提高串联系统的可靠度，就要提高串联系统中可靠度最低的单元的可靠度，系统的可靠度有时取决于系统中的最弱环节。

机械系统中各个组成单元一般情况下都是相互独立的，从可靠性逻辑关系上讲，各组成单元的失效概率是互不影响的。因此，在计算系统可靠度时多采用可靠性乘积法则来处理。

例 5-1　某机械系统由两个单元以串联形式组成。已知：两个单元的失效率分别为 $\lambda_1 = 0.00005\ \text{h}^{-1}$ 和 $\lambda_2 = 0.00001\ \text{h}^{-1}$，工作时间 $t = 1000$ h。试计算该串联系统的可靠度、失效率和平均寿命。

解　由式(5-3)可知，系统可靠度为

$$R_s(t) = e^{-\sum_{i=1}^{n}\lambda_i t} = e^{-(0.00005+0.00001)\times 1000} = 0.94176$$

由式(5-4)求得系统失效概率为

$$\lambda_s = 0.00005 + 0.00001 = 0.00006(\text{h}^{-1})$$

由式(5-5)得系统平均寿命为

$$\theta_s = \frac{1}{\lambda_s} = \frac{1}{0.00006} = 16667(\text{h})$$

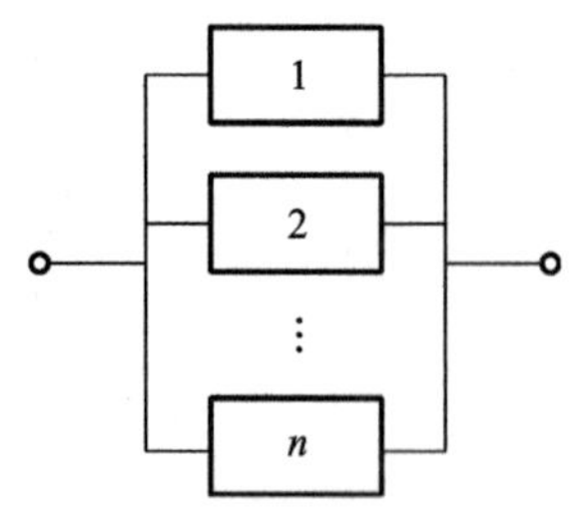

图 5-6 并联系统可靠性框图

2. 并联系统

组成系统的单元中只要有一个单元正常工作,系统就能正常工作,只有全部单元均失效时系统才失效,这样的系统称为并联系统。并联系统是最简单的冗余系统,又称作有储备系统。由 n 个单元组成的并联系统的可靠性框图如图 5-6 所示。

设并联系统中各单元的可靠度分别为 $R_1, R_2, \cdots, R_n$,则各单元的失效概率分别为 $1-R_1, 1-R_2, \cdots, 1-R_n$,且各单元失效相互独立。根据概率乘法定理,由 n 个单元组成的并联系统的失效概率 F_s 为

$$\begin{aligned} F_s &= P[(t_1 < T) \cap (t_2 < T) \cap \cdots \cap (t_n < T)] \\ &= P(T_1 < T)P(t_2 < T)\cdots P(t_n < T) \\ &= F_1(t) \cdot F_2(t) \cdot \cdots \cdot F_n(t) \\ &= (1-R_1(t)) \cdot (1-R_2(t)) \cdot \cdots \cdot (1-R_n(t)) \end{aligned} \tag{5-6}$$

则并联系统的可靠度为

$$R_s(t) = 1 - F_s(t) = 1 - \prod_{i=1}^{n}(1-R_i(t)) \tag{5-7}$$

若各组成单元的寿命分布均为指数分布,则系统可靠度为

$$R_s(t) = 1 - \prod_{i=1}^{n}(1-\mathrm{e}^{-\lambda_i t}) = \sum_{i=1}^{n}\mathrm{e}^{-\lambda_i t} - \sum_{1\leqslant i\leqslant j\leqslant n}\mathrm{e}^{-(\lambda_i+\lambda_j)t} + \cdots + (-1)^{n-1}\mathrm{e}^{-\sum\limits_{i=1}^{n}\lambda_i t} \tag{5-8}$$

系统的失效率为

$$\lambda_s(t) = -\frac{1}{R_s(t)}\frac{\mathrm{d}R_s(t)}{\mathrm{d}t} \tag{5-9}$$

系统的平均寿命为

$$\theta_s = \sum_{i=1}^{n}\frac{1}{\lambda_i} - \sum_{1\leqslant i\leqslant j\leqslant n}\frac{1}{\lambda_i+\lambda_j} + \cdots + (-1)^{n-1}\frac{1}{\sum\limits_{i=1}^{n}\lambda_i} \tag{5-10}$$

在机械系统中,应用较多的是 $n=2$ 的情况,则系统可靠度、失效率及平均寿命分别可表示为

$$R_s(t) = R_1(t) + R_2(t) - R_1(t)R_2(t) = \mathrm{e}^{-\lambda_1 t} + \mathrm{e}^{-\lambda_2 t} - \mathrm{e}^{-(\lambda_1+\lambda_2)t} \tag{5-11}$$

$$\lambda_s(t) = \frac{\lambda_1\mathrm{e}^{-\lambda_1 t} + \lambda_2\mathrm{e}^{-\lambda_2 t} - (\lambda_1+\lambda_2)\mathrm{e}^{-(\lambda_1+\lambda_2)t}}{\mathrm{e}^{-\lambda_1 t} + \mathrm{e}^{-\lambda_2 t} - \mathrm{e}^{-(\lambda_1+\lambda_2)t}} \tag{5-12}$$

$$\theta_s = \frac{1}{\lambda_1} + \frac{1}{\lambda_2} - \frac{1}{\lambda_1+\lambda_2} \tag{5-13}$$

在机械系统中,若 n 个相同单元并联,且其失效率相同,则系统可靠度为

$$R_s(t) = 1 - [1-R(t)]^n = 1 - (1-\mathrm{e}^{-\lambda t})^n \tag{5-14}$$

系统失效率为

$$\lambda_s(t) = \frac{n\lambda\mathrm{e}^{-\lambda t}(1-\mathrm{e}^{-\lambda t})^{n-1}}{1-(1-\mathrm{e}^{-\lambda t})^n} \tag{5-15}$$

系统平均寿命为

$$\theta_s = \frac{1}{\lambda} + \frac{1}{2\lambda} + \cdots + \frac{1}{n\lambda} = \frac{1}{\lambda}\left(1 + \frac{1}{2} + \cdots + \frac{1}{n}\right) \tag{5-16}$$

在并联系统中，即使单元的故障率都是常数，系统的故障率也不再是常数，而是随着时间的增加而增大，且趋向于 λ，如图 5-7 所示。与无储备的单个单元比，并联可明显提高系统可靠性，特别是由两个单元组成的并联系统。但是，当并联单元过多时，可靠性增加减慢，如图 5-8 所示。

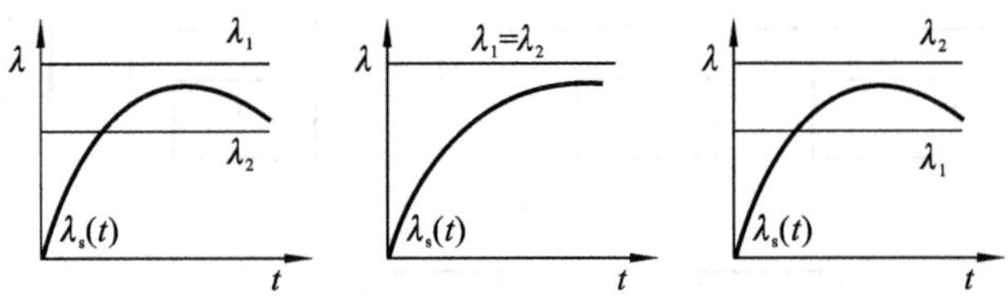

图 5-7　并联系统故障率曲线

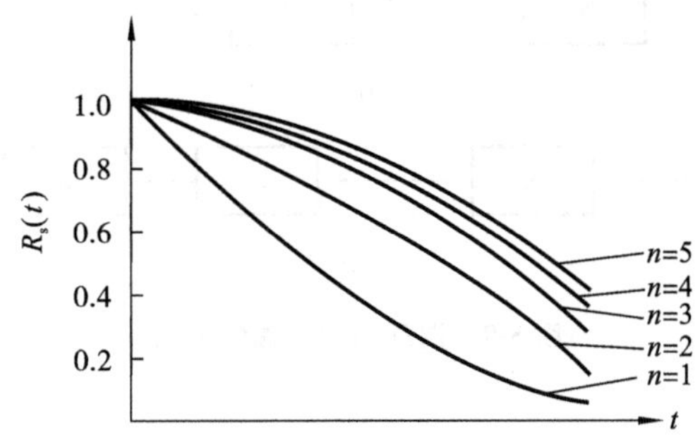

图 5-8　并联单元数与系统可靠度的关系

并联系统的可靠度大于单元可靠度的最大值，其失效率低于各单元的失效率。并联系统的平均寿命高于各单元的平均寿命。并联系统的各单元寿命服从指数分布时，该系统寿命不再服从指数分布。随着单元数的增加，系统的可靠度增大，系统的平均寿命也随之增大；但随着单元数目的增加，新增加单元对系统可靠性及寿命提高的贡献变得越来越小。

例 5-2　若由例 5-1 中的两个单元组成一个并联系统，试计算该并联系统的可靠度、失效率和平均寿命。

解　由式(5-11)可得该并联系统的可靠度为

$$R_s(t) = e^{-0.00005\times1000} + e^{-0.00001\times1000} - e^{-(0.00005+0.00001)\times1000} = 0.9995$$

由式(5-12)得该并联系统的失效率为

$$\lambda_s(t) = \frac{0.00005e^{-0.00005\times1000} + 0.00001e^{-0.00001\times1000} - (0.00005+0.00001)e^{-(0.00005+0.00001)\times1000}}{e^{-0.00005\times1000} + e^{-0.00001\times1000} - e^{-(0.00005+0.00001)\times1000}}$$

$$= 9.5656\times10^{7}(h^{-1})$$

由式(5-13)得该并联系统的平均寿命为

$$\theta_s = \frac{1}{0.00005} + \frac{1}{0.00001} - \frac{1}{0.00005+0.00001} = 1.0333\times10^{5}(h)$$

3. 混联系统

由若干个串联系统或并联系统组合成的系统称为混联系统，其复杂的可靠性结构模型称为混联模型。对于一般的混联模型，可用串联和并联原理，将混联系统中的串联和并联部分简化成等效单元(子系统)；利用串联和并联模型可靠性特征量计算公式求出子系统的可靠性特征量；把每一个子系统作为一个等效单元，得到一个与混联模型等效的串联或并联模型，即可求得全系统的可靠性特征量。图 5-9(a)所示为某混联模型可靠性框图，单元 1、2、3 组成一串联子系统，单元 4 和 5 组成另一串联子系统，单元 6 和 7 组成一并联子系统。根据串联模型进行系统的等效处理，可得等效模型如图 5-9(b)所示。再根据并联模型对系统进行等效处理，得到的等效串联模型如图 5-9(c)所示。

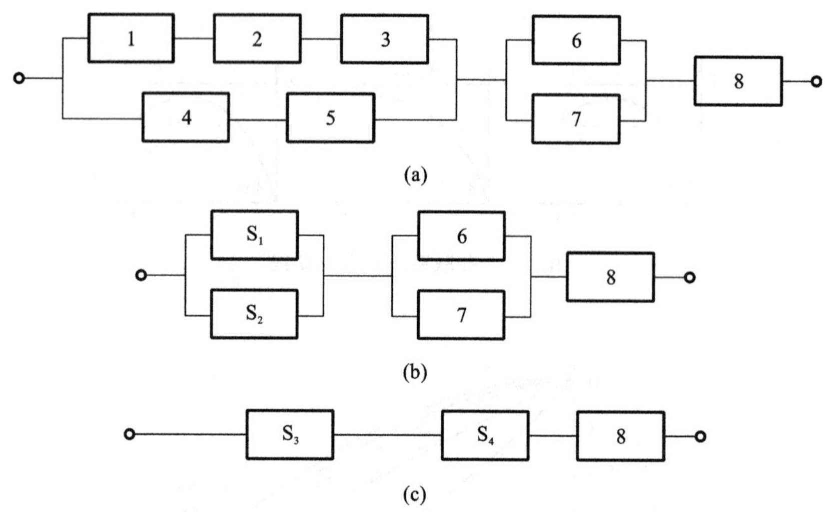

图 5-9　混联模型可靠性框图

S_1子系统的可靠度为

$$R_{s1}(t) = R_1(t)R_2(t)R_3(t) \tag{5-17}$$

S_2子系统的可靠度为

$$R_{s2}(t) = R_4(t)R_5(t) \tag{5-18}$$

S_3子系统的可靠度为

$$R_{s3}(t) = 1-[1-R_{s1}(t)][1-R_{s2}(t)] \tag{5-19}$$

S_4子系统的可靠度为

$$R_{s4}(t) = 1-[1-R_6(t)][1-R_7(t)] \tag{5-20}$$

则该混联系统的可靠度为

$$\begin{aligned} R_s(t) &= R_{s3}(t)R_{s4}(t)R_8(t) \\ &= [R_1(t)R_2(t)R_3(t)+R_4(t)R_5(t)-R_1(t)R_2(t)R_3(t)R_4(t)R_5(t)] \\ &\quad \times[R_6(t)+R_7(t)-R_6(t)R_7(t)]R_8(t) \end{aligned} \tag{5-21}$$

常见的混联模型有两种，一种是串-并联模型，一种是并-串联模型。

(1) 串-并联系统：由一部分单元先串联组成一个个子系统，再由这些子系统组成一个并联系统。其可靠性框图如图 5-10 所示。假设各单元的可靠度为 $R_{ij}(t)$，$i=1,2,\cdots,n$，$j=1,2,\cdots,m_i$。则第 i 行子系统的可靠度为

$$R_i(t) = \prod_{j=1}^{m_i} R_{ij}(t) \tag{5-22}$$

再依据并联模型计算公式可得串-并联系统的可靠度为

$$R_s(t) = 1-\prod_{i=1}^{m}\left[1-\prod_{j=1}^{n_m} R_{ij}(t)\right] \tag{5-23}$$

(2) 并-串联系统：由一部分单元先并联组成一个个子系统，再由这些子系统组成一个串联系统。其可靠性框图如图 5-11 所示。假设各单元的可靠度为 $R_{ij}(t)$，$j=1,2,\cdots,n$，$i=1,2,$

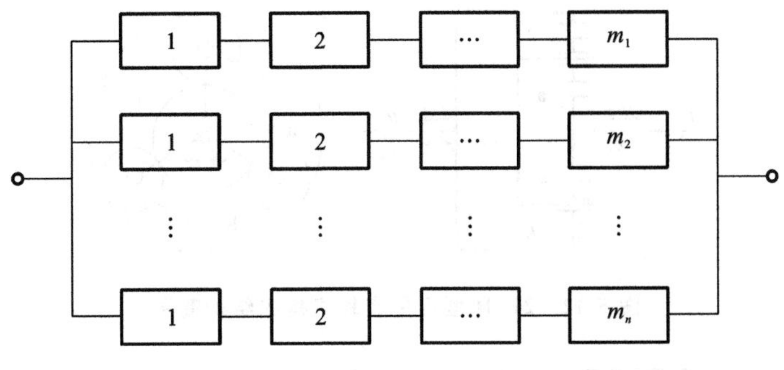

图 5-10　串-并联系统可靠性框图

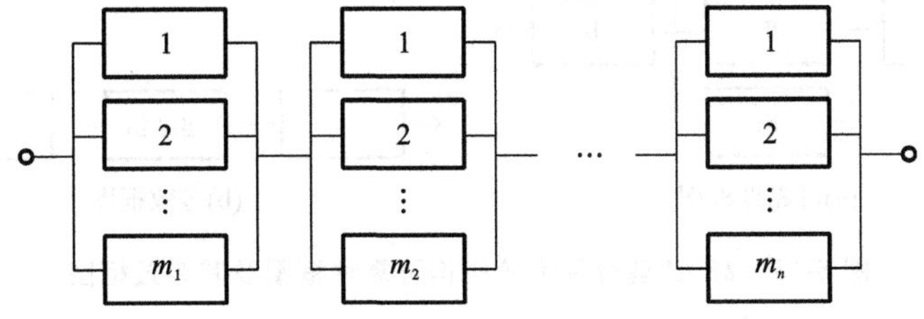

图 5-11　并-串联系统可靠性框图

…，m_j。则第 j 列子系统的可靠度为

$$R_j(t)=1-\prod_{j=1}^{m_i}[1-R_{ij}(t)] \tag{5-24}$$

再依据串联模型计算公式可得并-串联系统的可靠度为

$$R_s(t)=\prod_{j=1}^{n}R_j(t)=\prod_{j=1}^{n}\left\{1-\prod_{i=1}^{m_j}[1-R_{ij}(t)]\right\} \tag{5-25}$$

若每个单元的可靠度均相等，则有

$$R_s(t)=\{1-[1-R(t)]^m\}^n \tag{5-26}$$

例 5-3　若在 $m=n=5$ 的串-并联系统与并-串联系统中，单元可靠度均为 $R=0.75$，试分别求出这两个系统的可靠度。

解　串-并联系统的可靠度为

$$R_s(t)=1-[1-R^n(t)]^m=1-(1-0.75^5)^5=0.74192$$

并-串联系统的可靠度为

$$R_s(t)=\{1-[1-R(t)]^m\}^n=[1-(1-0.75)^5]^5=0.99513$$

在单元数目及单元可靠度相同的情况下，只要系统中单元的可靠度不是 1，并-串联系统的可靠度就高于串-并联系统的可靠度。

例 5-4　2K-H 型行星齿轮机构的结构简图如图 5-12 所示。设太阳轮 a、行星轮 g 和齿圈 b 的可靠度分别为 $R_a=0.995$，$R_{g1}=R_{g2}=R_{g3}=R_g=0.999$，$R_b=0.990$，求行星齿轮机构的可靠度 R。(任一齿轮失效独立，忽略轴、轴承、键等构件的可靠度。)

解　2K-H 型行星齿轮机构中的三个行星轮组成一个并联系统，其中只要有一个正常工作即可。而太阳轮、行星轮和齿圈组成了一个串联系统，若要系统能够正常工作，则太阳轮、行星轮和齿圈必须都正常工作。该行星齿轮机构的可靠性框图及其等效框图如图 5-13 所示。

$$R_{g1g2g3}=1-(1-R_{g1})(1-R_{g2})(1-R_{g3})=1-(1-R_g)^3=0.999999999$$

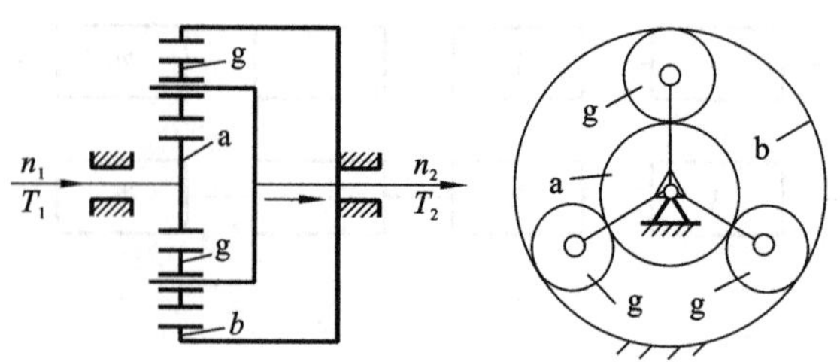

图 5-12　2K-H 型行星齿轮机构的结构简图

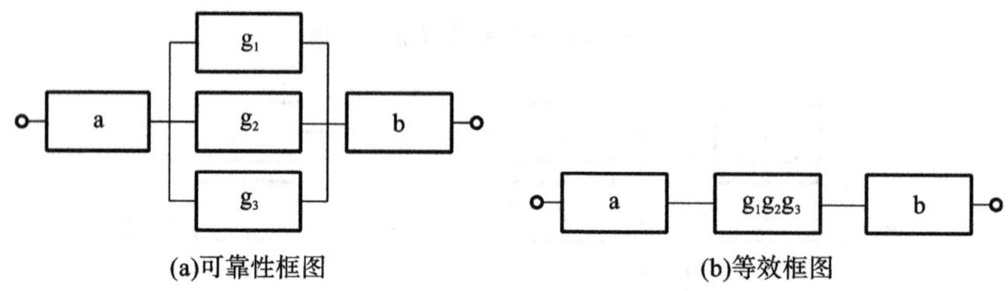

图 5-13　2K-H 型行星齿轮机构可靠性框图及其等效框图

行星齿轮机构的可靠度为

$$R=R_{a}R_{g1g2g3}R_{b}=0.995\times0.999999999\times0.990=0.985$$

4. 表决系统

由 n 个单元和一个表决器组成系统，组成系统的 n 个单元中，至少 r 个单元正常工作，系统才能正常工作，大于 $(n-r)$ 个单元失效，系统就失效，这样的系统称为 r/n(G)表决系统。表决系统是储备系统的一种形式，是并联系统的一种特例。常见如电力系统、多发动机的飞机、多根钢索拧成的钢缆等，都可以称为 r/n(G)表决系统。图 5-14 所示为典型的 r/n(G)表决系统的可靠性框图。

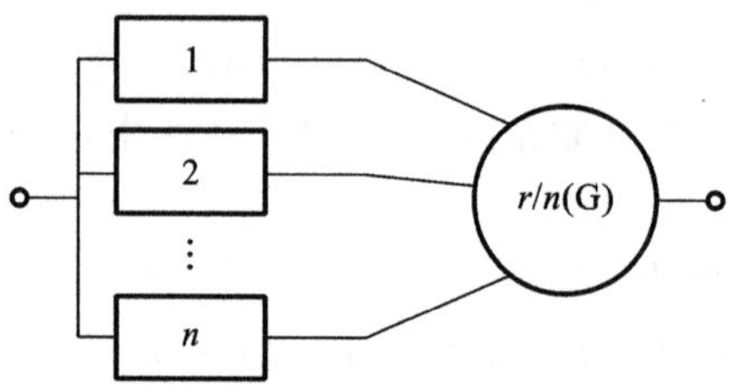

图 5-14　r/n(G)表决系统的可靠性框图

若组成系统的各单元均相同(可靠度均为 $R(t)$)，每个单元的失效概率均为 q，正常工作概率均为 p，则 r/n(G)表决系统可靠度服从二项分布，表达式为

$$\begin{aligned}R_{s}(t)&=R_{m}\sum_{i=r}^{n}C_{n}^{i}p^{i}q^{n-i}\\&=R_{m}\sum_{i=r}^{n}C_{n}^{i}R^{i}(t)[1-R(t)]^{n-i}\\&=R_{m}\{R^{n}(t)+nR^{n-1}(t)[1-R(t)]+\frac{n(n-1)}{2!}R^{n-2}(t)[1-R(t)]^{2}\\&\quad+\cdots+\frac{n!}{r!(n-r)!}R^{r}(t)[1-R(t)]^{n-r}\},r\leqslant n\end{aligned}\tag{5-25}$$

式中：R_m为表决器可靠度。

当各单元的可靠度是时间的函数，且寿命服从故障率为 λ 的指数分布时，系统可靠度为

$$R_s(t)=R_m\sum_{i=r}^{n}C_n^i e^{-i\lambda t}(1-e^{-\lambda t})^{n-i} \tag{5-26}$$

当表决器的可靠度为 1 时，系统的平均寿命为

$$\theta_s=\int_0^\infty R_s(t)\mathrm{d}t=\sum_{i=r}^{n}\frac{1}{i\lambda}=\frac{1}{k\lambda}+\frac{1}{(k+1)\lambda}+\cdots+\frac{1}{n\lambda} \tag{5-27}$$

r/n(G)模型为通用模型，若表决器的可靠度为 1，有 3 种特殊情况：

(1) 当 $r=1$ 时，$1/n$(G)表决系统等效于 n 个单元组成的并联系统；

(2) 当 $r=n$ 时，n/n(G)表决系统等效于 n 个单元组成的串联系统；

(3) 当 $r=m+1$ 时，$(m+1)/(2m+1)$(G)表决系统为多数表决系统。

r/n(G)模型中，当 n 必须为奇数(取 $2k+1$)，且正常单元数必须大于 $n/2$(不小于 $k+1$)时，系统才正常工作，这样的系统称为多数表决系统。多数表决系统是 r/n(G)表决系统的一种特例。常用的多数表决系统为 2/3(G)表决系统，即“3 中取 2”系统，其可靠性框图如图 5-15 所示。

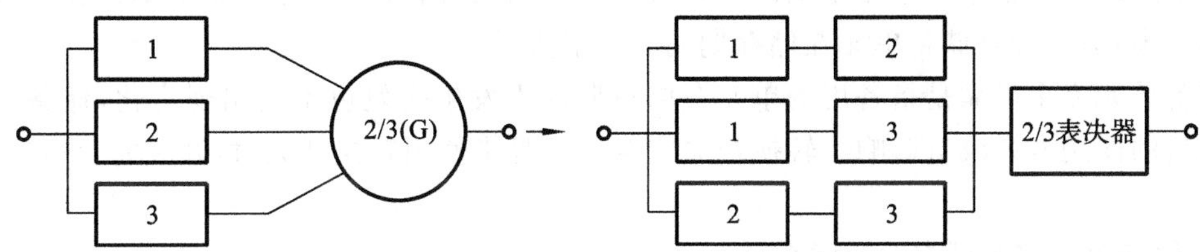

图 5-15　2/3(G)表决系统可靠性框图

假设 3 个单元相互独立，且均服从指数分布，则 2/3(G)表决系统的可靠度为

$$R_s(t)=C_3^2e^{-2\lambda t}(1-e^{-\lambda t})+C_3^3e^{-3\lambda t}=3e^{-2\lambda t}-2e^{-3\lambda t} \tag{5-28}$$

系统的平均寿命为

$$\theta_s=\frac{1}{2\lambda}+\frac{1}{3\lambda}=\frac{5}{6\lambda} \tag{5-29}$$

例 5-5　某种喷气飞机具有三台发动机，其安全飞行的条件是至少两台发动机正常工作。忽略其他引起飞机故障的因素，并且假定该飞机在起飞、巡航及降落期间的故障率都是同一常数 $\lambda=1\times10^{-3}\ \mathrm{h}^{-1}$。试计算该飞机工作 1 h 的可靠度和平均寿命。

解　分析可知，该系统为典型的 2/3(G)表决系统。

根据式(5-28)，该飞机工作 1 h 的可靠度为

$$R_s(t)=3e^{-2\lambda t}-2e^{-3\lambda t}=0.999997$$

根据式(5-29)，该飞机工作 1 h 的平均寿命为

$$\theta_s=\frac{1}{2\lambda}+\frac{1}{3\lambda}=\frac{5}{6\times1\times10^{-3}}=833.3\ (\mathrm{h})$$

5. 旁联系统

组成系统的各单元中只有一个单元工作，其余单元处于非工作状态作为储备，当工作单元发生故障时，通过转换装置接通另一个单元继续工作，直到所有单元都发生故障时系统才发生故障，即系统失效，这样的系统称为旁联系统，又称为非工作储备系统。旁联系统中设有监测装置和转换装置。工作单元一旦失效，监测装置及时发现这一故障并发出信号，使转换装置及

时工作;转换装置及时使储备单元逐个接替失效单元,保证系统正常工作。常见的旁联系统有飞机的正常放起落架和应急放起落架系统、车辆的正常刹车和应急刹车系统、控制领域的人工操纵和自动操纵系统等。旁联系统可靠性框图如图 5-16 所示。

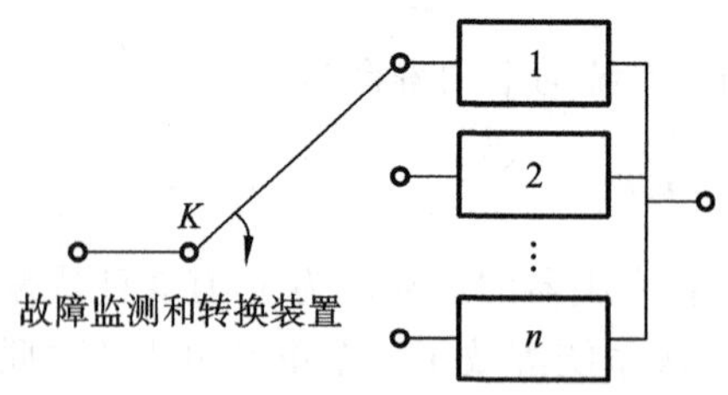

图 5-16　旁联系统可靠性框图

旁联系统与并联系统的主要区别:①并联系统中每个单元一开始就同时处于工作状态,而旁联系统中开始时仅有一个单元工作,其余单元处于待机状态;②并联系统的单元在工作中可能失效,而旁联系统储备单元可能在储备期内失效;③旁联系统可靠性除与单元可靠性有关,还取决于监测装置和转换装置的可靠性。

旁联系统中储备单元在储备期内是否失效可分为两种情况,一种是储备单元在储存期间失效率为零,另一种是储备单元在储存期间也可能失效。

储备单元完全可靠是指备用的单元在储备期内不发生失效也不会出现劣化,储备期的长短对以后的使用寿命没有影响。转换开关完全可靠是指使用转换开关时,开关完全可靠,不发生故障。

1) 储备单元完全可靠的旁联系统

(1) 转换装置完全可靠。

假设系统 n 个单元的寿命为随机变量 $T_1, T_2, \cdots, T_n$,且相互独立,则系统的寿命也为随机变量,记为 $T_s = T_1 + T_2 + \cdots + T_n$。

系统可靠度为

$$R_s(t) = P(T_s > t) = P(T_1 + T_2 + \cdots + T_n > t) \tag{5-30}$$

系统平均寿命为

$$\theta_s = \theta_1 + \theta_2 + \cdots + \theta_n = \sum_{i=1}^{n} \theta_i \tag{5-31}$$

当组成系统的 n 个单元的寿命均服从指数分布,其失效率为 $\lambda_i, i=1,2,\cdots,n$,且两两相互独立时,利用数学归纳法可证明,系统可靠度为

$$R_s(t) = \sum_{k=1}^{n} \left(\prod_{\substack{i=1 \\ i \neq k}}^{n} \frac{\lambda_i}{\lambda_i - \lambda_k} \right) e^{-\lambda_k i} \tag{5-32}$$

系统平均寿命为

$$\theta_s = \sum_{i=1}^{n} \theta_i = \sum_{i=1}^{n} \frac{1}{\lambda_i} \tag{5-33}$$

当失效率相等,即 $\lambda_1 = \lambda_2 = \cdots = \lambda_n = \lambda$ 时,系统的可靠度和平均寿命分别为

$$R_s(t) = \left[1 + \lambda t + \frac{(\lambda t)^2}{2!} + \cdots + \frac{(\lambda t)^{n-1}}{(n-1)!} \right] e^{-\lambda t} = \sum_{k=0}^{n-1} \frac{(\lambda t)^k}{k!} e^{-\lambda t} \tag{5-34}$$

$$\theta_s = \sum_{i=1}^{n} \theta_i = \frac{n}{\lambda} \tag{5-35}$$

对于机械系统中常用的 $n=2$，即系统由两个单元组成时，各单元的失效率分别为 λ_1，λ_2，系统的可靠度和平均寿命分别为

$$R_s(t)=\frac{\lambda_2}{\lambda_2-\lambda_1}e^{-\lambda_1 t}+\frac{\lambda_1}{\lambda_1-\lambda_2}e^{-\lambda_2 t} \tag{5-36}$$

$$\theta_s=\frac{1}{\lambda_1}+\frac{1}{\lambda_2} \tag{5-37}$$

如果单元失效率相同，即 $\lambda_1=\lambda_2$，则有

$$R_s(t)=(1+\lambda t)e^{-\lambda t} \tag{5-38}$$

$$\theta_s=\frac{2}{\lambda} \tag{5-39}$$

(2) 转换装置不完全可靠。

如果已知转换装置的可靠度为 R_0，且系统由 n 个单元和一个转换装置组成。若各单元寿命均服从指数分布，且失效率相同，即 $\lambda_1=\lambda_2=\cdots=\lambda_n=\lambda$，则系统可靠度为

$$R_s(t)=\sum_{i=0}^{n-1}\frac{(\lambda R_0 t)^i}{i!}e^{-\lambda t} \tag{5-40}$$

系统平均寿命为

$$\theta_s=\frac{1}{\lambda(1-R_0)}(1-R_0^n) \tag{5-41}$$

对于两单元组成的旁联系统，若转换装置的失效率为 λ_0，可靠度为 $R_0(t)=e^{-\lambda_0 t}$。假设单元的失效率为 λ_1 和 λ_2，而且相互独立，两个单元寿命为随机变量 T_1 和 T_2，可靠度各为 $R_1(t)=e^{-\lambda_1 t}$ 和 $R_2(t)=e^{-\lambda_2 t}$。转换装置寿命为 T_0。当工作单元 1 发生失效时，若转换装置已经失效，即 $T_0\leqslant T_1$，则系统就失效，系统的寿命为单元 1 的寿命；若此时转换装置未发生失效，即 $T_0>T_1$，备用单元 2 马上接替单元 1 工作直到失效。

则系统可靠度为

$$R_s(t)=e^{-\lambda_1 t}+\frac{\lambda_1}{\lambda_0+\lambda_1-\lambda_2}\left[e^{-\lambda_2 t}-e^{-(\lambda_0+\lambda_1)t}\right] \tag{5-42}$$

系统平均寿命为

$$\theta_s=\frac{1}{\lambda_1}+\frac{\lambda_1}{\lambda_2(\lambda_0+\lambda_1)} \tag{5-43}$$

若单元寿命服从指数分布，失效率相同的两单元组成的系统的可靠度和平均寿命分别为

$$R_s(t)=e^{-\lambda t}+\frac{\lambda}{\lambda_0}\left[e^{-\lambda t}-e^{-(\lambda_0+\lambda)t}\right] \tag{5-44}$$

$$\theta_s=\frac{1}{\lambda}+\frac{1}{\lambda_0+\lambda} \tag{5-45}$$

如果组成系统的两个单元失效率仍然为 λ_1 和 λ_2，可靠度为 $R_1(t)=e^{-\lambda_1 t}$ 和 $R_2(t)=e^{-\lambda_2 t}$。转换装置不使用时失效率 $\lambda_0=0$，使用时可靠度为常数，即 $R_0(t)=R_0$。这样转换装置在使用中失效时，不可靠度 $F_0=1-R_0$，系统寿命为 T_1；转换装置在使用中不失效时，可靠度为 R_0，系统寿命为 T_1+T_2。

则系统可靠度为

$$\begin{aligned}R_s(t)&=P(T_1>t)(1-R_0)+P(T_1+T_2>t)R_0\\&=e^{-\lambda_1 t}(1-R_0)+\left(\frac{\lambda_2}{\lambda_2-\lambda_1}e^{-\lambda_1 t}+\frac{\lambda_1}{\lambda_1-\lambda_2}e^{-\lambda_2 t}\right)R_0\end{aligned}$$

$$= e^{-\lambda_1 t} + \frac{\lambda_1 R_0}{\lambda_1 - \lambda_2}(e^{-\lambda_2 t} - e^{-\lambda_1 t}) \tag{5-46}$$

系统平均寿命为

$$\theta_s = \frac{1}{\lambda_1} + \frac{R_0}{\lambda_2} \tag{5-47}$$

如果已知转换装置的可靠度为 R_0，且系统由两个单元和一个转换装置组成。若各单元寿命均服从指数分布，且失效率相同，即 $\lambda_1 = \lambda_2 = \lambda$，则

系统可靠度为

$$R_s(t) = e^{-\lambda t}(1 - R_0) + R_0(1 + \lambda t)e^{-\lambda t} = e^{-\lambda t}(1 - \lambda t R_0) \tag{5-48}$$

系统平均寿命为

$$\theta_s = \frac{1}{\lambda}(1 + R_0) \tag{5-49}$$

例 5-6　试比较均由两个相同的单元组成的串联系统、并联系统、旁联系统(转换装置完全可靠且储备单元完全可靠)的可靠度。假定单元寿命服从指数分布，失效率为 λ，单元可靠度为 0.9。

解　①串联系统可靠度为

$$R_{s串}(t) = R^2(t) = 0.9^2 = 0.81$$

②并联系统可靠度为

$$R_{s并}(t) = 1 - [1 - R(t)]^2 = 1 - (1 - 0.9)^2 = 0.99$$

③旁联系统可靠度为

$$\begin{aligned} R_{s旁}(t) &= (1 + \lambda t)e^{-\lambda t} = (1 + \lambda t)R(t) = [1 - \ln R(t)]R(t) \\ &= (1 - \ln 0.9) \times 0.9 = 0.9948 \end{aligned}$$

一般而言，当认为转换装置可靠度为 1 时，旁联系统的可靠度大于并联系统的可靠度，原因是旁联系统中储备单元在顶替上一个工作单元前不参加工作；并联系统的可靠度大于串联系统的可靠度。

例 5-7　已知由两个相同单元组成的旁联系统，单元寿命服从指数分布，且 $\lambda_1 = \lambda_2 = 0.0001\ \mathrm{h}^{-1}$，$\lambda_0 = 0.000025\ \mathrm{h}^{-1}$。求 $t = 2000$ h 时系统的可靠度 $R_s(t)$ 和平均寿命 θ_s。

解　系统可靠度为

$$\begin{aligned} R_s(t) &= e^{-\lambda t} + \frac{\lambda}{\lambda_0}[e^{-\lambda t} - e^{-(\lambda_0 + \lambda)t}] \\ &= e^{-0.0001\times2000} + \frac{0.0001}{0.000025}[e^{-0.0001\times2000} - e^{-(0.000025+0.0001)\times2000}] = 0.97845 \end{aligned}$$

系统平均寿命为

$$\theta_s = \frac{1}{\lambda} + \frac{1}{\lambda_0 + \lambda} = \frac{1}{0.0001} + \frac{1}{0.000025 + 0.0001} = 18000\ (\mathrm{h})$$

例 5-8　某系统为 $n=2$ 的旁联系统，单元 1 的失效率为 $\lambda_1 = 0.0002\ \mathrm{h}^{-1}$，单元 2 失效率为 $\lambda_2 = 0.001\ \mathrm{h}^{-1}$，转换装置可靠度为 $R_0 = 0.99$，求 $t = 1000$ h 时系统的可靠度 $R_s(t)$ 和平均寿命 θ_s。

解　系统可靠度为

$$R_s(t) = e^{-\lambda_1 t} + \frac{\lambda_1 R_0}{\lambda_1 - \lambda_2}(e^{-\lambda_2 t} - e^{-\lambda_1 t})$$

$$= e^{-0.0002\times1000} + \frac{0.0002\times0.99}{0.0002-0.001}\left[e^{-0.001\times1000} - e^{-0.0002\times1000}\right]$$

$$= 0.9303$$

系统平均寿命为

$$\theta_s = \frac{1}{\lambda_1} + \frac{R_0}{\lambda_2} = \frac{1}{0.0002} + \frac{0.99}{0.001} = 5990\ (\text{h})$$

2）储备单元不完全可靠的旁联系统

储备单元由于受环境因素的影响，在储备期间失效率不为零，这种失效率比工作时的失效率要小得多。储备单元在储备期失效率不为零的旁联系统比储备单元在储备期失效率为零的旁联系统复杂得多。因此，这里只讨论两个单元组成的旁联系统，其中一个单元为工作单元，另一个单元为储备单元，并且假设两个单元工作与否相互独立，储备单元进入工作状态后的寿命与其储备期的长短无关。

（1）转换装置完全可靠。

转换装置完全可靠，即其可靠度 $R_0=1$。设系统中单元 1 工作，其失效率为 λ_1；单元 2 作为储备单元，其储备期的失效率为 λ_h，假定单元 2 进入工作状态后的工作寿命与储备期长短无关，且失效率为 λ_2，各单元之间是相互独立的。则系统可靠度为

$$R_s(t) = e^{-\lambda_1 t} + \frac{\lambda_1}{\lambda_1+\lambda_h-\lambda_2}\left[e^{-\lambda_2 t} - e^{-(\lambda_1+\lambda_h)t}\right] \tag{5-50}$$

系统平均寿命为

$$\theta_s = \frac{1}{\lambda_1} + \frac{\lambda_1}{\lambda_1+\lambda_h-\lambda_2}\frac{1}{\lambda_2} - \frac{1}{\lambda_1+\lambda_h} = \frac{1}{\lambda_1} + \frac{1}{\lambda_2}\frac{\lambda_1}{\lambda_1+\lambda_h} \tag{5-51}$$

当 $\lambda_1=\lambda_2$时，系统的可靠度和平均寿命分别为

$$R_s(t) = e^{-\lambda t} + \frac{\lambda}{\lambda_h}\left[e^{-\lambda t} - e^{-(\lambda+\lambda_h)t}\right] \tag{5-52}$$

$$\theta_s = \frac{1}{\lambda} + \frac{1}{\lambda+\lambda_h} \tag{5-53}$$

当 $\lambda_h=0$ 时，即为两个单元组成的储备单元在储备期完全可靠的旁联系统。当 $\lambda_h=\lambda_2$时，即为两个单元组成的并联系统。

（2）转换装置不完全可靠。

假设工作单元 1、储备单元 2 在工作期间寿命分别为 T_1和 T_2，转换装置的寿命为 T_0，储备单元在储备期的寿命为 T_h，且它们都是互相独立的服从指数分布的随机变量，对应的失效率分别为 λ_1，λ_2，λ_0和 λ_h。当工作单元 1 失效时，若转换装置已经失效，即 $T_0<T_1$，则系统的寿命为 T_1；若转换装置未失效，$T_0>T_1$，但储备单元在储备期失效，即 $T_h<T_1$，则系统的寿命仍为 T_1；若转换装置及储备单元在储备期均未失效，即 $T_0>T_1$，$T_h>T_1$，则系统直到储备单元工作至失效时才失效，系统的寿命为 T_1+T_2。

系统可靠度为

$$R_s(t) = e^{-\lambda_1 t} + \frac{\lambda_1}{\lambda_0+\lambda_h+\lambda_1-\lambda_2}\left[e^{-\lambda_2 t} - e^{-(\lambda_0+\lambda_h+\lambda_1)t}\right] \tag{5-54}$$

系统平均寿命为

$$\theta_s = \frac{1}{\lambda_1} + \frac{\lambda_1}{\lambda_2(\lambda_0+\lambda_h+\lambda_1)} \tag{5-55}$$

当 $\lambda_h=\lambda_2$时，系统可靠度为

$$R_s(t) = e^{-\lambda_1 t} + \frac{\lambda_1}{\lambda_0 + \lambda_1}\left[e^{-\lambda_2 t} - e^{-(\lambda_0+\lambda_1+\lambda_2)t}\right] \tag{5-56}$$

系统平均寿命为

$$\theta_s = \frac{1}{\lambda_1} + \frac{\lambda_1}{\lambda_2(\lambda_0 + \lambda_1 + \lambda_2)} \tag{5-57}$$

若转换装置的可靠度为 R_0，则系统可靠度为

$$R_s(t) = e^{-\lambda_1 t} + R_0 \frac{\lambda_1}{\lambda_h + \lambda_1 - \lambda_2}\left[e^{-\lambda_2 t} - e^{-(\lambda_h+\lambda_1)t}\right] \tag{5-58}$$

系统平均寿命为

$$\theta_s = \frac{1}{\lambda_1} + R_0 \frac{\lambda_1}{\lambda_2(\lambda_h + \lambda_1)} \tag{5-59}$$

例 5-9　某系统为 $n=2$ 的旁联系统，单元 1 的失效率为 $\lambda_1=0.0002\ h^{-1}$，单元 2 失效率为 $\lambda_1=0.001\ h^{-1}$，转换装置可靠度为 $R_0=0.99$，单元 2 在储备期的失效率 $\lambda_h=0.00001\ h^{-1}$。求 $t=1000$ h 时系统的可靠度和平均寿命。

解　系统可靠度为

$$\begin{aligned}R_s(1000) &= e^{-0.0002\times1000} + \frac{0.0002\times0.99}{0.0002+0.00001-0.001}\times\left[e^{-0.001\times1000} - e^{-(0.0002+0.00001)\times1000}\right] \\ &= 0.92969\end{aligned}$$

系统平均寿命为

$$\theta_s = \frac{1}{\lambda_1} + R_0 \frac{\lambda_1}{\lambda_2(\lambda_h + \lambda_1)} = \frac{1}{0.0002} + 0.99\times\frac{0.0002}{0.001\times(0.0002+0.00001)} = 5943\ (h)$$

根据以上介绍，系统又可分为储备系统和非储备系统。若系统中有储备单元，即使系统中某些单元失效，系统仍能继续工作，这样的系统称为储备系统，如并联系统、混联系统、表决系统、旁联系统。非储备系统是只要有一个单元失效，整个系统就失效的系统，如串联系统。储备系统又分为工作储备系统和非工作储备系统。工作储备系统指系统工作时储备单元同样参加工作的系统，如并联系统、混联系统、表决系统。非工作储备系统指系统工作时储备单元在储备期不参加工作的系统，如旁联系统。

6. 复杂系统

在实际工作中，有许多系统不是由简单的串联、并联系统构成的，这样的系统称为复杂系统。图 5-17 所示的桥路系统就是一种典型的复杂系统。在桥路系统中，单元 E 处于比较特殊的位置。若没有单元 E，原系统就成为一个并-串联系统；如果单元 E 不失效，原系统则相当于一个串-并联系统。复杂系统中有特殊地位的单元 E 被称为中枢单元。对于这样的复杂系统，可以采用全概率公式法（分解法）和状态枚举法（真值表法）求解系统的可靠度。

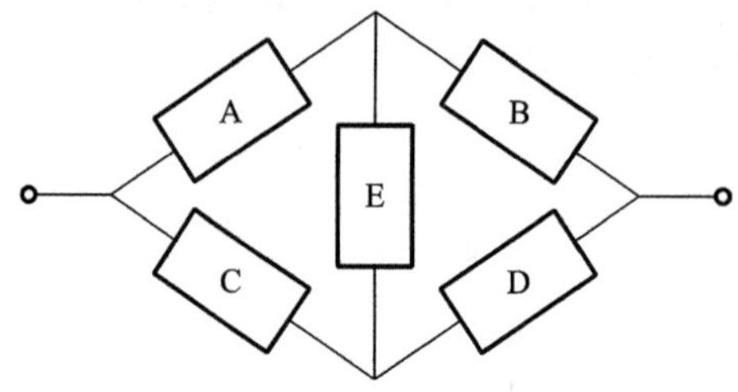

图 5-17　桥路系统

1）全概率公式法

全概率公式法的原理是首先选出系统的中枢单元，分别考虑中枢单元处于工作状态和失效状态两种情况，利用全概率公式计算系统的可靠度。

设被选出的单元为 x，其可靠度为 R_x，则其不可靠度为 $F_x=1-R_x$。那么系统的可靠度为

$$R_s = R_x \cdot R(S \mid R_x) + R(S \mid F_x) \cdot F_x \tag{5-60}$$

式中：$R(S|R_x)$表示在单元 x 可靠的条件下，系统能正常工作的概率；$R(S|F_x)$表示在单元 x 不可靠的条件下，系统能正常工作的概率。

该方法的关键是选择和确定单元 x，仍以桥式系统（见图5-17）为例进行说明。设单元A、B、C、D、E的可靠度分别为 $R_A=0.8$，$R_B=0.75$，$R_C=0.8$，$R_D=0.75$，$R_E=0.9$。在桥式系统中，选择单元E作为单元 x，则有 $R_x=R_E=0.9$，$F_x=F_E=0.1$。单元E正常工作时和失效时，桥路系统的等效可靠性框图如图5-18所示。图5-18(a)所示为单元E正常工作时桥路系统等效可靠性框图，图5-18(b)所示为单元E失效时系统等效可靠性框图。可以看出，等效可靠性框图把桥路系统变成了简单的串、并联系统，大大简化了计算。

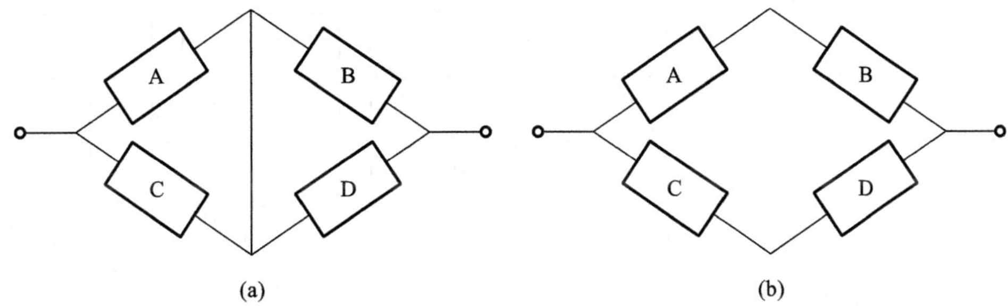

图5-18　桥路系统等效可靠性框图

由图5-18(a)可知，单元A、C并联，单元B、D并联，然后二者再串联形成系统，所以有

$$R(S \mid R_x) = (1 - F_A F_C)(1 - F_B F_D) \tag{5-61}$$

由图5-18(b)可知，单元A、B串联，单元C、D串联，然后二者再并联形成系统，所以有

$$R(S \mid F_x) = R_A R_B + R_C R_D - R_A R_B R_C R_D \tag{5-62}$$

将式(5-61)和(5-62)代入式(5-60)，得

$$\begin{aligned} R_s &= R_x \cdot R(S \mid R_x) + R(S \mid F_x) \cdot F_x \\ &= R_E(1 - F_A F_C)(1 - F_B F_D) + F_E(R_A R_B + R_C R_D - R_A R_B R_C R_D) \\ &= 0.9 \times (1 - 0.2 \times 0.2) \times (1 - 0.25 \times 0.25) + 0.1 \\ &\quad \times (0.8 \times 0.75 + 0.8 \times 0.75 - 0.8 \times 0.75 \times 0.8 \times 0.75) \\ &= 0.894 \end{aligned}$$

全概率公式法中，主要单元的选择是关键，该单元必须是系统中最主要的，并且是与其他单元联系最多的单元，只有这样才能真正简化计算，才能得出正确的结果。另外，对于很复杂的混联系统，除了被选择的主单元外，余下的系统仍然是很复杂的，仍然不能简单地计算系统的可靠度。

2）状态枚举法

状态枚举法又称为真值表法，原理是将系统中各个单元失效和正常的所有可能的搭配情况一一列举出来。排出来的每一种情况称为一种状态，由于把每一种状态都一一排列出来，因

此称为状态枚举法。每一种状态对应着失效和正常两种情况，最后分析所有系统失效的状态和正常状态，然后对系统进行可靠度计算。若系统中有 n 个单元，每个单元都有两种状态，则 n 个单元所构成的系统共有 2^n 种状态，且每种状态是相互独立的。

以图 5-17 所示的桥路系统为例，介绍状态枚举法计算系统可靠度的步骤。该系统共有 5 个单元，每个单元的失效状态用“0”表示，正常状态用“1”表示，则系统共有 $2^5=32$ 种状态，用序号 1，2，…，32 表示。将这 32 种状态以表格的形式列出，如表 5-2 所示。系统正常工作记为 S，系统失效记为 F。

表 5-2　系统状态表

系统状态	单元及其工作状态					系统状态	正常概率	系统状态	单元及其工作状态					系统状态	正常概率
	A	B	C	D	E				A	B	C	D	E		
1	0	0	0	0	0	F		17	1	0	0	0	0	F	
2	0	0	0	0	1	F		18	1	0	0	0	1	F	
3	0	0	0	1	0	F		19	1	0	0	1	0	F	
4	0	0	0	1	1	F		20	1	0	0	1	1	S	0.027
5	0	0	1	0	0	F		21	1	0	1	0	0	F	
6	0	0	1	0	1	F		22	1	0	1	0	1	F	
7	0	0	1	1	0	S	0.003	23	1	0	1	1	0	S	0.012
8	0	01	1	1	1	S	0.027	24	1	0	1	1	1	S	0.108
9	0	1	0	0	0	F		25	1	1	0	0	0	S	0.003
10	0	1	0	0	1	F		26	1	1	0	0	1	S	0.027
11	0	1	0	1	0	F		27	1	1	0	1	0	S	0.009
12	0	1	0	1	1	F		28	1	1	0	1	1	S	0.081
13	0	1	1	0	0	F		29	1	1	1	0	0	S	0.012
14	0	1	1	0	1	S	0.027	30	1	1	1	0	1	S	0.108
15	0	1	1	1	0	S	0.009	31	1	1	1	1	0	S	0.036
16	0	1	1	1	1	S	0.081	32	1	1	1	1	1	S	0.324

对于系统状态 1，各单元工作状态均为“0”，说明各单元均失效，此时，系统处于失效状态，表中系统状态项记为“F”。对于系统状态 2 或 3，各仅有一个单元处于正常工作状态，其他单元均失效，表中系统状态项记为“F”。而对于系统状态 7，A、B、E 三个单元处于失效状态，C、D 单元处于正常工作状态，由图 5-17 可知，系统可以正常工作，系统状态项记为“S”。依此类推，分析所有系统状态，并分别记入“F”或“S”。如果各单元的可靠度已知，则可以得到系统各正常状态下的概率。

如状态 7 下，系统正常工作的概率为

$$\begin{aligned} R_{s7} &= (1-R_A)(1-R_B)R_C R_D(1-R_E) \\ &= (1-0.8)\times(1-0.75)\times0.8\times0.75\times(1-0.9) \\ &= 0.003 \end{aligned}$$

状态 8 下，系统正常工作的概率为

$$\begin{aligned} R_{s8} &= (1-R_A)(1-R_B)R_C R_D R_E \\ &= (1-0.8)\times(1-0.75)\times0.8\times0.75\times0.9 \\ &= 0.027 \end{aligned}$$

依此可计算得到 R_{s14}，R_{s15}，R_{s16}，R_{s20}，R_{s23}，R_{s24}，R_{s25}，R_{s26}，R_{s27}，R_{s28}，R_{s29}，R_{s30}，R_{s31}，R_{s32}。

然后，将系统状态栏中的所有 S 对应的概率值相加，可得到系统的可靠度，即

$$R_s = \sum_{i=1}^{32} R_{si} = 0.03 + 0.027 + 0.027 + 0.009 + \cdots + 0.036 + 0.0324 = 0.894$$

状态枚举法原理简单，容易掌握，但是，当单元数量较大时，这种方法计算量过大，一般要借助计算机来完成。同时，状态枚举法只能求解系统某时刻的可靠度，不能求解可靠度的时间函数。

5.2.5　系统可靠性模型示例

以某卫星过渡轨道、同步及准同步轨道阶段任务可靠性模型的建立为例。

1. 产品定义

系统由数据转发、天线、控制、测控、电源、远地点发动机、热控、结构等分系统组成。

任务及任务剖面：在从发射至进入轨道工作的过程中，需要经历发射前状态、主动段、过渡轨道段、准同步及同步轨道段、卫星定点后两周状态和同步轨道长期工作段共六个工作阶段，如图 5-19 所示。在每个工作阶段中，各分系统的工作状态是不同的，在某些阶段某些分系统可能不工作。由于复杂的功能及时序关系，在可靠性建模中对产品定义时，必须对其进行深入的功能分析。

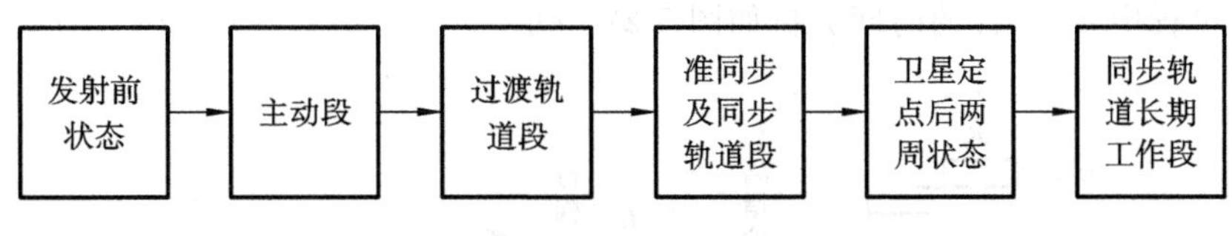

图 5-19　六个工作阶段

2. 功能分析

以过渡轨道段和准同步及同步轨道段为例，进行功能分析。

过渡轨道段的功能分析如图 5-20 所示。

目标：远地点发动机工作。

任务：遥控指令启动远地点发动机点火，发动机推进数十秒后，把卫星送入准同步轨道。

构成：远地点发动机系统中的安全点火机构采用了双点火头的形式。

准同步及同步轨道段的功能分析如图 5-21 所示。进入准同步轨道状态后，将远地点发动机抛离卫星本体，即二次分离。系统由指令通道、延时电路、二次分离包带、分离插头 1、分离插头 2、四个分离弹簧、四只行程开关、两根牵引钢索构成。二次分离后，卫星从准同步轨道上

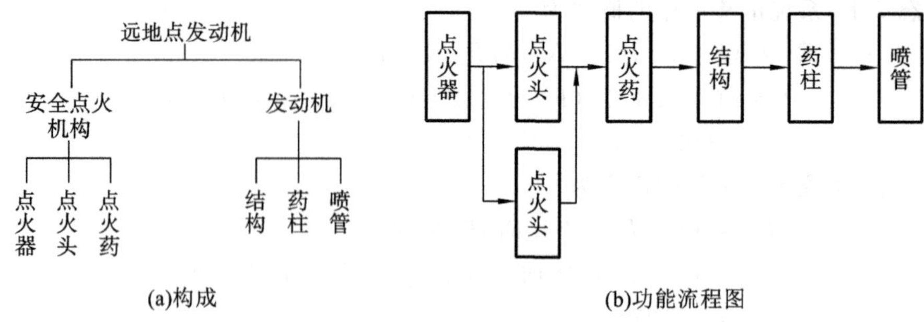

图 5-20 过渡轨道段的功能分析

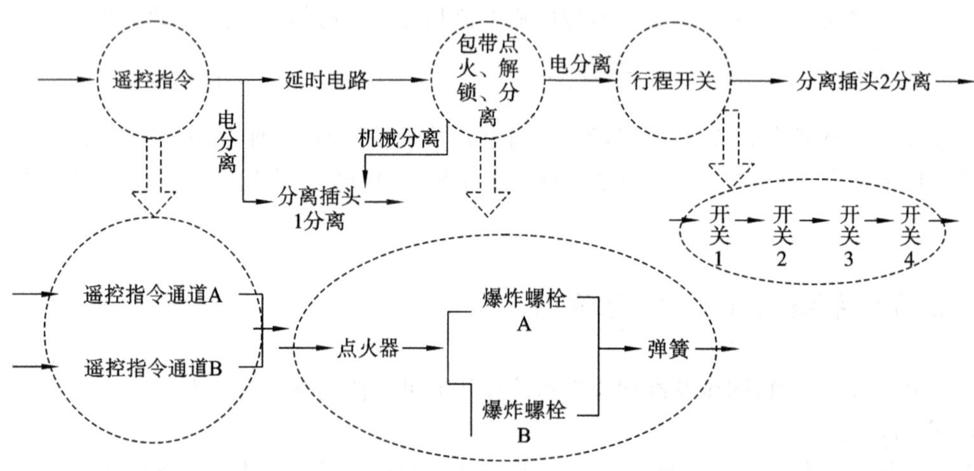

图 5-21 准同步及同步轨道段的功能分析

开始十余天的漂移，然后定点在同步轨道上。定点后两周内，只向地面转发部分信息。

3. 故障定义

当一次分离(弹星分离)成功后，凡影响卫星定点任务完成的事件都是故障事件。

4. 时间分析

在任务过程中，各事件的时间分析如图 5-22 所示。

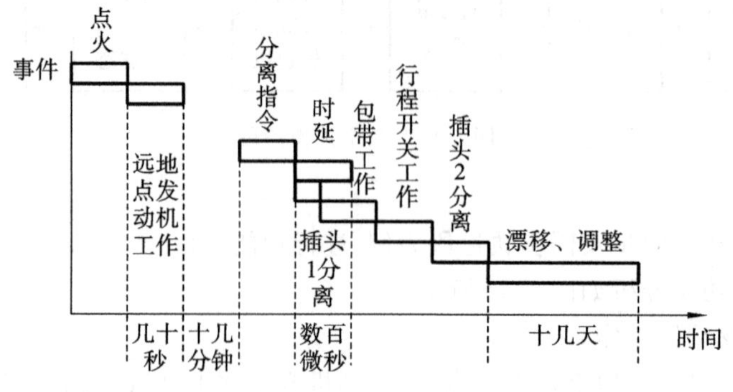

图 5-22 时间分析

5. 系统可靠性框图建立

对过渡轨道段和准同步及同步轨道段自上而下进行功能分解，可得到子系统的功能层次结构，功能的分解可细分到可以获得明确的技术要求的最低层次为止。进行系统功能分解可以使系统的功能层次更加清晰，进行系统功能层次性及功能接口分析，是建立可靠性模型的关键步骤。在系统功能分解（见表 5-3）的基础上，可以按照给定的任务，对系统的功能进行整理，从而建立任务可靠性框图，如图 5-23 所示。

表 5-3　功能分解

编码	含义	编码	含义	编码	含义
1	远地点发动机	2-3	分离插头 1	3-2	天线系统
1-1	安全点火机构	2-4	包带点火、分离	3-3	控制系统
1-2	发动机	2-5	行程开关	3-4	测控系统
2	二次分离系统	2-6	分离插头 2	3-5	电源系统
2-1	遥控指令	3	其他系统	3-6	热控系统
2-2	延时电路	3-1	数据转换系统	3-7	结构系统

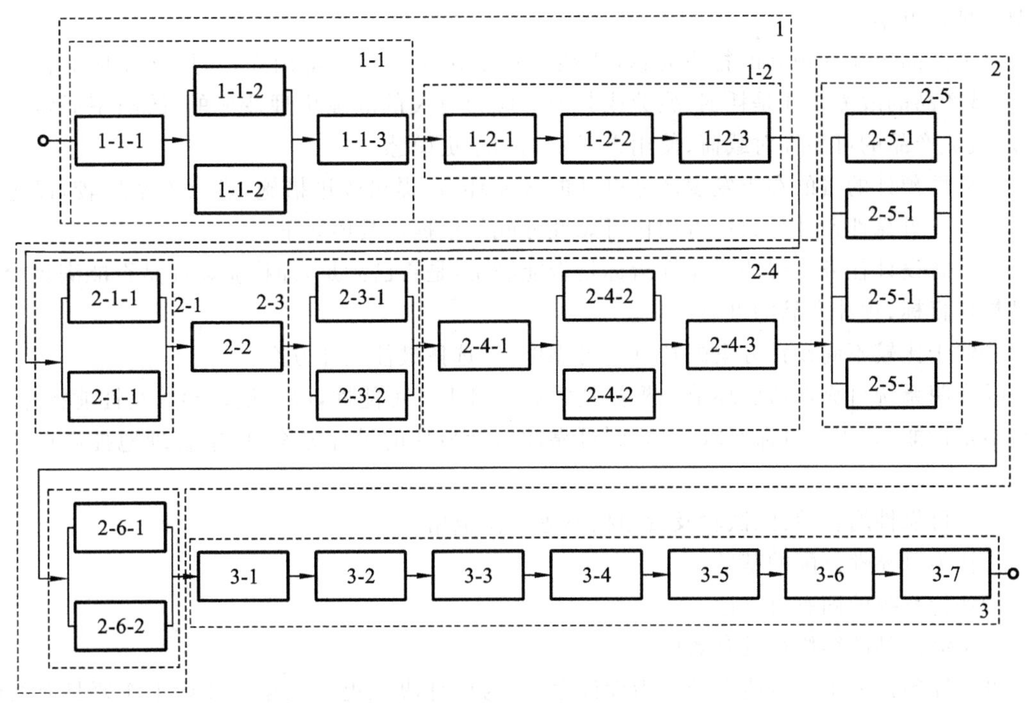

图 5-23　任务可靠性框图

6. 系统可靠性模型

根据任务可靠性框图及典型的可靠性系统模型，可得该系统的可靠性模型为

$$
\begin{aligned}
R_s &= R_1R_2R_3 \\
&= R_{1-1}R_{1-2}R_{2-1}R_{2-2}R_{2-3}R_{2-4}R_{2-5}R_{2-6}R_{3-1}R_{3-2}R_{3-3}R_{3-4}R_{3-5}R_{3-6}R_{3-7} \\
&= R_{1-1-1}(1-(1-R_{1-1-2})^2)R_{1-1-3}R_{1-2-1}R_{1-2-2}R_{1-2-3} \\
&\quad (1-(1-R_{2-1-1})^2)R_{2-2}(1-(1-R_{2-3-1})(1-R_{2-3-2}))R_{2-4-1} \\
&\quad (1-(1-R_{2-4-2})^2)R_{2-4-3}(1-(1-R_{2-5-1})^4) \\
&\quad (1-(1-R_{2-6-1})(1-R_{2-6-2}))R_{3-1}R_{3-2}R_{3-3}R_{3-4}R_{3-5}R_{3-6}R_{3-7}
\end{aligned}
$$

5.3　系统可靠性预计

5.3.1　可靠性预计的目的

可靠性预计指在产品设计阶段到产品投入使用前，对其可靠性水平进行定量评估。运用以往的工程经验、故障数据和当前的技术水平，尤其是以元器件、零部件的失效率作为依据，预报产品（元器件、零部件、子系统或系统）实际可能达到的可靠度，即预报这些产品在特定的应用中完成规定功能的概率。

系统的可靠性是根据组成系统的元件、部件的可靠性来估计的，是一个自下而上、从局部到整体、由小到大的一种系统综合过程。一般产品可看作一个系统，而系统的可靠性主要取决于两方面，一方面是组成系统的单元的可靠性水平，另一方面是单元组成系统的方式，即系统类型及结构方案。

机械产品可靠性预计的特点是：许多机械产品由于具有特定用途，通用性和标准化程度低；机械产品的故障往往是耗损、疲劳或其他与应力有关的故障机理造成的，故障率通常不是常数；机械产品的可靠性对载荷、使用方式及利用率更敏感。

可靠性预计的目的在于发现产品设计的薄弱环节，提出改进措施，进行方案比较，以选择最佳方案。可靠性预计的数据可用作可靠性分配的依据。具体如下。

①了解设计任务所提的可靠性指标是否能满足，是否已满足，即检验设计是否能满足给定的可靠性目标，预计产品的可靠度。

②便于比较不同设计方案的特点及可靠度，以选择最佳设计方案。

③查明系统可靠性薄弱环节。根据技术和经济上的可能性，协调设计参数及性能指标，以便在给定性能、费用和寿命要求下，找到可靠性指标最佳的设计方案，以求合理地提高产品可靠性。

④为可靠性增长验证、试验及费用核算等提供依据。

⑤作为可靠性分配的基础。

⑥评价系统的固有可靠性。

⑦预测产品的维修性及有效度。

可靠性预计的主要价值在于作为设计手段，为设计决策提供依据。预计工作要具有及时性，在决策点之前进行，提供有用信息。为了实现及时性，在设计的不同阶段及系统的不同层次上可以采用不同的预计方法，由粗到细，随着研制工作的深入而不断细化。

可靠性预计与可靠性分配是可靠性设计分析的重要环节，两者相辅相成，相互支撑。可靠性预计是自下而上的综合过程，可靠性分配是自上而下的分解过程。可靠性预计结果是可靠性分配与指标调整的基础，可靠性分配结果是可靠性预计的依据和目标。二者在系统可靠性设计的各个阶段，均需要相互交替反复进行多次。可靠性预计与分配的关系如图 5-24 所示。

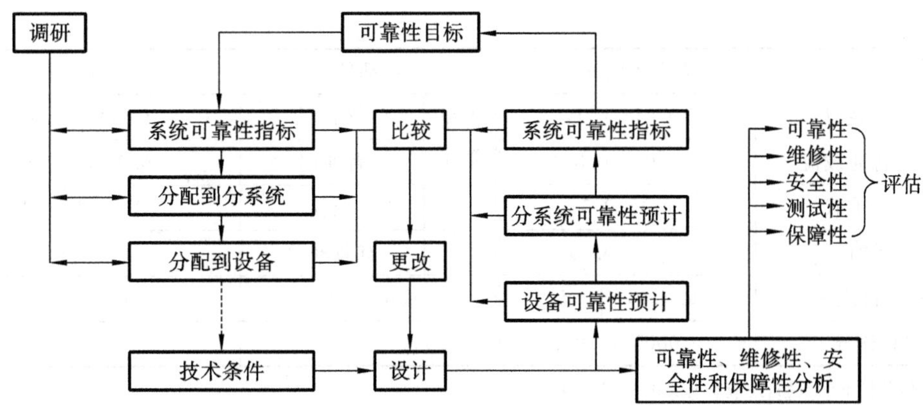

图 5-24　可靠性预计与分配的关系

5.3.2　可靠性预计流程

产品可靠性预计的一般步骤如下。

①明确系统定义，包括系统的功能、系统的任务、系统的组成及其接口。

②明确系统的故障判据。

③绘制系统的可靠性框图。

④建立系统的可靠性数学模型。

⑤预计各个单元的可靠性。

⑥据系统可靠性模型预计基本可靠性或任务可靠性。

⑦可靠性预计结果为可靠性分配提供依据。当实际系统有变动时，必须进行可靠性的再预计。

5.3.3　可靠性预计方法

1. 单元可靠性预计

一般系统是由许多单元组成的，系统可靠性预计是以单元的可靠性为基础的。在可靠性预计中，首先应解决组成系统的单元的可靠性预计问题。

预计单元的可靠性，首先要确定单元的基本失效率 λ_G，它们是在一定的试验条件及使用条件下得出的，设计时可从手册、资料中查得。一般产品可靠性高的地区，设有可靠性数据收集部门，专门收集、整理、提供各种可靠性数据。在有条件的情况下，应该进行相关的试验，以得到某些元器件或零部件的失效率。常见机械零部件基本失效率如表 5-4 所示。

表 5-4　常见机械零部件基本失效率 λ_G

零部件		$\lambda_G \times 10^5/h^{-1}$	零部件		$\lambda_G \times 10^5/h^{-1}$
向心球轴承	低速轻载	0.003～0.17	密封元件	O 形环式	0.002～0.006
	高速轻载	0.05～0.35		酚醛塑料	0.005～0.25
	高速中载	0.2～2		橡胶	0.002～0.10
	高速重载	1～8	联轴器	挠性	0.1～1
	滚子轴承	0.2～2.5		刚性	10～60

续表

零部件		$\lambda_G \times 10^5/\text{h}^{-1}$	零部件		$\lambda_G \times 10^5/\text{h}^{-1}$
齿轮	轻载	0.01～0.1	齿轮箱体	仪表用	0.0005～0.004
	普通载荷	0.01～0.3		普通用	0.0025～0.02
	重载	0.1～0.5	凸轮	轻载	0.0002～0.1
普通轴		0.01～0.05		有载推动	1～2
轮毂销钉或键		0.0005～0.05	拉簧、压簧		0.5～0.7
螺钉、螺栓		0.0005～0.012			

注：具体条件下的数据，还应查有关的专门资料。

单元的基本失效率 λ_G 确定后，再根据其使用条件确定其应用失效率。可以直接使用现场实测的失效率数据，也可以根据不同的使用环境选取相应的修正系数 K_F，具体如表 5-5 所示。在一定条件下的修正失效率为

$$\lambda = K_F \lambda_G \tag{5-63}$$

表 5-5　失效率修正系数 K_F

环境条件	实验室设备	固定地面设备	活动地面设备	船载设备	飞机设备	导弹设备
K_F	1～2	5～20	10～30	15～40	25～100	200～1000

由于单元多为元器件或零部件，且机械产品中的零部件都是经过磨合阶段才正常工作的，其失效率基本保持一定，处于偶然失效期，其可靠度函数服从指数分布，因此

$$R(t) = e^{-\lambda t} = e^{-K_F \lambda_G t} \tag{5-64}$$

2. 系统可靠性预计

单元可靠性预计是系统可靠性预计的基础。系统的可靠性与组成系统的单元的数目、单元的可靠性及单元之间的相互功能关系密切相关。完成了组成系统的单元（元器件或零部件）的可靠性预计后，即可进行系统的可靠性预计。系统可靠性预计可分为基本可靠性预计和任务可靠性预计。任务可靠性预计是针对某一任务剖面进行的，在进行任务可靠性预计时，单元的可靠性数据应当是对影响系统安全和任务完成的故障进行统计而得出的数据，如产品的任务故障率。如果缺乏单元任务可靠性数据，也可以用基本可靠性的预计值代替，但系统预计结果偏于保守。

3. 常用可靠性预计方法

可靠性预计方法随着预测的目的、设计的阶段、系统的规模、失效的类型及数据的情况不同而不同。常用的预计方法有：数学模型法（可靠性框图法）、相似产品法、评分预测法、元器件计数法、故障率预计法、应力分析法、修正系数法、应力-强度干涉法、极限状态函数法及边值法等。

1）数学模型法（可靠性框图法）

对于能够直接给出可靠性数学模型的串联系统、并联系统、混联系统、表决系统、旁联系统，可以采用有关公式进行系统可靠性预计。这种方法通常称为数学模型法或可靠性框图（reliability block diagram，RBD）法。

例 5-10　某飞机共有六个任务剖面，其中燃油系统完成复杂特技的任务可靠性框图如图 5-25 所示。假设各单元寿命均服从指数分布，工作时间均为 1.0 h，故障率如表 5-6 所示。试

求该燃油系统的可靠度。

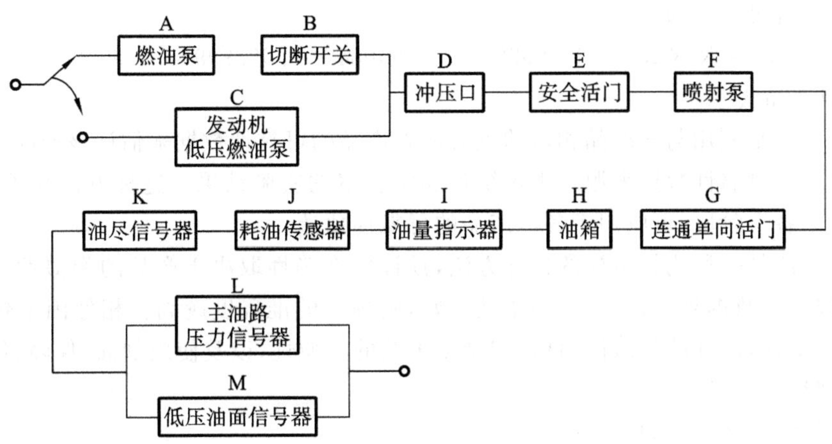

图 5-25　燃油系统可靠性框图

表 5-6　各单元故障率

单元名称	故障率×10^{-6}/h^{-1}	单元名称	故障率×10^{-6}/h^{-1}
燃油泵(A)	870	油箱(H)	1
切断开关(B)	30	油量指示器(I)	50
发动机低压燃油泵(C)	800	耗油传感器(J)	45
冲压口(D)	20	油尽信号器(K)	30
安全活口(E)	30	主油路压力信号器(L)	35
喷射泵(F)	700	低压油面信号器(M)	20
连通单向活门(G)	40		

解　由单元 A、B 组成的串联子系统 1 的可靠度为

$$R_1 = R_A R_B = e^{-\lambda_A t} e^{-\lambda_B t} = e^{-(\lambda_A+\lambda_B)t}$$

$$\lambda_1 = \lambda_A + \lambda_B = 870\times10^{-6} + 30\times10^{-6} = 900\times10^{-6}(h^{-1})$$

由子系统 1、单元 C 组成的旁联系统 2 的可靠度为

$$\begin{aligned} R_2 &= \frac{\lambda_C}{\lambda_C-\lambda_1}e^{-\lambda_1 t} + \frac{\lambda_1}{\lambda_1-\lambda_C}e^{-\lambda_C t} \\ &= \frac{800\times10^{-6}}{800\times10^{-6}-900\times10^{-6}}e^{-900\times10^{-6}\times1.0} + \frac{900\times10^{-6}}{900\times10^{-6}-800\times10^{-6}}e^{-800\times10^{-6}\times1.0} \\ &= 0.999999 \end{aligned}$$

由单元 D、E、F、G、H、I、J、K 组成的串联子系统 3 的可靠度为

$$\begin{aligned} R_3 &= R_D R_E R_F R_G R_H R_I R_J R_K \\ &= e^{-\lambda_D t}e^{-\lambda_E t}e^{-\lambda_F t}e^{-\lambda_G t}e^{-\lambda_H t}e^{-\lambda_I t}e^{-\lambda_J t}e^{-\lambda_K t} \\ &= e^{-(\lambda_D+\lambda_E+\lambda_F+\lambda_G+\lambda_H+\lambda_I+\lambda_J+\lambda_K)t} = e^{-(20+30+700+40+1+50+45+30)\times10^{-6}\times1.0} = 0.999084 \end{aligned}$$

由单元 L、M 组成的并联子系统 4 的可靠度为

$$R_4 = R_L + R_M - R_L R_M = e^{-\lambda_L t} + e^{-\lambda_M t} - e^{-\lambda_L t}e^{-\lambda_M t}$$

$$= e^{-35\times10^{-6}\times1.0} + e^{-20\times10^{-6}\times1.0} - e^{-35\times10^{-6}\times1.0}e^{-20\times10^{-6}\times1.0} = 0.999999$$

则燃油系统可靠度为

$$R_s = R_2R_3R_4 = 0.999999\times0.999084\times0.999999 = 0.99908$$

2）相似产品法

相似产品法是利用与该产品相似的现有成熟产品的可靠性数据来估计该产品的可靠性的方法。成熟产品可靠性数据来源于现场统计和实验室的实验结果。这种方法简单快捷，适用于系统研制的各个阶段，可应用于各类产品的可靠性预计。

相似产品法是一种比较粗糙的预计方法，预计的准确性取决于产品的相似性。成熟产品的故障记录越全，数据越丰富，比较的基础越好，则预测的准确度越高。相似因素包括产品结构、性能的相似性，设计的相似性，材料和制造工艺的相似性，以及使用剖面（保障、使用和环境条件）的相似性等。

相似产品法预计步骤如下。

(1) 确定相似产品。考虑相似因素，选择确定与新产品最为相似且有可靠性数据的老产品。

(2) 分析相似因素对可靠性的影响。分析所考虑的各种因素对产品可靠性的影响程度，分析新产品与老产品的设计差异及这些差异对可靠性的影响。

(3) 新产品可靠性预测。根据分析，确定新产品与老产品的可靠度比值，这些比值应由有经验的专家评定，根据比值预测新产品的可靠性。

例 5-11 某型号导弹射程为 3500 km，已知飞行可靠性指标为 $R_s=0.8857$，各分系统可靠性指标分别为：战斗部 0.99，安全自毁系统 0.98，弹体结构 0.99，控制系统 0.98，发动机 0.9409。为了将导弹射程提高到 5000 km，对发动机实施了三项改进措施：采用能量更高的装药，发动机长度增加 1 m，发动机壳体壁厚由 5 mm 减为 4.5 mm。试根据相似产品法预计改进后导弹的飞行可靠性。

解 分析三项改进措施对可靠性的影响可知，发动机壳体壁厚减小会使壳体强度下降，使燃烧室的可靠性下降，影响发动机的可靠性。

原发动机壳体强度为 9.806×10^3 MPa，改进后发动机壳体强度为 9.412×10^3 MPa，则相似系数为

$$d=9.412\times10^3/9.806\times10^3=0.95982$$

改进后的发动机可靠度 R 为

$$R=0.9409d=0.9409\times0.95982=0.90309$$

改进后导弹的可靠度为

$$R_s'=0.99\times0.98\times0.99\times0.98\times0.90309=0.8501$$

注意：相似产品法对于具有继承性的产品或其他相似的产品是比较适用的，但是，对于全新的产品或功能、结构改变较大的产品不适用。

3）评分预测法

评分预测法是在可靠性数据非常缺乏（仅有个别产品可靠性数据）的情况下，有经验的设计人员或专家对影响可靠性的几种因素评分，对评分进行综合分析而获得各组成单元之间的可靠度相对比值，再以某一个已知可靠性数据的单元为基准，预计其他单元的可靠性的方法。该方法一般以系统工作时间为基准。

（1）考虑因素。

复杂程度：根据组成单元的零部件数量及组装的难易程度来评定。

技术水平：根据组成单元目前的技术水平的成熟度来评定。

工作时间：根据组成单元的工作时间来评定。

环境条件：根据组成单元所处的环境来评定。

（2）评定原则。

以产品故障率为预测参数，各种因素评分值范围为 1～10，评分越高可靠性越差。对于复杂程度，最复杂的为 10 分，最简单的为 1 分。对于技术水平，水平最低的为 10 分，水平最高的为 1 分。对于工作时间，系统工作时单元也一直工作的为 10 分，工作时间最短的为 1 分。对于环境条件，单元工作过程中会经受极其恶劣和严酷环境条件的为 10 分，环境条件好的为 1 分。

（3）预计步骤。

①研究产品的结构特点，确定评分因素。

②聘请评分专家，至少 5 位。

③设计人员向评分专家介绍产品的构成、工作原理、功能流程、任务时间、工作环境条件、研制生产水平等情况。或专家通过查阅相关技术文件获得相关数据。

④评分。专家按照评分原则给各单元打分，填写评分表。由可靠性预计人员计算出每个单元各个因素的评分，填写评分预计表。

首先，计算每个单元的评分 ω_i：

$$\omega_i = \prod_{j=1}^{4} r_{ij} \tag{5-65}$$

式中：ω_i 为第 i 个单元的评分数；r_{ij} 为第 i 个单元第 j 个因素的评分数，$j=1$ 表示复杂程度，$j=2$ 表示技术水平，$j=3$ 表示工作时间，$j=4$ 表示环境条件。

其次，计算产品的总评分数 ω：

$$\omega = \sum_{i=1}^{n} \omega_i \tag{5-66}$$

最后，计算单元的评分系数 C_i：

$$C_i = \omega_i / \omega \tag{5-67}$$

⑤预计各单元故障率 λ_i。

$$\lambda_i = C_i \lambda_s \tag{5-68}$$

式中：λ_i 为第 i 个单元的故障率；λ_s 为已知单元的故障率。

评分预计法主要用于产品的初步设计与详细设计阶段，可用于各类产品的可靠性预计。它是在产品可靠性数据十分缺乏的情况下进行可靠性预计的有效手段，但是，预计结果受专家人为影响较大。在可能的情况下，尽量多请几位专家进行评分，以保证评分的客观性，提高预计的准确性。

4）故障率预计法

故障率预计法主要用于非电子产品的可靠性预计。通过查阅手册获得元器件的质量等级、环境条件等修正系数，对基本故障率进行修正，进行故障率预计。在实验室常温条件下测得的故障率为基本故障率，实际故障率为工作故障率。对于非电子产品，可考虑降额因子和环境因子对失效率的影响。

5）修正系数法

机械产品的个性差异较大，难以建立产品级的可靠性预计模型，但若将它们分解到零件级别，则许多零件具有很好的通用性，可建立通用零部件故障率与影响其故障模式的主要设计、使用参数的函数关系来预计新的部件的故障率，再运用产品可靠性模型预计产品的可靠性。通常将机械产品分解到零件级，如密封件、轴承、齿轮、泵、过滤器、制动器、离合器、弹簧、阀门等。

预计步骤和要点如下。

(1) 建立零部件的故障率模型。根据零部件的种类，参考预测标准和手册，确定故障率模型。

(2) 确定零部件的相关参数。依据选定的故障率模型确定零部件预测需要的参数，主要是设计、使用参数，如速度、载荷、规定温度等。

(3) 计算零部件的故障率。

(4) 根据可靠性模型预测产品的可靠性。

6）应力-强度干涉法

零部件是否发生故障取决于强度与应力的关系。当强度大于应力时，认为零部件正常；而当应力大于强度时，则认为零部件必定故障。实际工作中应力与强度表现为呈一定分布状态的随机变量，将应力与强度表示在同一坐标系中，出现应力-强度干涉区，在干涉区内就可能发生应力大于强度的情况，计算干涉区内应力大于强度的概率模型，即应力-强度干涉模型。

预测步骤如下。

(1) 确定零部件的应力和强度分布。

(2) 根据应力-强度干涉模型计算零部件可靠度。

(3) 根据基本可靠性模型和任务可靠性模型预测产品的可靠性。

注意：应用应力-强度干涉法时，要求已知应力和强度两个随机变量的概率密度函数，而在实际中这些函数很难得到，因此实际应用中常采用近似假设。

例 5-12　以某汽车后门弹簧为例，规定三年后的可靠度为 0.99，采用应力-强度干涉法预计可靠性能否满足要求。

解　①确定零部件的应力、强度分布。

汽车后门开关次数为随机变量，服从正态分布，其均值和标准差分别为 15.4 次/天和 4.1 次/天。从扭转弹簧强度试验结果可知，强度服从正态分布，均值为 28000 次，标准差为 1350 次。

②计算可靠度。

三年后弹簧所承受的应力均值为

$$\mu_x = 15.4 \times 3 \times 365 = 16863(\text{次})$$

标准差为

$$\sigma_x = 4.1 \times 3 \times 365 = 4489.5(\text{次})$$

根据正态分布可靠度计算公式得

$$\beta = \frac{(\mu_y - \mu_x)}{\sqrt{\sigma_y^2 + \sigma_x^2}} = 2.376$$

$$R = \Phi(\beta) = 0.9911$$

③分析。

车后门三年后的可靠度为 0.9911，而产品三年后可靠度的规定值为 0.99，因此，该弹簧达到了设计要求。

7）极限状态函数法

通过建立极限状态函数，利用一次二阶矩等方法，可以在不需要知道应力和强度分布的情况下进行可靠性预计。极限状态函数法是近似概率法的一种方法，常用于结构可靠性概率设计。机械产品设计过程中存在着各种不确定因素，如材料、载荷、尺寸、表面粗糙度、应力集中等，引入一个随机向量 $\vec{x}=\{x_1,x_2,\cdots,x_n\}$ 来表示这些随机参数。根据产品的功能或失效判据，可建立一个函数 $Z=g(x_1,x_2,\cdots,x_n)$，以表示规定功能与这些随机参数的关系，称为功能失效极限状态函数，简称极限状态函数。

$Z>0$，表示产品能完成规定的功能；$Z<0$，表示产品不能完成规定功能，处于失效状态；$Z=0$，表示产品处于一种极限状态，$Z=g(x)=0$ 称为极限状态方程。结构可靠性指产品处于 $Z>0$ 状态的概率，即

$$R=\int_{\Omega} f(x)\mathrm{d}x \tag{5-69}$$

式中：$f(x)$ 为 $x_1,x_2,\cdots,x_n$ 的联合概率密度函数；$\Omega=\{x\mid g(x)>0\}$ 为安全域。

将极限状态函数用近似极限状态曲面代替原极限状态曲面。一次二阶矩法指在标准状态空间中，在均值点或最可能失效点处构造与极限状态曲面相切的切平面，而后计算原点到该切平面的距离，从而计算可靠度，即将极限状态函数按泰勒级数一次展开，利用随机变量的均值（一阶矩）和标准差（二阶矩）计算结构可靠度 R。

常用方法为验算点法，步骤如下。

设 x_i 服从正态分布，均值为 μ_i，标准差为 σ_i，$x^*(x_1^*,x_2^*,\cdots,x_n^*)$ 为极限状态曲面上的某点，将功能函数在 x^* 点处按泰勒级数展开。

（1）给各随机变量赋初值 x_i^*，一般可取各随机变量的均值。

（2）计算灵敏度 λ_i。

$$\lambda_i=\frac{\sigma_i \dfrac{\partial g}{\partial x_i \mid x^*}}{\sqrt{\sum_{i=1}^{n}\left(\sigma_i \dfrac{\partial g}{\partial x_i \mid x^*}\right)^2}} \tag{5-70}$$

（3）求解 β。

将 $(\mu_i-x_i^*-\beta\lambda_i\sigma_i)\sum_{i=1}^{n}\left.\dfrac{\partial g}{\partial x_i}\right|_{x^*}=0$ 代入极限状态函数中求解。

（4）将求得的 β 代入 $x_i^*=\mu_i-\beta\lambda_i\sigma_i$ 中，求得 x_i^* 的新值。

（5）重复步骤(2)～(4)，直到所得到的 β 值与上一次的 β 值之差小于容许误差为止。此时将所求得的 β 值代入标准正态分布函数，即可求得可靠度。

（6）计算可靠度。

$$R=\Phi(\beta) \tag{5-71}$$

注意：①区分随机变量的分布形式，对正态分布和非正态分布要分别处置；②一次二阶矩法计算量较大，计算时可采用计算机软件辅助计算。

例 5-13　以某杆件为例，如图 5-26 所示，其中 $D=39$ mm，$d=30$ mm，$r=3$ mm，材料为

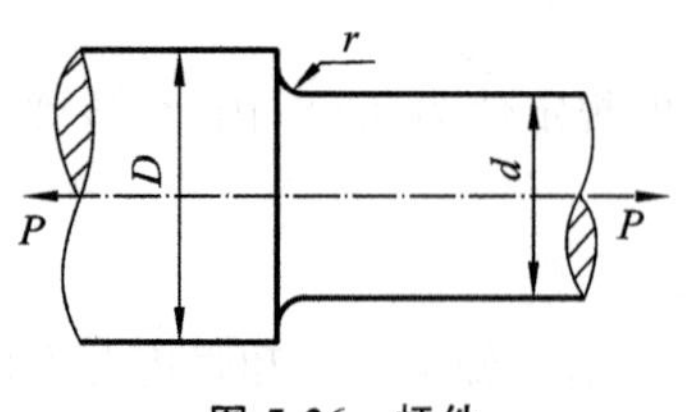

图 5-26　杆件

40CrNiMoA，承受压循环载荷作用，$P_{max}=300$ kN，$P_{min}=-100$ kN。试预计杆件的疲劳寿命，以及工作 10^5 次循环后的可靠度。

解　材料 40CrNiMoA 的参数为：抗拉强度 $\sigma_b=1100$ MPa，对称循环下的疲劳强度 $\sigma_{-1}=524$ MPa，S-N 曲线上 10^5 处对应的应力幅值为 $S_{10^5}=667$ MPa。

①预测中值寿命。

杆件过渡处应力集中，在循环载荷作用下易发生疲劳失效，是杆件的薄弱环节，以此处为对象分析疲劳寿命。

首先，计算应力：

$$S_{max}=\frac{4P_{max}}{\pi d^2}=\frac{4\times 300000}{\pi\times 30^2}=424.4\ (\text{MPa})$$

$$S_{min}=\frac{4P_{min}}{\pi d^2}=\frac{4\times(-100000)}{\pi\times 30^2}=-141.5\ (\text{MPa})$$

则应力循环均值为

$$S_m=\frac{S_{max}+S_{min}}{2}=141.5\ \text{MPa}$$

幅值为

$$S_a=\frac{S_{max}-S_{min}}{2}=283\ \text{MPa}$$

其次，得出 S-N 曲线。对称循环载荷作用下，S-N 曲线如图 5-27 所示，由（10^5，S_{10^5}）和（10^7，σ_{-1}）两点确定。

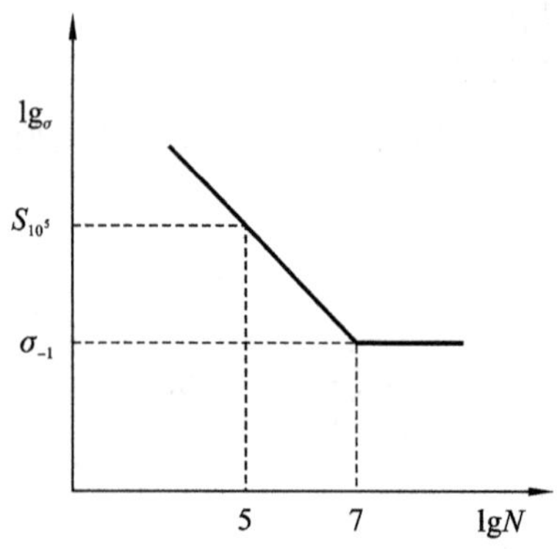

图 5-27　S-N 曲线

再次，修正 S-N 曲线。根据机械设计手册及杆件尺寸和形状，确定应力集中系数 $K_t=1.77$，尺寸效应 $\varepsilon=1$，表面质量系数 $\beta=1$，利用 GoodMan 方法进行修正得

$$S'_{10^5}=\frac{1}{K_t}S_{10^5}\left(1-\frac{S_m}{\sigma_b}\right)=\frac{1}{1.77}\times 677\times\left(1-\frac{141.5}{1100}\right)=333.28\ (\text{MPa})$$

$$\sigma'_{-1}=\frac{1}{K_t}\sigma_{-1}\left(1-\frac{S_m}{\sigma_b}\right)=\frac{1}{1.77}\times 524\times\left(1-\frac{141.5}{1100}\right)=257.96\ (\text{MPa})$$

则杆件在当前载荷下的修正 S-N 曲线表示为

$$\lg S_a-\lg\sigma'_{-1}=\frac{\lg\sigma'_{-1}-\lg S'_{10^5}}{\lg 10^7-\lg 10^5}(\lg N-7)$$

最后，计算寿命。将 $S_a=282.7$ MPa 代入 S-N 曲线表达式，可得寿命 $N=1.73\times10^6$。

②可靠性预计。

首先，确定极限状态函数。根据杆件是否达到预期寿命 N_0，建立功能极限状态函数，lgN 由 S-N 曲线获得，则

$$Z=\lg N-\lg N_0=\left[2\,\frac{\lg S_a-\lg\sigma_{-1}/K_t(1-S_m/\sigma_b)}{\lg\sigma_{-1}/S_{10^5}}\right]-\lg N_0$$

其次，确定随机变量的均值和标准差，如表 5-7 所示。

表 5-7　各随机变量的均值和标准差

随机变量	d/mm	P_{max}/kN	P_{min}/kN	σ_b/MPa	σ_{-1}/MPa	S_{10^5}	K_t
均值	30	300	−100	1100	524	667	1.77
标准差	1	30	10	32	19.6	37.6	0.06

最后，利用一次二阶矩法，计算 $N_0=10^5$ 时零件的可靠度，经四次迭代得 $R=0.854$。

5.3.4 可靠性预计的注意事项

(1) 应尽早进行可靠性预计，以便当任何层次上的可靠性预计值未达到可靠性分配值时，能及早在技术上和管理上予以注意，采取必要的措施。

(2) 在产品研制的各个阶段，可靠性预计应反复迭代进行。

(3) 可靠性预计结果的相对意义比绝对值更为重要。一般预计值与实际值的误差在 1～2 倍内可认为是正常的。

(4) 可靠性预计值应大于成熟期的规定值。

5.4 系统可靠性分配

5.4.1 可靠性分配的目的及流程

系统可靠性分配指将工程设计规定的系统可靠度指标合理地分配给组成系统的各个单元，确定系统各组成单元的可靠性定量要求，从而保证整个系统的可靠性指标。可靠性分配与可靠性预计结合，逐步细化，反复进行，主要在方案阶段及初步设计阶段进行。

系统可靠性分配的目的就是让各级设计人员明确可靠性设计要求，根据可靠性要求估算所需的人力、时间和资源，并研究实现这些要求的可能性及办法。具体表现如下。

①合理地确定系统中每个单元的可靠性指标，以便在单元设计、制造、试验、验收时切实加以保证；反过来又促进设计、制造、试验、验收方法和技术的改进和提高。

②通过可靠性分配，帮助设计者了解零件、单元(子系统)、系统(整体)间的可靠性相互关系，做到心中有数，减少盲目性，明确设计的基本问题。

③通过可靠性分配，使设计者更加全面地权衡系统的性能、功能、质量、费用及有效性等与时间的关系，以期获得更为合理的系统设计，提高设计质量。

④通过可靠性分配，使系统所获得的可靠度值比分配前更加切合实际，可节省制造时间及

费用。

可靠性分配包括基本可靠性分配和任务可靠性分配。基本可靠性参数包括故障率、平均故障间隔时间等;任务可靠性参数包括任务可靠度、平均致命故障间隔时间等。这二者有时是相互矛盾的,提高产品的任务可靠性,可能会降低其基本可靠性,反之亦然。在进行可靠性分配时,要在二者之间的权衡,或采取其他不相互影响的措施。

系统可靠性分配主要包括明确系统可靠性参数指标要求,分析系统特点,选取分配方法,准备输入数据,进行可靠性分配,验算可靠性指标要求等步骤。

系统可靠性分配流程如图 5-28 所示。

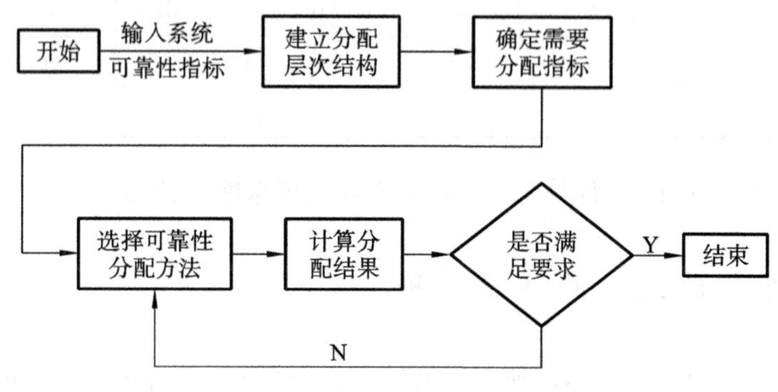

图 5-28　系统可靠性分配流程

5.4.2　可靠性分配原则

系统可靠性分配的本质就是求解以下基本不等式:

$$R_s(R_1, R_2, \cdots, R_i, \cdots, R_n) \geqslant R_s^* \tag{5-72}$$

$$\vec{g}_s(R_1, R_2, \cdots, R_i, \cdots, R_n) \geqslant \vec{g}_s^* \tag{5-73}$$

式中:R_s^* 为系统的可靠性指标;$\vec{g}_s^*$ 为系统设计的综合约束条件,包括费用、体积、质量及功耗等因素;R_i为第 i 个单元的可靠性指标。

对于串联系统,基本不等式转化为

$$R_1(t)R_2(t)\cdots R_i(t)\cdots R_n(t) \geqslant R^* m_s(t) \tag{5-74}$$

若对分配没有约束条件,则可以得到无数个解。有约束条件,也可能有多个解。系统可靠性分配的关键是确定一个分配方法,通过它能得到合理的可靠性分配值,得到唯一解或有限数量解。

可靠性分配应考虑的因素:①市场上同类产品的可靠性指标;②产品的年利用率、故障率、维修度;③企业现有的制造条件;④用户和市场需求。

可靠性分配的一般原则如下。

(1) 可靠性分配的要求值应是成熟期的规定值。

(2) 为了减少分配的反复次数,并考虑分配中存在忽略不计的其他因素,可靠性分配应该留出一定的余量,一般为 15%～20%。

(3) 故障率很低的元器件可以不直接参加可靠性分配,而是归并到其他因素中一起考虑。

(4) 可靠性分配应该保证基本可靠性指标分配值与任务可靠性指标分配值的协调,使二者同时得到满足。

(5) 可靠性分配还可结合实际,考虑其他一些因素,如给可达性差的产品分配较高的可靠性指标。

(6) 对于已有可靠性指标的产品或使用成熟的成品,不再进行可靠性分配。

(7) 对于较简单的单元,若组成该单元的零部件数量少,组装易保证质量或故障后易于修复,可分配较高的可靠性指标;若单元复杂度高,可分配较低的可靠性指标。

(8) 对于技术成熟的单元,若能够保证实现较高的可靠性,或预期投入使用时可靠性可有把握地增长到较高水平,则可分配较高的可靠性指标;对于技术上不成熟单元,应分配较低的可靠性指标。

(9) 对于重要的单元,若该单元失效将产生严重的后果,或该单元失效常会导致全系统失效,则应分配较高的可靠性指标;反之,可分配较低的可靠性指标。

(10) 对整个任务时间内均需连续工作,以及工作条件严酷,难以保证很高可靠性的单元,应分配较低的可靠性指标;反之,可分配较高的可靠性指标。

5.4.3　常用可靠性分配方法

常用可靠性分配方法根据是否存在约束,可分为无约束可靠性分配方法和有约束可靠性分配方法。无约束可靠性分配方法一般有等分配法、评分分配法、比例分配法、冗余系统可靠性分配法(比例组合法)、考虑重要度和复杂度的分配方法(AGREE 分配法)及再分配法。有约束可靠性分配方法有花费最小分配法、动态规划法和拉格朗日乘子法。

有约束可靠性分配是系统可靠性优化问题,其目的主要有:①在满足系统最低限度要求的同时,使得系统的费用最小;②在满足每个单元或子系统的可靠性最低限度要求的同时,使系统的费用最小;③通过对单元或子系统可靠度值的优化分配,使系统的可靠度最大;④通过合理设置单元或子系统的冗余部件,使系统的可靠度最大。

1. 等分配法

等分配法是给系统中的全部单元分配以相等的可靠度的方法,用于设计初期产品情况不明、缺乏产品可靠性数据的情况,不考虑单元可靠性的实现难易程度。

对于串联系统,系统可靠度取决于该系统中的最弱单元。对于由 n 个单元组成串联系统,按照等分配法,每个单元分配的可靠度为

$$R_i = \sqrt[n]{R_s} \tag{5-75}$$

式中:R_s为系统的可靠度;R_i为各单元分配的可靠度。

当可靠性要求高,而选用的单元又不能满足要求时,可选用 n 个相同单元组成并联系统,按照等分配法,每个单元分配的可靠度为

$$R_i = 1 - \sqrt[n]{(1 - R_s)} \tag{5-76}$$

对于混联系统,先将其化简为等效串联系统和等效单元,再给同级的等效单元分配以相同的可靠度。

等分配法比较简单,但是不太合理,一般不可能存在各单元可靠性水平均等的情况,但对一个新系统在方案论证阶段进行初步分配是可取的。

2. 评分分配法

评分分配法是在缺少可靠性数据的情况下,有经验的设计人员或专家对影响可靠性的最重要的因素进行打分,并对评分值进行综合分析而获得各单元之间的可靠性相对比值,根据相

对比值对每个子系统或设备分配可靠性指标的方法。这种方法主要用于分配基本可靠性，也可用于分配串联产品的任务可靠性，一般假设产品寿命服从指数分布，适用于方案阶段和初步设计阶段。

1）评分因素

通常考虑的评分因素有复杂程度、技术水平、工作时间和环境条件等。在实际产品中，可以根据实际情况及产品的特点，增加或减少评分因素。

2）评分原则

各因素的评分范围为 1～10 分，评分越高说明该因素对产品的可靠性产生的影响越恶劣。

(1) 复杂程度：根据组成单元的零部件数量及它们之间组装的难易程度来评定。最复杂的评 10 分，最简单的评 1 分。

(2) 技术水平：根据组成单元目前的技术水平的成熟度来评定。水平最低的评 10 分，水平最高的评 1 分。

(3) 工作时间：根据组成单元的工作时间来评定。工作时间最长的评 10 分，工作时间最短的评 1 分。

(4) 环境条件：根据组成单元所处的环境来评定。单元工作过程中经受极其恶劣或严酷环境条件的评 10 分，环境条件最好的评 1 分。

3）可靠性分配原理

设系统的可靠性指标为 λ_s，分配给每个单元的故障率 λ_i 为

$$\lambda_i = C_i \lambda_s \tag{5-77}$$

式中：C_i 为第 i 个单元的评分系数。

$$C_i = \omega_i / \omega \tag{5-78}$$

式中：ω_i 为第 i 个单元的评分数；ω 为系统总评分数。

$$\omega_i = \prod_{j=1}^{4} r_{ij} \tag{5-79}$$

式中：r_{ij} 为第 i 个单元第 j 个因素的评分数，$j=1$ 表示复杂程度，$j=2$ 表示技术水平，$j=3$ 表示工作时间，$j=4$ 表示环境条件。

$$\omega = \sum_{i=1}^{n} \omega_i \tag{5-80}$$

4）评分步骤

①确定待分配系统的基本可靠性指标，对系统特点进行分析，确定评分因素。

②确定待分配系统中已定型的产品或已单独给定可靠性指标的产品。

③聘请评分专家，至少 5 位。产品设计人员向评分专家介绍产品及其组成部分的构成、工作原理、功能流程、任务时间、工作环境条件、研制生产水平等情况；或专家通过查阅相关技术文件获得相关信息。

④评分。各专家按照评分原则对各单元打分，填写评分表，根据评分原理给出专家综合评分值。

⑤计算分配给各单元可靠性指标 λ_i。

⑥验算。若满足 $\sum_{i=1}^{n} \lambda_i < \lambda_s$，则可靠性指标分配完成；否则，需要重新分配。

3. 比例分配法

相对失效率法是使系统中各单元的容许失效率正比于该单元的预计失效率，并根据这一

原则来分配系统中各单元的可靠度的。此法适用于失效率为常数的串联系统。对于冗余系统，可将它化简为串联系统后再按此法进行。

相对失效概率法是根据使系统中各单元的容许失效概率正比于该单元的预测失效概率的原则来分配系统中各单元的可靠度的。与相对失效率法的可靠度分配原则十分类似。相对失效率法和相对失效概率法统称为比例分配法。

比例分配法是根据相似的老产品中各单元故障率占产品故障率的比例，对新研发的产品进行可靠性分配的方法。如果一个新设计的产品与老产品非常相似，即组成单元类型相同，只是提出了新的可靠性要求的情况，那么可以依据老产品各单元故障率，按新产品可靠性要求进行新产品各单元故障率分配。若有老产品中各单元故障率占产品故障率百分比的统计资料，可采取各单元的失效率与相应单元的失效率预测值按比例进行分配的方法。比例的取法可参考式(5-81)或式(5-82)。

比例分配法的一般步骤如下。

(1) 确定待分配系统的可靠性指标，研究待分配系统的特点。

(2) 确定系统中已定型产品或已单独给定可靠性指标的产品。

(3) 选择相似的老产品。

(4) 收集老产品及其各组成单元的可靠性统计数据。

(5) 按公式分配各单元基本可靠性指标：

$$\lambda_{i新} = \lambda_{s新} \cdot \frac{\lambda_{i老}}{\lambda_{s老}} \tag{5-81}$$

式中：$\lambda_{i新}$为分配给新产品第i个单元的故障率；$\lambda_{s新}$为新产品的故障率；$\lambda_{i老}$为老产品第i个单元的故障率；$\lambda_{s老}$为老产品的故障率。

若有老系统中各子系统故障数占系统故障数的百分比K_i的统计数据，则可根据百分比数据进行可靠性分配，有

$$\lambda_{i新} = \lambda_{s新} \cdot K_i \tag{5-82}$$

式中：K_i为第i个子系统故障数占系统故障率的百分比。

对于串联系统，若系统要求可靠度设计指标为R_{sd}，则系统失效率设计指标(容许失效率)λ_{sd}和系统失效概率设计指标F_{sd}分别为

$$\lambda_{sd} = \frac{-\ln R_{sd}}{t} \tag{5-83}$$

$$F_{sd} = 1 - R_{sd} \tag{5-84}$$

系统各单元的容许失效率和容许失效概率(即分配给它们的指标)分别为

$$\lambda_{id} = \frac{\lambda_i \lambda_{sd}}{\sum_{i=1}^{n} \lambda_i} \tag{5-85}$$

$$F_{id} = \frac{F_i F_{sd}}{\sum_{i=1}^{n} F_i} \tag{5-86}$$

式中：λ_i为各单元预计失效率；F_i为个单元预计失效概率。

系统各单元分配的可靠度R_{id}为

相对失效率法

$$R_{id} = e^{-\lambda_{id} t} \tag{5-87}$$

相对失效概率法

$$R_{id}=1-F_{id} \tag{5-88}$$

例 5-14 已知某系统由 4 个单元串联组成，原系统工作 100 h 时，各单元失效概率 F_i 分别为：0.0425，0.0149，0.0487，0.0004。新设计要求系统工作 100 h 的可靠度 $R_{sd}=0.95$，求分配给各单元的可靠度 R_{id}。

解 ①计算原系统总失效概率和新系统失效概率：

$$\sum_{i=1}^{n}F_i=0.0425+0.0149+0.0487+0.0004=0.1065$$

$$F_{sd}=1-R_{sd}=1-0.95=0.05$$

②计算各单元失效概率和可靠度：

$$F_{1d}=\frac{F_1F_{sd}}{\sum_{i=1}^{n}F_i}=\frac{0.0425\times0.05}{0.1065}=0.01995,R_{1d}=1-F_{1d}=1-0.01995=0.98005$$

$$F_{2d}=\frac{F_2F_{sd}}{\sum_{i=1}^{n}F_i}=\frac{0.0149\times0.05}{0.1065}=0.0070,R_{2d}=1-F_{2d}=1-0.0070=0.9930$$

$$F_{3d}=\frac{F_3F_{sd}}{\sum_{i=1}^{n}F_i}=\frac{0.0487\times0.05}{0.1065}=0.0229,R_{3d}=1-F_{3d}=1-0.0229=0.9771$$

$$F_{4d}=\frac{F_4F_{sd}}{\sum_{i=1}^{n}F_i}=\frac{0.0004\times0.05}{0.1065}=0.00019,R_{2d}=1-F_{2d}=1-0.00019=0.99981$$

③验算：$R_{sd}=R_{1d}R_{2d}R_{3d}R_{4d}=0.9507>0.95$，满足设计要求。

4. 冗余系统可靠度分配法(比例组合法)

分配原理：将每组并联单元适当组合成单个单元，并将此单个单元看成串联系统中并联部分的一个等效单元，这样便可用上述串联系统可靠度分配方法，将系统的容许失效率或失效概率分配给各个串联单元和等效单元，然后再确定并联部分中每个单元的容许失效率或失效概率。

如果代替 n 个并联单元的等效单元在串联系统中分配的容许失效概率为 F_{Bd}，则

$$F_{Bd}=\sum_{i=1}^{n}F_{id} \tag{5-89}$$

式中：F_{id}为第 i 个并联单元的容许失效概率。

若已知各并联单元的预计失效概率 F_i，$i=1,2,\cdots,n$，则可以取 $n-1$ 个相对关系式，即

$$\begin{aligned}&\frac{F_{2d}}{F_2}=\frac{F_{1d}}{F_1}\\&\frac{F_{3d}}{F_3}=\frac{F_{1d}}{F_1}\\&\vdots\\&\frac{F_{nd}}{F_n}=\frac{F_{1d}}{F_1}\end{aligned} \tag{5-90}$$

可以求得各并联单元应该分配到的容许失效概率值 F_{id}。这就是相对失效概率法对冗余系统进行可靠性分配的过程。

例 5-15　图 5-29 所示系统由三个单元组成，已知它们的预测失效概率分别为 $F_1=0.04$，$F_2=0.06$，$F_3=0.12$。如果该并联系统在串联系统中的等效单元分配的容许失效概率 $F_{Bd}=0.005$，试计算并联系统中各单元的容许失效概率。

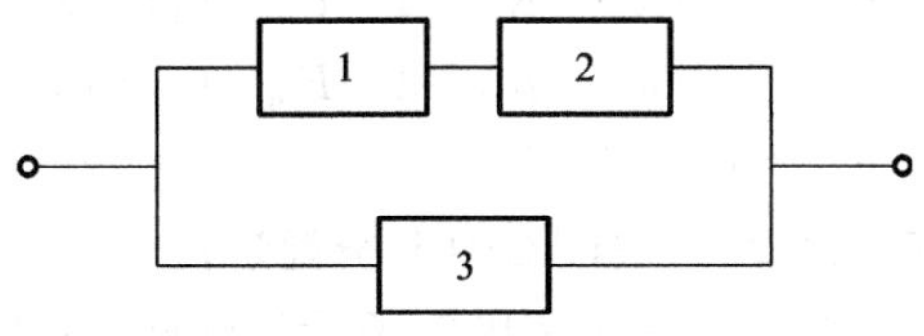

图 5-29　系统框图

解　①列出各单元的预计失效概率，计算可靠度，即

$$F_1=0.04\quad R_1=1-F_1=0.96$$
$$F_2=0.06\quad R_2=1-F_2=0.94$$
$$F_3=0.12\quad R_3=1-F_3=0.88$$

②将并联子系统化简为一个等效单元，如图 5-30 所示。

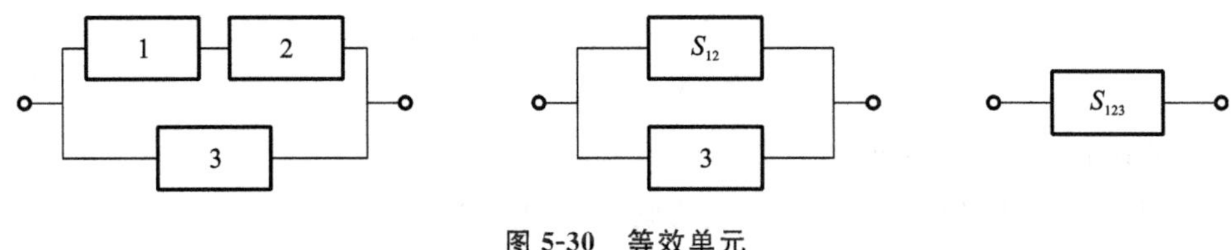

图 5-30　等效单元

③求各分支的预测可靠度和预测失效概率。

第Ⅰ分支：

$$R_{\mathrm{I}}=R_1R_2=0.96\times0.94=0.9024\approx0.90$$
$$F_{\mathrm{I}}=1-R_{\mathrm{I}}=1-0.90=0.10$$

第Ⅱ分支：

$$R_{\mathrm{II}}=R_3=0.88$$
$$F_{\mathrm{II}}=1-R_{\mathrm{II}}=1-0.88=0.12$$

④求并联系统等效单元的预测失效概率和预测可靠度。

$$F_B=F_{\mathrm{I}}F_{\mathrm{II}}=0.10\times0.12=0.012>0.005=F_{Bd}$$
$$R_B=1-F_B=1-0.012=0.988$$

⑤按并联系统的等效单元所分得的总容许失效概率 F_{Bd} 求各分支的容许失效概率。

$$\begin{cases}F_{Bd}=F_{\mathrm{I}d}F_{\mathrm{II}d}=0.005\\ \dfrac{F_{\mathrm{II}d}}{F_{\mathrm{II}}}=\dfrac{F_{\mathrm{I}d}}{F_{\mathrm{I}}},\text{即 }F_{\mathrm{II}d}=\dfrac{F_{\mathrm{II}}}{F_{\mathrm{I}}}F_{\mathrm{I}d}=\dfrac{0.12}{0.10}F_{\mathrm{I}d}\end{cases}$$

$$\begin{cases}F_{\mathrm{I}d}=0.0645\\ F_{\mathrm{II}d}=0.0775\end{cases}$$

⑥将分支容许失效概率分配给该分支各单元。

第Ⅰ分支为两个串联单元，故应将 $F_{\mathrm{I}d}=0.0645$ 再分配给该两单元：

$$F_{1d}=\frac{F_1}{F_1+F_2}F_{\mathrm{I}d}=\frac{0.04}{0.04+0.06}\times0.0645=0.0258$$

$$F_{2d}=\frac{F_2}{F_1+F_2}F_{\mathrm{I\,d}}=\frac{0.06}{0.04+0.06}\times 0.0645=0.0387$$

⑦列出最后的分配结果，即

$$F_{1d}=0.0258\quad R_{1d}=1-F_{1d}=0.9742$$
$$F_{2d}=0.0387\quad R_{2d}=1-F_{2d}=0.9613$$
$$F_{3d}=0.0775\quad R_{3d}=1-F_{3d}=0.9225$$

5. 考虑重要度和复杂度的分配方法(AGREE 分配法)

考虑重要度和复杂度的分配方法是由美国电子设备可靠性顾问团(AGREE)提出的一种比较完善的综合评分分配方法，因此又称为 AGREE 分配法。该方法考虑了系统的各单元或各子系统的复杂度、重要度、工作时间，以及它们与系统之间的失效关系，适用于各单元工作期间的失效率为常数的串联系统。

1) 单元或子系统的复杂度 C_i

单元中所含的重要零/组件(其失效会引起单元失效)的数目 $N_i(i=1,2,\cdots,n)$ 与系统中重要零/组件的总数 N 之比，即第 i 个单元的复杂度为

$$\frac{N_i}{N}=\frac{N_i}{\sum_{i=1}^{n}N_i}\quad i=,1,2,\cdots,n \tag{5-91}$$

2) 单元或子系统的重要度 E_i

因第 i 个单元的失效而引起系统失效的概率，可表示为

$$E_i=\frac{\text{第 } i \text{ 个单元失效引起系统失效的次数}}{\text{单元 } i \text{ 失效的次数}} \tag{5-92}$$

按照 AGREE 分配法，系统中第 i 个单元分配的失效率 λ_i 为

$$\lambda_i=\frac{N_i[-\ln R_s(t)]}{NE_it_i},i=1,2,\cdots,n \tag{5-93}$$

分配的可靠度 $R_i(t)$ 为

$$R_i(t_i)=1-\frac{1-[R_s(t)]^{N_i/N}}{E_i},i=1,2,\cdots,n \tag{5-94}$$

式中：N_i 为单元 i 的重要零/组件数；$R_s(t)$ 为系统工作时间为 t 时的可靠度；N 为系统的重要零/组件总数，$N=\sum_{i=1}^{n}N_i$；E_i 为单元 i 的重要度；t_i 为 t 时间内单元 i 的工作时间，$0<t_i<t$。

例 5-16　某一个四单元的串联系统，要求连续工作 48 h 期间内系统的可靠度为 0.96，根据 AGREE 分配法，怎样分配各单元的可靠度？各单元组成件数、重要度和工作时间等参数如表 5-8 所示。

表 5-8　各单元参数

单元代号 i	单元组成件数 N_i	重要度 E_i	工作时间 t_i/h
1	10	1.00	48
2	20	1.00	48
3	40	0.90	10
4	50	0.85	12

解　①系统总组成件数为

$$N = \sum_{i=1}^{4} N_i = 10 + 20 + 40 + 50 = 120$$

②计算各单元容许失效率。

$$\lambda_1 = \frac{N_i[-\ln R_s(t)]}{NE_i t_i} = \frac{10 \times (-\ln 0.96)}{120 \times 1.00 \times 48} = 0.00007\ (\mathrm{h}^{-1})$$

$$\lambda_2 = \frac{N_i[-\ln R_s(t)]}{NE_i t_i} = \frac{20 \times (-\ln 0.96)}{120 \times 1.00 \times 48} = 0.00014\ (\mathrm{h}^{-1})$$

$$\lambda_3 = \frac{N_i[-\ln R_s(t)]}{NE_i t_i} = \frac{40 \times (-\ln 0.96)}{120 \times 0.90 \times 10} = 0.00151\ (\mathrm{h}^{-1})$$

$$\lambda_4 = \frac{N_i[-\ln R_s(t)]}{NE_i t_i} = \frac{50 \times (-\ln 0.96)}{120 \times 0.85 \times 12} = 0.00167\ (\mathrm{h}^{-1})$$

③分配给各单元的可靠度为

$$R_1(48) = 1 - \frac{1-[R_s(t)]^{N_i/N}}{E_i} = 1 - \frac{1-0.96^{10/120}}{1.00} = 0.99660$$

$$R_2(48) = 1 - \frac{1-[R_s(t)]^{N_i/N}}{E_i} = 1 - \frac{1-0.96^{20/120}}{1.00} = 0.99322$$

$$R_3(10) = 1 - \frac{1-[R_s(t)]^{N_i/N}}{E_i} = 1 - \frac{1-0.96^{40/120}}{0.90} = 0.98498$$

$$R_4(12) = 1 - \frac{1-[R_s(t)]^{N_i/N}}{E_i} = 1 - \frac{1-0.96^{50/120}}{0.85} = 0.98016$$

④系统可靠度为

$$R_s = 0.99660 \times 0.99322 \times 0.98498 \times 0.98016 = 0.9556$$

计算结果比规定的系统可靠度略低，这是由于计算公式的近似性质及单元 3、4 重要度小于 1。

通过示例各单元可靠度值可看出：单元的零件数愈少（即结构愈简单），则分配的可靠度就愈高；反之，分配的可靠度就愈低。这种分配结果显然是合理的。

6. 再分配法

再分配法适用于基本可靠性和任务可靠性的分配。如果已知串联系统（或串、并联系统的等效串联系统）各单元的可靠度预计值为 $\hat{R}_1, \hat{R}_2, \cdots, \hat{R}_n$，则系统的可靠度预计值为

$$\hat{R}_s = \prod_{i-1}^{n} \hat{R}_i \tag{5-95}$$

若设计规定的系统可靠度指标 $R_s > \hat{R}_s$，表示预测值不能满足要求，需要改进单元的可靠度指标，并按规定的 R_s 值进行再分配计算。显然，提高低可靠性单元的可靠度，效果更好且更容易些，所以，可提高低可靠性单元的可靠度并按等分配法进行再分配。

使用再分配法时，一般认为可靠性越低的系统改进起来越容易，反之则越困难。将原来可靠度较低的系统可靠度都提高到某个值，而原来可靠度较高的系统可靠度仍保持不变。

先将各单元的可靠度预测值按由小到大的次序排列，有

$$\hat{R}_1 < \hat{R}_2 < \cdots \hat{R}_m < \hat{R}_{m+1} < \cdots < \hat{R}_n \tag{5-96}$$

令

$$R_1 = R_2 = \cdots = R_m = R_0 \tag{5-97}$$

找出 m 值使式(5-98)成立：

$$\hat{R}_m < R_0 = \left(\frac{R_s}{\prod_{i=m+1}^{n} \hat{R}_i}\right)^{1/m} < \hat{R}_{m+1} \tag{5-98}$$

单元可靠度的再分配计算式为

$$\begin{cases} R_1 = R_2 = \cdots = R_m = \left(\dfrac{R_s}{\prod\limits_{i=m+1}^{n} \hat{R}_i}\right)^{1/m} \\ R_{m+1} = \hat{R}_{m+1}, R_{m+2} = \hat{R}_{m+2}, \cdots, R_n = \hat{R}_n \end{cases} \tag{5-99}$$

例 5-17　设串联系统 4 个单元的可靠度预测值由小到大的排列为 $\hat{R}_1 = 0.9507$，$\hat{R}_2 = 0.9570$，$\hat{R}_3 = 0.9856$，$\hat{R}_4 = 0.9998$。若设计规定串联系统的可靠度 $R_s = 0.9560$，试进行可靠度再分配。

解　①系统的可靠度预测值为

$$\hat{R}_s = \prod_{i=1}^{n} \hat{R}_i = 0.9507 \times 0.9570 \times 0.9998 \times 0.9856 = 0.8965$$

不能满足设计指标 $R_s = 0.9560$ 的要求，需要提高单元的可靠度，并进行可靠度再分配。

②可靠度再分配。

设 $m=1$，则

$$R_0 = \left(\frac{R_s}{\hat{R}_2 \hat{R}_3 \hat{R}_4}\right)^{\frac{1}{1}} = \left(\frac{0.9560}{0.9570 \times 0.9856 \times 0.9998}\right)^1 = 1.0138 > \hat{R}_2$$

因此，需另设 m 值。

设 $m=2$，则

$$R_0 = \left(\frac{R_s}{\hat{R}_3 \hat{R}_4}\right)^{\frac{1}{2}} = \left(\frac{0.9560}{0.9856 \times 0.9998}\right)^{\frac{1}{2}} = 0.9850$$

$$\hat{R}_2 = 0.9570 < R_0 = 0.9850 < \hat{R}_3 = 0.9856$$

分配有效，再分配结果为

$$R_1 = R_2 = 0.9850$$
$$R_3 = \hat{R}_3 = 0.9856$$
$$R_4 = \hat{R}_4 = 0.9998$$

7. 花费最小分配法

设串联系统 n 个单元的预计可靠度（现有可靠度水平）按递增序列排列为 $R_1, R_2, \cdots, R_n$，则系统的预计可靠度为

$$R_s = \prod_{i=1}^{n} R_i \tag{5-100}$$

如果要求的系统可靠度指标 $R_{sd} > R_s$，则系统中至少有一个单元的可靠度必须提高，即单元的分配可靠度 R_{id} 要大于单元的预计可靠度 R_i。这就必须花费一定的研制开发费用。

令 $G(R_i, R_{id})$，$i=1,2,\cdots,n$，表示费用函数，即使第 i 个单元的可靠度由 R_i 提高到 R_{id} 需要的花费总量。显然 $R_{id} - R_i$ 的值越大，即可靠度值提高幅度越大，则费用函数 $G(R_i, R_{id})$ 的值也就越大，费用越高；同时，R_i 值越大，提高 $R_{id} - R_i$ 的值所需费用也越高。

要使系统可靠度由 R_s 提高到 R_{sd}，总花费为 $\sum_{i=1}^{n} G(R_i, R_{id})$，$i = 1,2,\cdots,n$。要使总花费最小，是一个最优化设计问题，数学模型为

$$\begin{cases} 目标函数：\min \sum_{i=1}^{n} G(R_i, R_{id}) \\ 约束条件：\prod_{i=1}^{n} R_{id} \geqslant R_{sd} \end{cases} \tag{5-101}$$

令 j 表示系统中需要提高可靠度的单元序号，应从可靠度最低的单元开始提高其可靠度，即 j 从 1 开始，按需要可依次增大。

令

$$R_{0j} = \left(\frac{R_{sd}}{\prod_{i=j+1}^{n+1} R_i} \right)^{1/j}, j = 1, 2, \cdots, n \tag{5-102}$$

$R_{n+1}=1$，则有

$$R_{0j} = \left(\frac{R_{sd}}{\prod_{i=j+1}^{n+1} R_i} \right)^{1/j} > R_j \tag{5-103}$$

要获得所要求的系统可靠度指标 R_{sd}，则各单元的可靠度均应提高到 R_{0j}。若继续增大 j，当达到某一值(例如 $j+1$)后使得

$$R_{0j+1} = \left(\frac{R_{sd}}{\prod_{i=j+2}^{n+1} R_i} \right)^{1/(j+1)} < R_{j+1} \tag{5-104}$$

即第 $j+1$ 号单元的预计可靠度 R_{j+1} 已比提高的 R_{0j+1} 值大。j 为需要提高可靠度的单元序号的最大值，令其为 k_0。为使系统可靠度指标达到 R_{sd}，令 $j=k_0$，序号为 $i=1,2,\cdots,k_0$ 的各单元的分配可靠度 R_{id} 均应提高到

$$R_{k0} = \left(\frac{R_{sd}}{\prod_{i=k_0+1}^{n+1} R_i} \right)^{1/k_0} < R_d \tag{5-105}$$

序号为 $i=1,2,\cdots,k_0$ 的各单元的分配可靠度皆为 R_d，而序号为 $i=k_0+1, k_0+2, \cdots, n$ 的各单元的分配可靠度可各保持原预计可靠度 R_i 不变。最优问题的唯一最优解为

$$R_{id} = \begin{cases} R_d, i \leqslant k_0 \\ R_i, i > k_0 \end{cases} \tag{5-106}$$

提高有关单元的可靠度后，系统的可靠度为

$$R_{sd} = R_d^{k_0} \prod_{i=k_0+1}^{n+1} R_i \tag{5-107}$$

例 5-18　汽车驱动桥双级主减速器第一级螺旋锥齿轮主从动齿轮的预测可靠度分别为 $R_A=0.85$，$R_B=0.85$；第二级斜齿圆柱齿轮主从动齿轮的预测可靠度分别为 $R_C=0.96$，$R_D=0.97$。若它们的费用函数相同，要求齿轮系统的可靠度指标为 $R_{sd}=0.80$，试按花费最小的原则对 4 个齿轮进行可靠度分配。

解　①系统预计可靠度

$$\begin{aligned} R_s &= R_A R_B R_C R_D \\ &= 0.85 \times 0.85 \times 0.96 \times 0.97 = 0.67279 < 0.8 = R_{sd} \end{aligned}$$

需要提高，所以应重新分配齿轮的可靠度。

②将各单元(齿轮)预测可靠度按递增顺序排列，有

$$R_1 = R_A = 0.85, \quad R_2 = R_B = 0.85$$
$$R_3 = R_C = 0.96, \quad R_4 = R_D = 0.97$$

③求 j 的最大值 $k_0(R_{n+1}=1)$。

当 $j=1$ 时，有

$$R_{01} = \left[\frac{R_{sd}}{\prod_{i=1+1}^{4+1} R_i}\right]^{1/1} = \left(\frac{0.80}{0.85 \times 0.96 \times 0.97 \times 1}\right)^1 = 1.01071 > 0.85 = R_1$$

当 $j=2$ 时，有

$$R_{02} = \left[\frac{R_{sd}}{\prod_{i=2+1}^{4+1} R_i}\right]^{1/2} = \left(\frac{0.80}{0.96 \times 0.97 \times 1}\right)^{1/2} = 0.92688 > 0.85 = R_2$$

当 $j=3$ 时，有

$$R_{03} = \left[\frac{R_{sd}}{\prod_{i=3+1}^{4+1} R_i}\right]^{1/3} = \left(\frac{0.80}{0.97 \times 1}\right)^{1/3} = 0.93779 < 0.96 = R_3$$

④可知，$k_0=2$，则

$$R_d = \left[\frac{R_{sd}}{\prod_{i=k_0+1}^{n+1} R_i}\right]^{1/k_0} = \left(\frac{0.80}{0.96 \times 0.97 \times 1}\right)^{1/2} = 0.92688$$

因此，4 个单元(齿轮)分配可靠度分别为

$$R_{1d}=R_d=R_{Ad}=0.92688$$
$$R_{2d}=R_d=R_{Bd}=0.92688$$
$$R_{3d}=R_3=R_{Cd}=0.96$$
$$R_{4d}=R_4=R_{Dd}=0.97$$

⑤验算系统可靠度 R_{sd}。

$$R_{sd} = R_d^{k_0} \prod_{1+k_0+1}^{n+1} R_i = 0.92688^2 \times 0.96 \times 0.97 \times 1 = 0.800000004 > 0.80$$

满足要求。

8. 动态规划法

动态规划法求最优解的思路不同于求函数极值的微分法和求泛函极值的变分法，它将多个变量的决策问题分解为只包含一个变量的一系列子问题，通过解这一系列子问题而求得此多变量的最优解。这样，n 个变量的决策问题就被构造成一个顺序求解各个单独变量的 n 级序列决策问题。由于动态规划法利用一种递推关系做出最优决策，构成一种最优策略，使整个过程取得最优结果，因此其计算逻辑较为简单，在可靠性工程中得到了广泛的应用。

1) 串联系统

$$\begin{cases} \text{目标函数：} \quad \min \sum_{i=1}^{n} G(\hat{R}_i, R_i) \\ \text{约束条件：} \quad \prod_{i=1}^{n} R_i \geqslant R_s \\ \qquad\qquad\quad 0 < \hat{R}_i \leqslant R_i \leqslant 1, i = 1,2,\cdots,n \end{cases} \tag{5-108}$$

式中：R_s 为规定的系统可靠性指标；R_i 为第 i 个单元分配的可靠度；$\hat{R}_i$ 为第 i 个单元现有预测

的可靠度；$G(\hat{R}_i, R_i)$为第 i 个单元可靠度由 $\hat{R}_i$ 提高到 R_i 所需费用函数。

2）并联系统

$$\begin{cases} \text{目标函数：} & \min\sum_{i=1}^{n} G(\hat{F}_i, F_i) \\ \text{约束条件：} & \prod_{i=1}^{n} F_i \geqslant F_s \\ & 0 < F_i \leqslant \hat{F}_i < 1, i = 1,2,\cdots,n \end{cases} \tag{5-109}$$

式中：F_s为规定的系统可靠性指标；F_i 为第 i 个单元分配的可靠度；$\hat{R}_i$ 为第 i 个单元现有预测的可靠度；$G(\hat{R}_i, F_i)$为第 i 个单元可靠度由 $\hat{R}_i$ 降低到 F_i 所需费用函数。

例 5-19　某系统由 3 个单元串联组成，要求系统的可靠度 $R_s \geqslant 0.96$。各单元预测可靠度分别为 $\hat{R}_1 = 0.95$，$\hat{R}_2 = 0.96$，$\hat{R}_3 = 0.98$，费用函数如表 5-9 所示。为使总费用最小，求各单元应分配的可靠度。

表 5-9　费用函数

R_1	$G_1(0.95, R_1)$	R_2	$G_2(0.95, R_2)$	R_3	$G_3(0.95, R_3)$
0.95	0				
0.96	1.0	0.96	0		
0.97	2.0	0.97	2.0		
0.98	4.0	0.98	5.0	0.98	0
0.99	12.0	0.99	15.0	0.99	8.0
0.995	50.0	0.995	35.0	0.995	20.0

解　①列表计算 R_1 和 R_2 的组合方案，如表 5-10 所示，其中 $R_i \leqslant R_s$ 的项不必列出。

表 5-10　R_1、R_2 组合与费用函数 G_1+G_2

$R_1(G_1)/R_2(G_2)$	0.97(2)	0.98(5)	0.99(15)	0.995(35)
0.97(2)	0.9409	0.9506	0.9603(17)	0.96515(37)
0.98(4)	0.9506	0.9604(9)↓	0.9702(19)	0.9751(39)
0.99(12)	0.9603(14)	0.9702(17)↓	0.9801(27)→	0.98505(47)→
0.995(50)	0.96515(52)	0.9751(55)	0.98505(65)	0.99003(85)↓

②将 $R_1R_2 > R_s$ 且费用最小的组合再与 R_3 组合计算，如表 5-11 所示。

表 5-11　R_1、R_2、R_3 组合与费用函数 $G_1+G_2+G_3$

$R_3(G_3)/R_1R_2(G_1+G_2)$	0.9604(9)	0.9702(17)	0.9801(27)	0.98505(47)	0.99003(85)
0.98(0)	0.9412(9)	0.9508(17)	0.9605(27)	0.96535(47)	0.9702(85)
0.99(8)	0.9508(17)	**0.9605(25)**	0.9703(35)	0.9752(55)	0.9801(93)
0.995(20)	0.9556(52)	0.9653(37)	0.9752(47)	0.9801(67)	0.9851(105)

可知，0.9605(25)方案中 $\prod_{i=1}^{n} R_i \geqslant R_s$，而且费用最小。因此，各单元分配可靠度分别为 $R_1 = 0.99$，$R_2 = 0.98$，$R_3 = 0.99$。

例 5-20 某系统由 3 个单元并联组成，要求系统可靠度 $R_s \geq 0.9995$。各单元预测不可靠度分别为 $\hat{F}_1=0.10$，$\hat{F}_2=0.10$，$\hat{F}_3=0.12$，费用函数如表 5-12 所示。为使总费用最小，求各单元应分配的不可靠度。

表 5-12 费用函数

F_1	$G_1(0.10,F_1)$	F_2	$G_2(0.10,F_2)$	F_3	$G_3(0.12,F_3)$
				0.12	0
0.10	0	0.10	0	0.10	1
0.08	2	0.08	3	0.08	4
0.06	6	0.06	5	0.06	12
0.04	15	0.04	13	0.04	20

解 ①计算规定的系统总不可靠度：

$$F_s \leq 1-0.9995=0.0005$$

②将 F_1 和 F_2 按费用最小的组合计算，如表 5-13 所示。

表 5-13 F_1、F_2 组合与费用函数 G_1+G_2

$F_1(G_1)/F_2(G_2)$	0.10(0)	0.08(3)	0.06(5)	0.04(13)
0.10(0)	**0.01(0)**	0.008(3)	**0.006(5)**	0.004(13)
0.08(2)	**0.008(2)**	0.0064(5)	**0.0048(7)**	0.0032(15)
0.06(6)	0.006(6)	0.0048(9)	**0.0036(11)**	**0.0024(19)**
0.04(15)	0.004(15)	0.0032(18)	**0.0024(20)**	**0.0016(28)**

③将 F_1、F_2 组合中费用最小的组合再与 F_3 组合进行计算，如表 5-14 所示，$F_1F_2 \leq 0.005$ 且 G_1+G_2 显著大的不必计入。

表 5-14 F_1、F_2、F_3 组合与费用函数 $G_1+G_2+G_3$

$F_1F_2(G_1+G_2)/F_3(G_3)$	0.12(0)	0.10(1)	0.08(4)	0.06(12)	0.04(20)
0.01(0)	0.012(0)	0.001(1)	0.008(4)	0.0006(12)	0.0004(20)
0.008(2)	0.00096(2)	0.0008(3)	0.00064(6)	0.00048(14)	**0.00032(15)**
0.006(5)	0.00072(5)	0.0006(6)	0.00048(9)	0.00036(17)	**0.00024(25)**
0.0048(7)	0.00048(7)	**0.00048(8)**	0.000384(11)	**0.000288(19)**	**0.000192(27)**
0.0036(11)	0.000432(11)	**0.00036(11)**	**0.000288(15)**	**0.000216(23)**	**0.000144(31)**

可知：满足 $F_s \leq 0.0005$ 且费用最小的组合为 0.00048(8)，应取 $F_1=0.08$，$F_2=0.06$，$F_3=0.10$。

9. 拉格朗日乘子法

拉格朗日乘子法是一种将约束最优化问题转换为无约束最优化问题的求优方法。由于引进了待定系数——拉格朗日乘子，因此可利用这种乘子将原约束最优化问题的目标函数和约束条件组合成一个称为拉格朗日函数的新目标函数，使新目标函数的无约束最优解就是原目标函数的约束最优解。

约束最优化问题

$$\begin{cases}目标函数:\min f(\boldsymbol{X}) = f(x_1, x_2, \cdots, x_n) \\ 约束条件:h_v(\boldsymbol{X}) = 0, v = 1,2,\cdots,p\end{cases} \tag{5-110}$$

构造的拉格朗日函数为

$$L(\boldsymbol{X},\boldsymbol{\lambda}) = f(\boldsymbol{X}) - \sum_{v=1}^{p} \lambda_v h_v(\boldsymbol{X}) \tag{5-111}$$

式中:$\boldsymbol{X}=[x_1 \quad x_2 \quad \cdots \quad x_n]^{\mathrm{T}}$;$\boldsymbol{\lambda}=[\lambda_1 \quad \lambda_2 \quad \cdots \quad \lambda_v]^{\mathrm{T}}$。

把 p 个待定乘子 $\lambda_v(v=1,2,\cdots,p<n)$ 亦当作变量,则拉格朗日函数 $L(\boldsymbol{X},\boldsymbol{\lambda})$ 的极值点存在的必要条件为

$$\begin{cases}\dfrac{\partial L}{\partial x_i} = 0, i = 1,2,\cdots,n \\ \dfrac{\partial L}{\partial \lambda_v} = 0, v = 1,2,\cdots,p\end{cases} \tag{5-112}$$

求解得原问题约束最优解为

$$\begin{cases}\boldsymbol{X}^* = [x_1^* \quad x_2^* \quad \cdots \quad x_n^*]^{\mathrm{T}} \\ \boldsymbol{\lambda} = [\lambda_1 \quad \lambda_2 \quad \cdots \quad \lambda_v]^{\mathrm{T}}\end{cases} \tag{5-113}$$

例 5-21 某系统由 n 个子系统串联而成,子系统的可靠度 $R_i(i=1,2,\cdots,n)$ 与制造费用 $x_i(i=1,2,\cdots,n)$ 之间关系为 $R_i=1-\mathrm{e}^{-\alpha_i(x_i-\beta_i)}, i=1,2,\cdots,n$。其中,$\alpha_i$,$\beta_i$ 为常数。试用拉格朗日乘子法将系统的可靠度指标 R_s 分配给各子系统,并使系统费用最小。

解 ①本例的问题是在 $R_s = \prod_{i=1}^{n} R_i$ 的约束条件下,求 $f(\boldsymbol{X}) = \sum_{i=1}^{n} x_i$ 最小值的问题。

②引入拉格朗日乘子 $\boldsymbol{\lambda}$,构造拉格朗日函数为

$$L(\boldsymbol{X},\boldsymbol{\lambda}) = \sum_{i=1}^{n} x_i - \boldsymbol{\lambda}\left(R_s - \prod_{i=1}^{n} R_i\right)$$

若将费用 x_i 表达成显式,则有

$$x_i = \beta_i - \frac{\ln(1-R_i)}{\alpha_i}, i = 1,2,\cdots,n$$

将费用表达式代入拉格朗日函数,并用设计变量 R_i 代替 x_i,则拉格朗日函数可写为

$$L(\boldsymbol{R},\boldsymbol{\lambda}) = \sum_{i=1}^{n}\left[\beta_i - \frac{\ln(1-R_i)}{\alpha_i}\right] - \boldsymbol{\lambda}\left(R_s - \prod_{i=1}^{n} R_i\right), i = 1,2,\cdots,n$$

解方程组

$$\begin{cases}\dfrac{\partial L}{\partial R_i} = 0, i = 1,2,\cdots,n \\ \dfrac{\partial L}{\partial \boldsymbol{\lambda}} = 0\end{cases}$$

可求得系统费用最小时各子系统的分配可靠度 $R^* = [R_1^* \quad R_2^* \quad \cdots \quad R_n^*]^{\mathrm{T}}$。

5.4.4 可靠性分配注意事项

(1) 可靠性分配应该在产品研制阶段早期进行,这样可以使设计人员尽早明确所涉及产品的可靠性要求,并为外协、外购产品可靠性定量要求提供依据。

(2) 为了尽量减少可靠性分配重复次数,在可靠性分配时,应在可靠性指标的基础上留有

一定的余量，一般可按照可靠性指标的 1.1～1.2 倍进行分配。

(3) 对于有并联单元的系统，应先将可靠性框图逐步简化，形成一个串联系统，然后再进行分配。

(4) 对于已有可靠性指标产品或成熟产品，不再进行可靠性分配。

(5) 可靠性分配时应综合考虑产品各组成单元的复杂度、重要度、技术成熟度、工作时长等。

(6) 通过选择一种可靠性分配方法对产品的可靠性指标进行分配后，需要对分配结果进行验算，确定分配结果是否满足指标要求。验算的方法是若组成单元分配的故障率之和大于产品的故障率指标(假定服从指数分布)，则认为可靠性指标分配不成功，需要重新分配。

习　题

5-1　阐述系统可靠性的类型及其在系统设计中如何应用。

5-2　阐述系统可靠性预计与可靠性分配的目的，以及可靠性预计与可靠性分配的关系。

5-3　设组成系统的各单元可靠度均为 0.65，要求该系统的可靠度为 0.98。若该系统采用并联方式组成，则需要多少个单元才能满足系统可靠度要求？

5-4　某系统由四个可靠度均为 R 的单元组成，试比较下列不同组成方式的系统的可靠度。

(1) 四个单元组成串联系统。

(2) 四个单元组成并联系统。

(3) 两个单元组成串联子系统后，再组成并联系统的串-并联系统。

(4) 两个单元组成并联子系统后，再组成串联系统的并-串联系统。

5-5　某并联系统由 n 个单元组成，设各单元寿命均服从指数分布，失效率均为 $0.001\ \mathrm{h}^{-1}$。

试求：(1) $n=2$ 和 $n=3$ 时，系统在 $t=100$ h 的可靠度。

(2) 若同样的 n 个单元组成 2/3(G) 表决系统，求该系统在 $t=100$ h 的可靠度和平均寿命。

5-6　试以某产品为例，建立系统工作原理图、基本可靠性和任务可靠性框图，并说明理由。

5-7　如图 5-31 所示，若已知各单元可靠度分别为 $R_1=0.93$，$R_2=0.94$，$R_3=0.95$，$R_4=0.97$，$R_5=0.98$，$R_6=R_7=0.85$，试求该系统的可靠度。

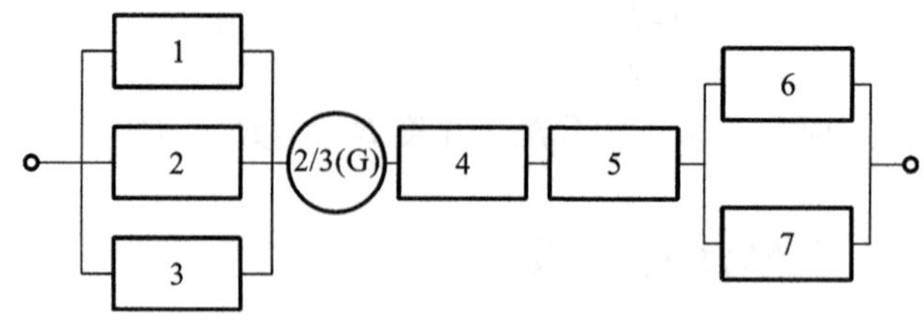

图 5-31　某系统可靠性框图

5-8　某汽车的行星齿轮轮边减速器，半轴与太阳轮相连，车轮与行星架相连，齿圈与桥壳相连。太阳轮的可靠度为 0.995，齿圈的可靠度为 0.999，行星轮的可靠度为 0.999。试求轮边减速器齿轮系统的可靠度。

5-9　某传动系统由电动机、V 带传动和单机齿轮减速器组成，要求工作 1000 h 的可靠度为 0.96。若已知各组成部分的平均失效率分别为：电动机 $\lambda_1=0.00003\ \mathrm{kh}^{-1}$，V 带传动 $\lambda_2=0.0004\ \mathrm{kh}^{-1}$，单级齿轮减速器 $\lambda_3=0.00002\ \mathrm{kh}^{-1}$。试为各组成部分分配适当的可靠度。

5-10　某两级齿轮减速器，其四个齿轮的预计可靠度分别为 $R_1=0.89$，$R_2=0.96$，$R_3=0.9$，$R_4=0.97$，且各齿轮的费用函数相同，其他零件的可靠度取为 1，要求该系统的可靠度为 $R_s=0.82$。试按花费最小原则为四个齿轮分配可靠度。

5-11　某系统由电动机、带传动和单机齿轮减速器组成。各组成部分所含的重要零件数分别为：电动机 $N_1=6$，带传动 $N_2=4$，单级齿轮减速器 $N_3=10$。若要求系统工作 1000 h 时的可靠度为 $R_s=0.95$，试将可靠度分配给各单元。

第 6 章　故障模式、影响及危害性分析

6.1　概　　述

故障模式、影响及危害性分析(failure mode effects and criticality analysis,FMECA)是分析产品所有可能的故障模式及其可能产生的影响,并按照每种故障模式产生影响的严重程度及其发生的概率给以分类的一种归纳分析方法,属于单因素分析方法。FMECA 由故障模式及影响分析(failure mode effects analysis,FMEA)和危害性分析(criticality analysis,CA)两部分组成。只有在进行故障模式及影响分析的基础上,才能进行危害性分析。FMECA 是产品可靠性分析的一个重要的工作项目,也是开展维修性分析、安全性分析、测试性分析和保障性分析的基础。

FMECA 起源于美国。20 世纪 50 年代,美国格鲁门飞机公司在研制飞机主操纵系统时采用了 FMEA 方法,取得了良好的效果。研究人员在 FMEA 的基础上,扩展出了 CA 方法,判断故障模式影响的程度具体有多大,使得分析实现了定量化。FMECA 方法在航空、航天、舰船、兵器、机械、汽车及医疗设备等领域得到了广泛的应用,并取得了显著的成果。当前,FMECA 已成为系统研制过程中必须完成的一项可靠性分析工作。

在产品寿命周期各阶段,采用 FMECA 的方法及目的略有不同,如表 6-1 所示。虽然各个阶段 FMECA 的形式不同,但根本目的均是从不同角度发现产品的各种缺陷与薄弱环节,并采取有效的改进和补偿措施以提高其可靠性水平。

表 6-1　产品寿命周期各阶段的 FMECA 方法及目的

产品寿命周期各阶段	方　法	目　的
论证、方案阶段	功能 FMECA	分析研究产品功能设计的缺陷与薄弱环节,为产品功能设计的改进和方案权衡提供依据
工程研制与定型阶段	功能 FMECA 硬件 FMECA 软件 FMECA 损坏模式及影响分析(DMEA) 过程 FMECA	分析研究产品硬件、软件设计的缺陷与薄弱环节,为产品的硬件、软件设计的改进和方案权衡提供依据
生产阶段	过程 FMECA	分析研究产品生产工艺的缺陷和薄弱环节,为产品生产工艺的改进提供依据
使用阶段	硬件 FMECA 软件 FMECA 损坏模式及影响分析(DMEA) 过程 FMECA	分析研究产品使用过程中可能或实际发生的故障及其原因、影响,为提高产品使用可靠性,产品的改进、改型或新产品的研制,以及使用维修决策等提供依据

产品的设计 FMECA 工作应与产品的设计同步进行。产品在论证与方案阶段、工程研制阶段的早期主要考虑产品的功能组成，对其进行功能 FMECA；在工程研制阶段、定型阶段，主要是采用硬件（含 damage mode effects analysis，DMEA）、软件 FMECA。随着产品设计状态的变化，应不断更新 FMECA，以及时发现设计中的薄弱环节并加以改进。过程 FMECA 是产品生产工艺中运用 FMECA 方法的分析工作，它应与工艺设计同步进行，以及时发现工艺实施过程中可能存在的薄弱环节并加以改进。在产品使用阶段，利用使用中的故障信息进行 FMECA 工作，以及时发现使用中的薄弱环节并加以纠正。

6.2　故障模式、影响及危害性分析相关基础

1. FMECA 计划及方法

FMECA 计划包括为实现标准 GJB/Z 1391—2006 规定的要求，并随着设计的更改适时地进行 FMECA，以及利用分析结果为设计提供实施该标准所需的全部工作。它可作为技术协议和技术合同的一部分，并为订购方监督与评价承制方开展 FMECA 工作提供依据。

FMECA 计划规定了产品寿命周期不同阶段所选用的 FMECA 方法、表格格式、定义约定层次、编码体系、任务描述、故障判据、严酷度类别、所需的主要信息（输入要求）、FMECA 报告（输出结果）、评审、职责与分工等主要内容，并包括完成 FMECA 工作的步骤、实施和工作进度要求等。FMECA 计划应与产品可靠性、维修性、安全性、测试性、保障性等工作要求，以及有关标准要求相互协调、统筹安排。

根据产品寿命周期不同阶段的需求，按照表 6-1 的内容，并针对被分析对象的技术状态、信息量等情况，选取一种或多种 FMECA 方法进行分析。根据表 6-1 的内容选用不同的 FMECA 方法对产品进行功能/硬件 FMECA 时，选用“功能及硬件故障模式及影响分析（FMEA）表”和“危害性分析（CA）表”；对产品进行软件 FMECA 时，选用“嵌入式软件 FMEC 表”；对产品进行损坏模式及影响 FMECA 时，选用“损坏模式及影响分析（DMEA）表”；对产品进行工艺 FMECA 时，选用“工艺 FMECA 表”。在使用中需要注意：FMECA 表可按被分析对象的实际情况进行综合、选取、增删，例如 FMEA 表和 CA 表可合并为 FMECA 表。

2. 约定层次

在对产品实施设计 FMECA 时，应明确分析对象，即明确约定层次的定义；进行过程 FMECA 时，可采用产品工艺流程各个环节作为分析对象，考虑工艺中可能发生的缺陷对下一道工序、被加工产品或最终产品的影响。

约定层次既可以按产品的功能层次关系定义，又可按产品的硬件结构层次关系定义。具体选用何种约定层次划分方法，将取决于分析中所选用的 FMECA 方法。当选用功能 FMECA 方法时，应针对产品的功能层次关系划分约定层次；当选用硬件 FMECA 方法时，应针对产品的硬件结构层次关系划分约定层次。

划分约定层次的注意事项如下。

（1）FMECA 中的约定层次，划分为“初始约定层次”“约定层次”和“最低约定层次”。如图 6-1 所示为某型战斗机液压系统约定层次划分。

（2）当分析复杂产品时，应按产品研制的总体单位和配套单位的技术责任关系明确各自开展 FMECA 的产品范围。产品总体单位首先应将研制的装备定义为初始约定层次，并对其

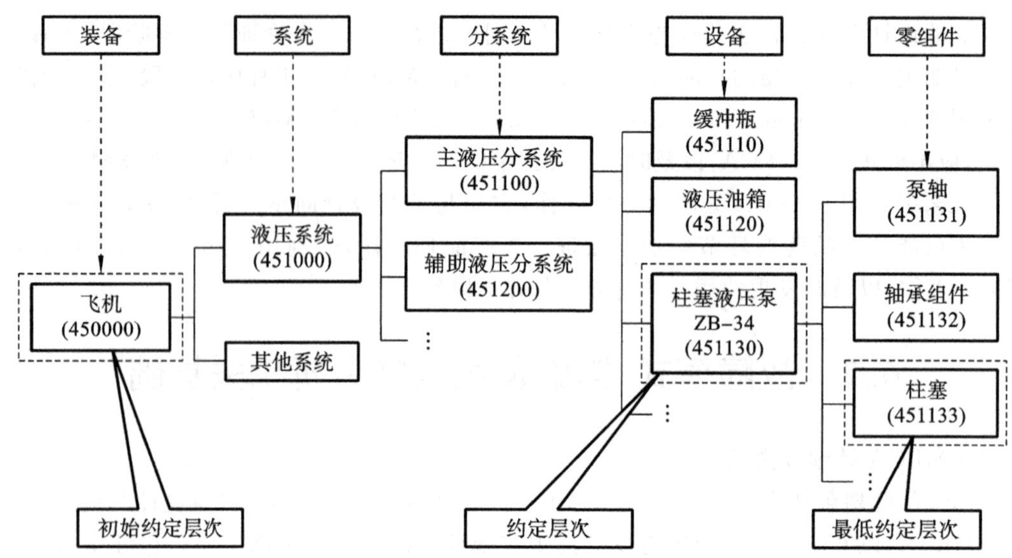

图 6-1　某型战斗机液压系统约定层次划分

他配套研制单位提出最低约定层次的划分原则。约定层次划分得越多越细，FMECA 的工作量就越大。

(3) 对于采用了成熟设计、继承性较好且经过了可靠性、维修性和安全性等良好验证的产品，其约定层次可划分得少而粗；反之，可划分得多而细。

(4) 在确定最低约定层次时，可参照约定的或预定维修级别上的产品层次(如维修可更换单元)。

(5) 每个约定层次的产品应有明确定义(包括功能、故障判据等)。当约定层次的级数较多(一般大于 3 级)时，应从下至上按约定层次的级别不断分析，直至初始约定层次相邻的下一个层次为止，进而构成完整产品的 FMECA。

3. 编码体系制订

为了对产品的每种故障模式进行统计、分析、跟踪和反馈，应根据产品的功能及结构分解或所划分的约定层次，制订编码体系。其注意事项是：编码体系应符合产品功能及结构层次的上、下级关系；能体现约定层次的上、下级关系，与产品的功能框图和可靠性框图相一致；符合或采用有关标准或文件的要求；对产品各组成部分应具有唯一、简明和适用等特性；与产品的规模相一致，并具有一定的可追溯性。

4. 产品任务描述

在 FMECA 工作中应对产品完成任务的要求及其环境条件进行描述，这种描述一般用任务剖面来表示。任务剖面是产品在完成规定任务的时间内所经历的事件和环境的时序描述。若被分析的产品存在多个任务剖面，则应对每个任务剖面分别进行描述；若被分析的产品的每一个任务剖面又由多个任务阶段组成，且每一个任务阶段又可能有不同的工作方式，则对此情况需进行说明或描述。

5. 故障判据

故障判据主要包括：①产品在规定的条件下和规定时间内，不能完成规定的功能；②产品在规定的条件下和规定时间内，某些性能指标不能保持在规定的范围内；③产品在规定的条件下和规定时间内，对人员、环境、能源和物资等方面的影响超出了允许范围；④技术协议或其他文件规定的故障判据。

故障判据是判别产品故障的依据，是承制方和订购方根据产品的功能、性能指标、使用环境等允许极限共同确定的。应对产品的组成、功能及技术要求，以及进行 FMECA 工作的目的等有清晰的理解，进而针对特定产品准确地给出故障判据的具体内容(包含功能界限和性能界限等)，以避免 FMECA 工作的随意性和模糊性。

6. 严酷度

在进行故障影响分析之前，应对故障模式的严酷度类别(或等级)进行定义。它是根据故障模式最终可能导致的人员伤亡、任务失败、产品损坏(或经济损失)和环境损害等方面的程度进行确定的。常用的严酷度类别及定义如表 6-2 所示。

定义严酷度类别的注意事项：①严酷度类别仅是按故障模式造成的最坏的潜在后果确定的；②严酷度类别仅是按故障模式对“初始约定层次”的影响程度确定的；③严酷度类别划分有多种方法，但对同一产品进行 FMECA 时，其划分方法应保持一致。

表 6-2　常用的严酷度类别及定义

严酷度类别	严重程度定义
Ⅰ类(灾难的)	引起人员死亡或产品毁坏、重大环境损害
Ⅱ类(致命的)	引起人员的严重伤害或重大经济损失，或导致任务失败、产品严重损坏及严重环境损害
Ⅲ类(中等的)	引起人员的中等程度伤害或中等程度的经济损失，或导致任务延误/降级、产品中等程度的损坏及中等程度环境损害
Ⅳ类(轻度的)	不足以导致人员伤害、轻度经济损失、产品轻度损坏及环境轻度损害，但它会导致非计划性维护或修理

7. FMECA 所需的主要信息

FMECA 所需的主要信息如表 6-3 所示。应全面而广泛地收集、分析、整理有关被分析对象的相关资料，以作为进行 FMECA 的信息输入。

表 6-3　FMECA 所需的主要信息

序号	信息来源	从信息来源中可获取 FMECA 所属的主要信息	所获信息的作用
1	技术规范与研制方案	从设计技术规范和研制方案中获取产品的性能任务及任务阶段、环境条件、工作原理、结构组成、试验和使用要求等	可以确定 FMECA 工作的深度和广度； 为设计 FMECA 工作提供支持
		从生产工艺技术规范中获取生产过程流程、工序目的和要求等	为过程 FMECA 工作提供支持
2	设计图样及有关资料	从设计图样可获取初始约定层次产品直至最低约定层次产品的结构、接口关系等信息； 从生产工艺设计资料可获取生产过程流程说明、过程特性矩阵，以及相关工艺设计、工艺规程等信息	设计初期的工作原理图可为功能 FMECA 提供支持，详细设计图样为硬件及软件 FMECA、DMEA 提供支持； 生产工艺设计资料为过程 FMECA 提供支持

续表

序号	信息来源	从信息来源中可获取FMECA所属的主要信息	所获信息的作用
3	可靠性设计分析及试验	从产品可靠性设计分析及试验资料中获取故障信息或数据;当无试验数据时,可从某些标准、手册、资料中和软件测试中获取故障信息或数据	为设计FMECA的定性、定量分析提供支持
		从生产工艺可获取生产过程中的故障模式、影响及风险结果等信息	为过程FMECA的定性、定量分析提供支持
4	过去的经验、相似产品的信息	从产品的使用维修中获取检测周期、预防维修工作要求、可能出现的硬件/软件故障模式(含损坏模式)、设计改进或使用补偿措施等; 从相似产品中获取有关FMECA信息	为设计FMECA、过程FMECA工作的开展提供支持

8. FMECA工作的分工

FMECA工作应由产品设计人员或工艺设计人员完成,即“谁设计,谁分析”。可靠性专业人员应协助设计人员完成分析工作,提供实施FMECA的程序、方法,并进行指导与会签。应明确装备总体单位和配套单位之间的工作接口关系。FMECA工作应分工明确,责任到人,严格实行岗位责任制。

9. FMECA报告

FMECA报告的主要内容如下。

(1) 概述。包括:实施FMECA的目的、产品所处的寿命周期阶段、分析任务的来源等基本情况;实施FMECA的前提条件和基本假设的有关说明;编码体系、故障判据、严酷度定义、FMECA方法的选用说明;FMEA、CA表选用说明;分析中使用的数据来源说明;其他有关解释和说明等。

(2) 产品的功能原理。说明被分析产品的功能原理和工作,并指明本次分析所涉及的系统、分系统及其相应的功能,并进一步划分FMECA的约定层次。

(3) 系统定义。包括:被分析产品的功能分析、绘制功能框图和任务可靠性框图。

(4) 填写的FMEA、CA表的汇总及说明。

(5) 结论与建议。包括:结论阐述;对无法消除的严酷度Ⅰ、Ⅱ类单点故障模式或严酷度Ⅰ、Ⅱ类故障模式的必要说明;对其他可能的设计改进措施和使用补偿措施的建议,以及执行措施后的预计效果说明。

(6) FMECA清单。根据FMECA表的结果确定“严酷度Ⅰ、Ⅱ类单点故障模式清单”和“可靠性关键重要产品清单”。

(7) 附件。包括:FMEA、CA表;危害性矩阵图等。

应对FMECA的结果和报告进行评审。可结合产品研制各阶段节点评审或其他技术评审进行评审,也可进行FMECA单项评审。FMECA是有效的可靠性分析方法,但在分析过程、评审中还应与其他可靠性分析方法相结合,例如与故障树分析(FTA)、事件树分析(ETA)等方法相结合。

6.3　故障模式、影响及危害性分析的具体内容

6.3.1　功能/硬件 FMECA

1. 故障模式分析

1）功能/硬件 FMECA 的目的和方法

功能/硬件 FMECA 的目的是找出产品在功能及硬件设计中所有可能的故障模式、原因及影响，并针对其薄弱环节，提出设计改进和使用补偿措施。

功能/硬件 FMECA 方法的综合比较如表 6-4 所示。具体选用何种分析方法视实际情况而定。

表 6-4　功能/硬件 FMECA 方法的综合比较

序号	项目		功能 FMECA	硬件 FMECA
1	内涵		根据产品的每种功能故障模式，对各种可能导致该功能故障模式的原因及其影响进行分析； 使用该方法时，应将输出功能一一列出	根据产品的每种硬件故障模式，对各种可能导致该硬件故障模式的原因及其影响进行分析
2	使用条件及时机		产品的构成尚不确定或不完全确定时，采用功能 FMECA。一般用于产品的论证、方案阶段或工程研制阶段早期	产品设计图样及其他工程设计资料已确定。 一般用于产品的工程研制阶段
3	适用范围		一般从初始约定层次产品向下分析，即自上而下地分析，也可从产品任一功能级开始向任一方向进行分析	一般从元器件级直至装备级，即自下而上地分析，也可从任一层次产品开始向任一方向进行分析
4	分析人员需掌握的资料		产品及功能故障的定义； 产品功能框图； 产品工作原理； 产品边界条件及假设等	产品的全部原理及其相关资料（例如原理图、装配图等）； 产品的层次定义； 产品的构成清单及元器件、零组件、材料明细表，等等
5	特点	相似点	其结果可获得产品“严酷度Ⅰ、Ⅱ类单点故障模式清单”“可靠性关键重要产品清单”等	其结果可获得产品“严酷度Ⅰ、Ⅱ类功能故障模式清单”“关键功能项目清单”等
		优点	分析比较严格，应用较广泛	分析相对比较简单
		缺点	需有产品设计图及其他设计资料	可能忽略某些功能故障模式

2）功能/硬件 FMECA 的步骤

FMECA 是由故障模式及影响分析（FMEA）和危害性分析（CA）所组成的。CA 是对 FMEA 的补充和扩展，只有先进行 FMEA，才能进行 CA。功能/硬件 FMECA 的步骤如图6-2所示。

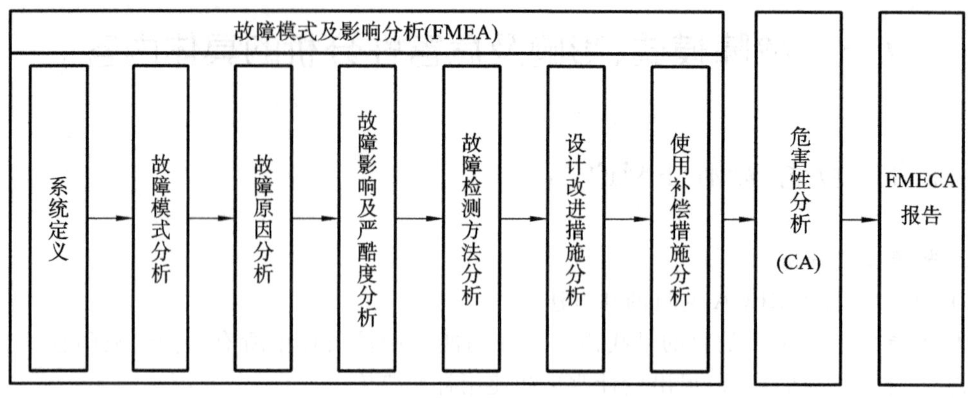

图 6-2 功能/硬件 FMECA 的步骤

(1) 系统定义。

系统定义的目的是使分析人员有针对性地对被分析产品在给定任务功能下进行所有可能的故障模式、原因和影响分析。系统定义可概括为产品功能分析和绘制框图(功能框图、任务可靠性框图)两个部分。

①产品功能分析。在描述产品任务后,对产品在不同任务剖面下的主要功能、工作方式(如连续工作、间歇工作或不工作等)和工作时间等进行分析,并应充分考虑产品接口部分的分析。

②绘制框图。功能框图:描述产品的功能可以采用功能框图方法。它不同于产品的原理图、结构图、信号流图,是表示产品各组成部分所承担的任务或功能间的相互关系,以及产品每个约定层次间的功能逻辑顺序、数据(信息)流、接口的一种功能模型。任务可靠性框图:任务可靠性框图是描述产品整体可靠性与其组成部分的可靠性之间的关系的框图。它不反映产品间的功能关系,而是表示故障影响的逻辑关系。如果产品具有多项任务或多种工作模式,则应分别建立相应的任务可靠性框图。

系统定义的注意事项:完整的系统定义包括产品的每项任务、每一任务阶段及各种工作方式的功能描述;功能指产品的主要功能;应对产品的任务时间要求进行定量说明;明确功能及任务可靠性框图的含义、作用和绘制方法。

(2) 故障模式分析。

故障模式分析的目的是找出产品所有可能出现的故障模式,其主要内容如下。

①不同 FMEA 方法的故障模式分析:当选用功能 FMEA 时,根据系统定义中的功能描述、故障判据,确定所有可能的功能故障模式,进而对每种功能故障模式进行分析;当选用硬件 FMEA 时,根据被分析产品的硬件特征,确定所有可能的硬件故障模式(如电阻器的开路、短路和参数漂移等),进而对每种硬件故障模式进行分析。

②故障模式的获取方法:在进行 FMEA 时,一般可以通过统计、试验、分析、预测等方法获取产品的故障模式。对现有的产品,可以该产品在过去的使用中所发生的故障模式为基础,再根据该产品使用环境条件的异同进行分析修正,进而得到该产品的故障模式;对新的产品,可根据该产品的功能原理和结构特点进行分析、预测,进而得到该产品的故障模式,或以与该产品具有相似功能和相似结构的已有产品所发生的故障模式为基础,分析判断该产品的故障模式;对引进国外货架产品,应向外商索取其故障模式,或以具有相似功能和相似结构的已有产品所发生的故障模式基础,分析判断该产品的故障模式。

③常用元器件、零组件的故障模式：对常用的元器件、零组件，可从国内外某些标准、手册中确定其故障模式。

④典型的故障模式：当用②、③中的方法不能获得故障模式时，可参照表 6-5、表 6-6 所列典型故障模式确定被分析产品可能的故障模式。表 6-5 所示内容较简略，适用于产品设计初期的故障模式分析；表 6-6 所示内容较详细，适用于产品详细设计的故障模式分析。

表 6-5　典型的故障模式(较简略)

序号	故障模式
1	提前工作
2	在规定的工作时间内不工作
3	在规定的非工作时间内工作
4	间歇工作或工作不稳定
5	工作中输出消失或故障(如性能下降等)

表 6-6　典型的故障模式(较详细)

序号	故障模式	序号	故障模式	序号	故障模式	序号	故障模式
1	结构故障(破损)	12	超出允差(下限)	23	滞后运行	34	折断
2	捆结或卡死	13	意外运行	24	输入过大	35	动作不到位
3	共振	14	间歇性工作	25	输入过小	36	动作过位
4	不能保持正常位置	15	漂移性工作	26	输出过大	37	不匹配
5	打不开	16	错误指示	27	输出过小	38	晃动
6	关不上	17	流动不畅	28	无输入	39	松动
7	误开	18	错误动作	29	无输出	40	脱落
8	误关	19	不能关机	30	(电的)短路	41	弯曲变形
9	内部漏泄	20	不能开机	31	(电的)开路	42	扭转变形
10	外部漏泄	21	不能切换	32	(电的)参数漂移	43	拉伸变形
11	超出允差(上限)	22	提前运行	33	裂纹	44	压缩变形

故障模式分析的注意事项：

①应区分功能故障和潜在故障。功能故障指产品或产品的一部分不能完成预定功能的事件或状态；潜在故障指产品或产品的一部分将不能完成预定功能的事件或状态，它是指示功能故障将要发生的一种可鉴别(人工观察或仪器检测)的状态。例如，轮胎磨损到一定程度(可鉴别的状态，属潜在故障)将发生爆胎故障(属功能故障)。图 6-3 所示为某金属材料件的功能故障与潜在故障。

②产品具有多种功能时，应找出该产品每个功能全部可能的故障模式。

③复杂产品一般具有多种任务功能，应找出该产品在每一个任务剖面下每一个任务阶段可能的故障模式。

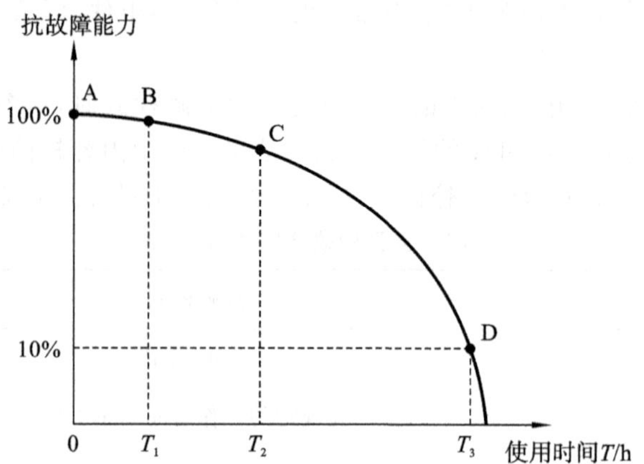

图 6-3 某金属材料件的功能故障与潜在故障

A—无故障；B—初始裂纹，不可见；C—潜在故障，裂纹可见；D—功能故障，断裂

(3) 故障原因分析。

故障原因分析的目的是找出每种故障模式产生的原因，进而采取针对性的有效改进措施，防止或减少故障模式发生。

故障原因分析的方法：一是从导致产品发生功能故障模式或潜在故障模式的那些物理、化学或生物变化过程等方面找故障模式发生的直接原因；二是从外部因素（如其他产品的故障、使用、环境和人为因素等）方面找产品发生故障模式的间接原因。

故障原因分析的注意事项如下。

①正确区分故障模式与故障原因。故障模式一般是可观察到的故障表现形式，而故障模式的直接原因或间接原因是设计缺陷、制造缺陷或外部因素等。

②应考虑产品相邻约定层次的关系。因为下一约定层次的故障模式往往是上一约定层次的故障原因。

③当某个故障模式存在两个以上故障原因时，在 FMEA 表"故障原因"栏中均应逐一注明。

(4) 故障影响及严酷度分析。

故障影响分析的目的是找出产品每种可能的故障模式所产生的影响，并对其严重程度进行分析。每种故障模式的影响一般分为三级：局部影响、高一层次影响和最终影响（见表6-7）。故障影响的严酷度类别应按每种故障模式的最终影响的严重程度确定。

表 6-7 按约定层次划分故障模式的影响等级

等级	定　义
局部影响	某产品故障模式对该产品自身及所在约定层次产品的使用、功能或状态的影响
高一层次影响	某产品故障模式对该产品所在约定层次的紧邻上一层次产品的使用、功能或状态的影响
最终影响	某产品故障模式对初始约定层次产品的使用、功能或状态的影响

故障影响分析的注意事项如下。

①切实掌握故障影响不同等级的定义（见表 6-7）。

②明确不同层次的故障模式和故障影响存在着一定的关系，即低层次产品故障模式对紧邻上一层次产品的影响就是，低层次故障模式是紧邻上一层次的故障原因，由此推论可得出不同约定层次产品之间的迭代关系。

③对于采用了余度设计、备用工作方式设计或故障检测与保护设计的产品，在 FMEA 中应暂不考虑这些设计措施，而直接分析产品故障模式的最终影响，并根据这一最终影响确定其严酷度等级。对此情况，应在 FMEA 表中指明产品针对这种故障模式影响已采取了上述设计措施。若需要更仔细地分析其影响，则应借助于故障模式危害性分析。

(5) 故障检测方法分析。

故障检测方法分析的目的是为产品的维修性与测试性设计及维修工作分析等提供依据。

故障检测方法的主要内容一般包括目视检查、原位检测、离位检测等，其检测手段和装置有机内测试(BIT)、遥测、自动传感装置、音响报警装置、显示报警装置等。故障检测一般分为事前检测与事后检测两类。对于潜在故障模式，应尽可能在设计中采用事前检测方法。

故障检测方法分析的注意事项如下。

①当确无故障模式检测手段时，在 FMEA 表中的相应栏内填写“无”，并在设计中予以关注。当 FMEA 结果表明不可检测的故障模式会引起高严酷度(由不可检测故障本身或与其他故障模式组合造成)时，还应将这些不可检测的故障模式列为清单。

②根据需要，增加必要的检测点，以便区分是哪个故障模式引起产品发生故障。

③从可靠性或安全性出发，应及时对冗余系统每个组成部分进行故障检测、及时维修，以保持或恢复冗余系统的固有可靠性。

(6) 设计改进与使用补偿措施分析。

设计改进与使用补偿措施分析的目的是针对每种故障模式的影响，分析在设计与使用方面采取哪些措施，可消除或减轻故障影响，进而提高产品的可靠性。

设计改进与使用补偿措施的主要内容：①设计改进措施。包括：当产品发生故障时，系统是否具备能够继续工作的冗余设备；安全或保险装置(例如监控及报警装置)；替换的工作方式(例如备用或辅助设备)；可以消除或减轻故障影响的设计改进(例如优选元器件、热设计、降额设计等)。②使用补偿措施，指为了尽量避免或预防故障的发生，在使用和维护规程中规定的使用维护措施。

设计改进与使用补偿措施分析的注意事项：分析人员要认真进行设计改进与使用补偿措施方面的分析，应尽量避免在填写 FMEA 表时，“设计改进措施”与“使用补偿措施”栏内均填“无”。

功能/硬件 FMEA 的实施，一般是通过填写 FMEA 表进行的，常用的 FMEA 表如表 6-8 所示。表 6-8 中，“初始约定层次”栏填写初始约定层次的产品名称；“约定层次”栏填写正在被分析的产品紧邻的上一层次产品，当“约定层次”的级数较多(一般大于 3 级)时，应从下至上按“约定层次”的级别不断分析，直至“约定层次”为“初始约定层次”相邻的下级时，才构成一套完整的 FMEA 表；“任务”栏填写初始约定层次所需完成的任务，若初始约定层次具有不同的任务，则应分开填写 FMEA 表。表 6-8 中各栏目的填写说明见表中相应栏目的描述。

表 6-8　功能/硬件故障模式及影响分析(FMEA)表

初始约定层次	任　务	审核	第　页 · 共　页
约定层次	分析人员	批准	填表日期

代码	产品或功能标志	功能	故障模式	故障原因	任务阶段与工作方式	故障影响			严酷度类别	故障检测方法	设计改进措施	使用补偿措施	备注
						局部影响	高一层次影响	最终影响					
对每个产品采用一种编码体系进行标记	记录被分析产品或功能的名称与标志	简要描述产品所具有的主要功能	根据故障模式分析的结果，依次填写每个产品的所有故障模式	根据故障原因分析结果，依次填写每种故障模式的所有故障原因	根据任务剖面依次填写发生故障时的任务阶段与该阶段内产品的工作方式	根据故障影响分析的结果，依次填写每种故障模式的局部影响、高一层次影响和最终影响，并分别填入对应栏			根据最终影响分析的结果，按每种故障模式确定其严酷度类别	根据产品故障模式原因、影响等分析结果，依次填写故障检测方法	根据故障影响、故障检测等分析结果，依次填写设计改进与使用补偿措施		简要记录对其他栏的注释和补充说明

2. 危害性分析

1）危害性分析的目的和方法

危害性分析(CA)的目的是对产品每种故障模式的严重程度及其发生的概率所产生的综合影响进行分类，以全面评价产品所有可能出现的故障模式的影响。

2）危害性分析常用的方法

危害性分析常用的方法有风险优先数方法和危害性矩阵分析方法。

(1) 风险优先数方法。

风险优先数(risk priority number,RPN)方法是对产品每个故障模式的 RPN 值进行优先排序，并采取相应的措施，使 RPN 值达到可接受的最低水平。产品某种故障模式的 RPN 值等于该故障模式影响的严酷度等级(effect severity rank,ESR)和故障模式发生概率等级(occur probability rank,OPR)的乘积，表示为

$$\mathrm{RPN}=\mathrm{ESR}\times\mathrm{OPR} \tag{6-1}$$

式中：RPN 数值越大，表示危害性越大。

ESR 和 OPR 的评分准则如下。

①故障模式影响的严酷度等级(ESR)评分准则：ESR 是评定某种故障模式最终影响程度的参数。表 6-9 所示为 ESR 的评分准则。在分析中，该评分准则应综合所分析产品的实际情况，尽可能详细规定。

表 6-9　故障模式影响的严酷度等级(ESR)评分准则

ESR 评分	严酷度等级	故障影响的严重程度
1,2,3	轻度的	不足以导致人员伤害、产品轻度损坏、轻度的财产损失及轻度环境损坏，但它会导致非计划性维护或修理
4,5,6	中等的	导致人员中等程度伤害、产品中等程度损坏、任务延误或降级、中等程度财产损坏及中等程度环境损害

续表

ESR 评分	严酷度等级	故障影响的严重程度
7,8	致命的	导致人员严重伤害、产品严重损坏、任务失败、严重财产损坏及严重环境损害
9,10	灾难的	导致人员死亡、产品(如飞机、坦克、导弹及船舶等)毁坏、重大财产损失和重大环境损害

②故障模式发生概率等级(OPR)评分准则:OPR 是评定某个故障模式实际发生的可能性的参数。表 6-10 所示为 OPR 的评分准则,表中“故障模式发生概率 P_m参考范围”是对应各评分等级给出的预计该故障模式在产品的寿命周期内发生的概率,该值在具体应用中可以视情定义。

表 6-10　故障模式发生概率等级(OPR)的评分准则

OPR 评分	故障模式发生的可能性	故障模式发生概率 P_m 参考范围
1	极低	$P_m \leqslant 10^{-6}$
2、3	较低	$1\times10^{-6} < P_m \leqslant 1\times10^{-4}$
4、5、6	中等	$1\times10^{-4} < P_m \leqslant 1\times10^{-2}$
7、8	高	$1\times10^{-2} < P_m \leqslant 1\times10^{-1}$
9、10	非常高	$P_m > 10^{-1}$

(2) 危害性矩阵分析方法。

危害性矩阵分析方法的目的是比较每个产品及其故障模式的危害性程度,为确定产品改进措施的先后顺序提供依据。它分为定性的危害性矩阵分析方法和定量的危害性矩阵分析方法。当不能获得产品故障数据时,应选择定性的危害性矩阵分析方法;当可以获得较为准确的产品故障数据时,则选择定量的危害性矩阵分析方法。

定性的危害性矩阵分析方法将每种故障模式发生的可能性分成离散的级别,按所定义的等级对每种故障模式进行评定。根据每种故障模式出现概率大小,将其分为 A、B、C、D、E 五个不同的等级,如表 6-11 所示。结合工程实际,其等级及概率可以进行修正。评定故障模式概率等级之后,应用危害性矩阵图对每种故障模式进行危害性分析。

表 6-11　故障模式发生概率的等级划分

等级	定义	故障模式发生概率特征	故障模式发生概率(在产品使用时间内)
A	经常发生	高概率	某种故障模式发生概率大于产品总故障概率的 20%
B	有时发生	中等概率	某种故障模式发生概率大于产品总故障概率的 10%,小于 20%
C	偶然发生	不常发生	某种故障模式发生概率大于产品总故障概率的 1%,小于 10%
D	很少发生	不大可能发生	某种故障模式发生概率大于产品总故障概率的 0.1%,小于 1%
E	极少发生	近乎为零	某种故障模式发生概率小于产品总故障概率的 0.1%

定量的危害性矩阵分析方法主要按式(6-2)、式(6-3)分别计算每种故障模式的危害度 C_{mj}

和产品危害度 C_r，并对求得的 C_{mj} 和 C_r 值分别进行排序，或应用危害性矩阵图对每种故障模式的危害度 C_{mj}、产品危害度 C_r 进行危害性分析。

①故障模式的危害度 C_{mj}。

C_{mj} 是产品危害度的一部分。产品在工作时间 t 内，以第 j 种故障模式发生的某严酷度等级下的故障的危害度 C_{mj} 表示为

$$C_{mj} = \alpha_j \cdot \beta_j \cdot \lambda_p \cdot t \tag{6-2}$$

式中：$j=1,2,\cdots,N$，N 为产品的故障模式总数；α_j 为产品第 j 种故障模式发生次数与产品可能的故障模式总数的比，称为故障模式频数比，一般可通过统计、试验、预测等方法获得，α_j $(j=1,2,\cdots,N)$ 之和为 1，即

$$\sum_{j=1}^{N}\alpha_j = 1$$

β_j 为产品在第 j 种故障模式发生的条件下，其最终影响导致初始约定层次出现某严酷度等级的条件概率，称为故障模式影响概率，代表分析人员对产品故障模式、原因和影响等掌握的程度，通常按经验进行定量估计，表 6-12 所示为推荐值；λ_p 为被分析产品在其任务阶段内的故障率，单位为 h^{-1}；t 为产品任务阶段的工作时间，单位为 h。

表 6-12　故障模式影响概率 β 的推荐值

序号	1		2		3	
方法来源	标准推荐采用		国内某歼击飞机设计采用		GB/T 7826—2012	
β 推荐值	实际丧失	1	一定丧失	1	肯定损伤	1
	很可能丧失	0.1～1	很可能丧失	0.5～0.99	可能损伤	0.5
	有可能丧失	0～0.1	可能丧失	0.1～0.49	很少可能	0.1
	无影响	0	可忽略	0.01～0.09	无影响	0
			无影响	0		

②产品危害度 C_r。

产品的危害度 C_r 是该产品在给定的严酷度类别和任务阶段下的各种故障模式危害度 C_{mj} 之和，表示为

$$C_r = \sum_{j=1}^{N}C_{mj} = \sum_{j=1}^{N}\alpha_j \cdot \beta_j \cdot \lambda_p \cdot t \tag{6-3}$$

绘制危害性矩阵图的目的是比较每种故障模式影响的危害程度，为确定改进措施的先后顺序提供依据。危害性矩阵分析方法是在某个特定严酷度级别下，对每种故障模式的危害度或产品危害度的结果进行比较的方法。危害性矩阵与风险优先数（RPN）一样具有风险优先顺序的作用。

绘制危害性矩阵图的方法：横坐标一般按等距离表示严酷度等级；纵坐标为产品危害度 C_r 或故障模式危害度 C_{mj} 或故障模式发生概率等级，如图 6-4 所示。首先按 C_r 或 C_{mj} 的值或故障模式发生概率等级在纵坐标上查到对应的点，其次在横坐标上选取代表其严酷度类别的直线，并在直线上标注产品或故障模式的位置（利用产品或故障模式代码标注），从而构成产品或故障模式的危害性矩阵图，即在图 6-4 上得到各产品或故障模式危害性的分布情况。

危害性矩阵图的应用：从图 6-4 中所标记的故障模式分布点向对角线（图中虚线）作垂线，以该垂线与对角线的交点到原点的距离为度量故障模式（或产品）危害性的依据，距离越长，表

示危害性越大，应尽快采取改进措施。在图 6-4 中，01 长度比 02 的长，表示故障模式 M_1 比故障模式 M_2 的危害性大。

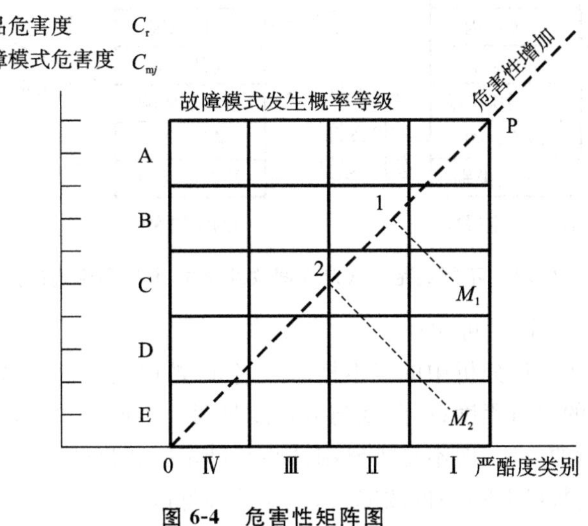

图 6-4　危害性矩阵图

CA 的实施与 FMEA 的实施一样，也采用填写表格的方式进行。常用的危害性分析表如表 6-13 所示。

表 6-13　危害性分析(CA)表

初始约定层次	任　务	审核	第　页·共　页
约定层次	分析人员	批准	填表日期

代码	产品或功能标志	功能	故障模式	故障原因	任务阶段与工作方式	严酷度类别	故障模式概率等级或故障数据源	故障率 λ_p/h^{-1}	故障模式频数比 α_j	故障影响概率 β_j	工作时间 t/h	故障模式危害度 C_{mj}	产品危害度 C_r	备注
①	②	③	④	⑤	⑥	⑦	⑧	⑨	⑩	⑪	⑫	⑬	⑭	⑮

在表 6-13 中，第①～⑦栏的内容与 FMEA 表(见表 6-11)中的内容相同，第⑧栏记录被分析产品的“故障模式概率等级或故障数据源”的来源，当采用定性分析方法时此栏只记录故障模式概率等级，并取消⑨～⑭栏。第⑨～⑭栏分别记录危害度计算的相关数据及计算结果。第⑮栏记录对其他栏的注释和补充。

功能/硬件 FMECA 的注意事项如下。

①重视 FMECA 计划工作。实施中应贯彻“边设计，边分析，边改进”和“谁设计，谁分析”的原则。

②明确约定层次间的关系。各约定层次间存在着一定的关系，即低层次产品的故障模式是紧邻上一层次的故障原因。

FMECA 是一个由下而上的分析迭代过程，如图 6-5 所示。注：假设此系统只有三个层次(即最低约定层次、约定层次和初始约定层次)，每一层次只有一个产品，每一个产品只有一种故障模式，每一种故障模式只有一个故障原因和影响。

③加强规范化工作。实施 FMECA，型号总体单位应加强规范化管理。型号总体单位应明确与各转承制单位之间的职责与接口分工，统一规范、技术指导，并跟踪其效果，以保证

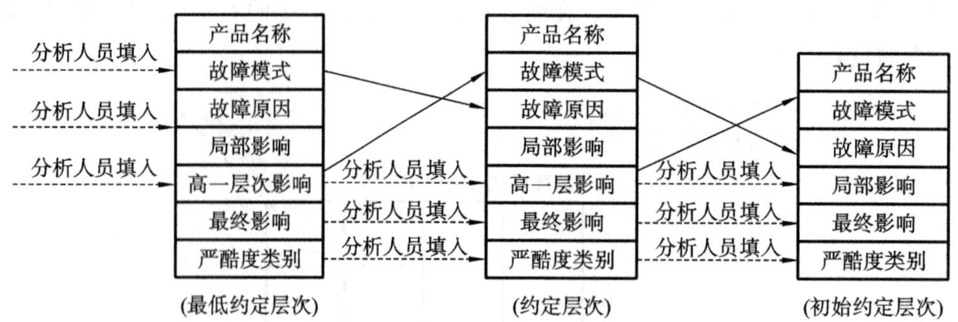

图 6-5　不同约定层次产品间故障模式、原因和影响的关系

FMECA 分析结果的正确性、可比性。

④深刻理解、切实掌握分析中的基本概念。诸如：严酷度是某一故障模式对"初始约定层次产品"的最终影响的严重程度；严酷度与危害度是两个不同概念；故障检测方法是产品运行或使用维修检查故障的方法，而不是指研制试验和可靠性试验过程中的检查故障方法，等等。

⑤对于风险优先数（RPN）高的故障模式，应从降低故障发生概率等级（OPR）和故障影响严酷度等级（ESR）两方面提出改进措施。在 RPN 分析中，可能出现不同的 OPR、ESR，但其积 RPN 相同，对此分析人员应对严酷度等级高的故障模式给予更大的关注。

⑥危害性分析时，若只能估计每一种故障模式发生的概率等级，则可在 FMEA 表中增加"故障模式发生概率等级"一栏，即将 FMEA 表变为定性的 CA 表，并可通过绘制危害性矩阵图进行定性的危害性分析。

⑦积累经验、注重收集信息，建立相应的故障模式及相关信息库。

⑧功能/硬件 FMECA 是一种静态、单因素的分析方法，在动态、多因素分析方面还很不完善。为了对产品进行全面分析，进行功能/硬件 FMECA 时还应结合其他故障分析方法。

3. 硬件 FMECA 分析应用

以某型军用飞机升降舵分系统为例说明硬件 FMECA 应用过程。

1）系统定义

（1）功能及组成。该军用飞机升降舵分系统的功能是操纵升降舵以保证飞机的纵向飞行。它是由安定面支承、轴承组件、扭力臂组件、操纵组件、配重组件和调整片组成的，如图6-6所示。

（2）约定层次。初始约定层次为该军用飞机，约定层次和最低约定层次的划分如图 6-6所示。

（3）绘制功能层次与结构层次对应图（见图 6-7）、任务可靠性框图（见图 6-8）。

（4）严酷度类别的定义。结合航空产品的特点，该军用飞机严酷度类别的定义如表 6-14所示。

（5）信息来源。FMECA 中的故障模式、原因、故障率 λ_p 等，基本上是对多个相似军用飞机群的现场、厂内信息进行调研、整理、归纳和分析后获得的。

表 6-14　某型军用飞机严酷度类别的定义

严酷度类别	严重程度定义
Ⅰ类（灾难的）	危及人员或飞机安全（如造成一等、二等飞行事故及重大环境损害）
Ⅱ类（致命的）	人员损伤或飞机部分损坏（如造成三等飞行事故及严重环境损害）

续表

严酷度类别	严重程度定义
Ⅲ类(中等的)	人员中等程度伤害或影响任务完成(如延误飞行、中断或取消飞行、降低飞行品质、增加着陆困难、中等程度环境损害)
Ⅳ类(轻度的)	无影响或影响很小，增加非计划性维护或修理

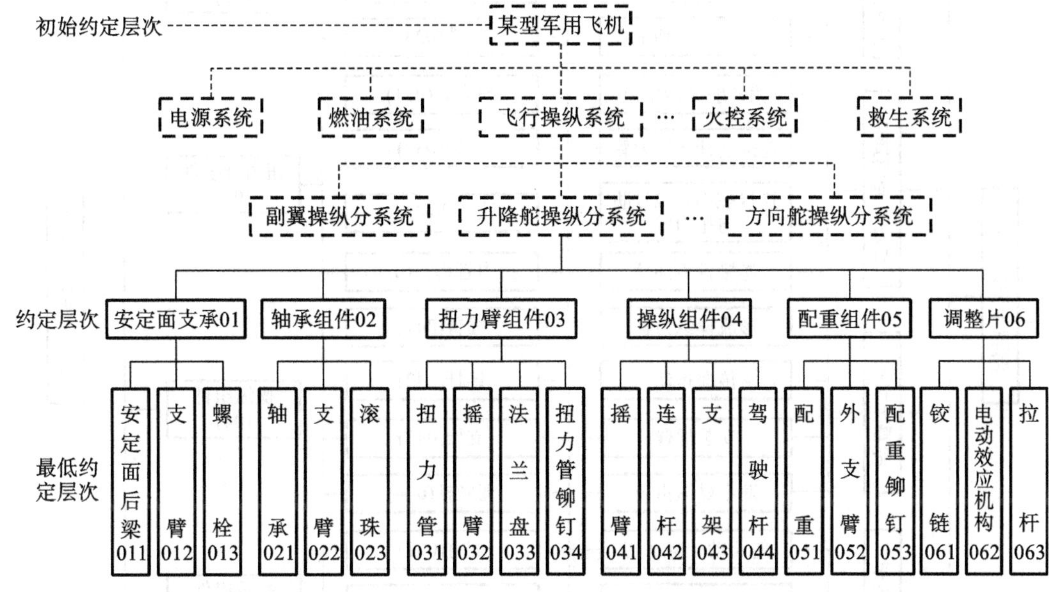

图 6-6　某型军用飞机升降舵操纵分系统的组成

2) 填写 FMECA 表

根据本例的实际情况，将 FMEA、CA 表合并成 FMECA 表，更加简明、直观并减少了工作量。结果如表 6-15 所示。

3) 结论

通过 FMECA 找出了该升降舵的薄弱环节，并采取了有针对性的有效改进措施，进而提高了该升降舵的可靠性，为确保该军用飞机首飞成功提供了技术支持。

6.3.2　过程 FMECA

过程 FMECA 可应用于产品生产过程、使用操作过程、维修过程、管理过程等。目前应用较多和比较成熟的是产品加工过程的工艺 FMECA。本节介绍工艺 FMECA。

1. 工艺 FMECA 的目的和步骤

工艺 FMECA 的目的是在假定产品设计满足要求的前提下，针对产品在生产过程中每个工艺步骤可能发生的故障模式、原因及其对产品造成的所有影响，按故障模式的风险优先数(RPN)值的大小，对工艺薄弱环节提出改进措施，并预测或跟踪采取改进措施后减小 RPN 值的有效性，使 RPN 值达到可接受的水平，进而提高产品的质量和可靠性。

工艺 FMECA 的步骤如图 6-9 所示。

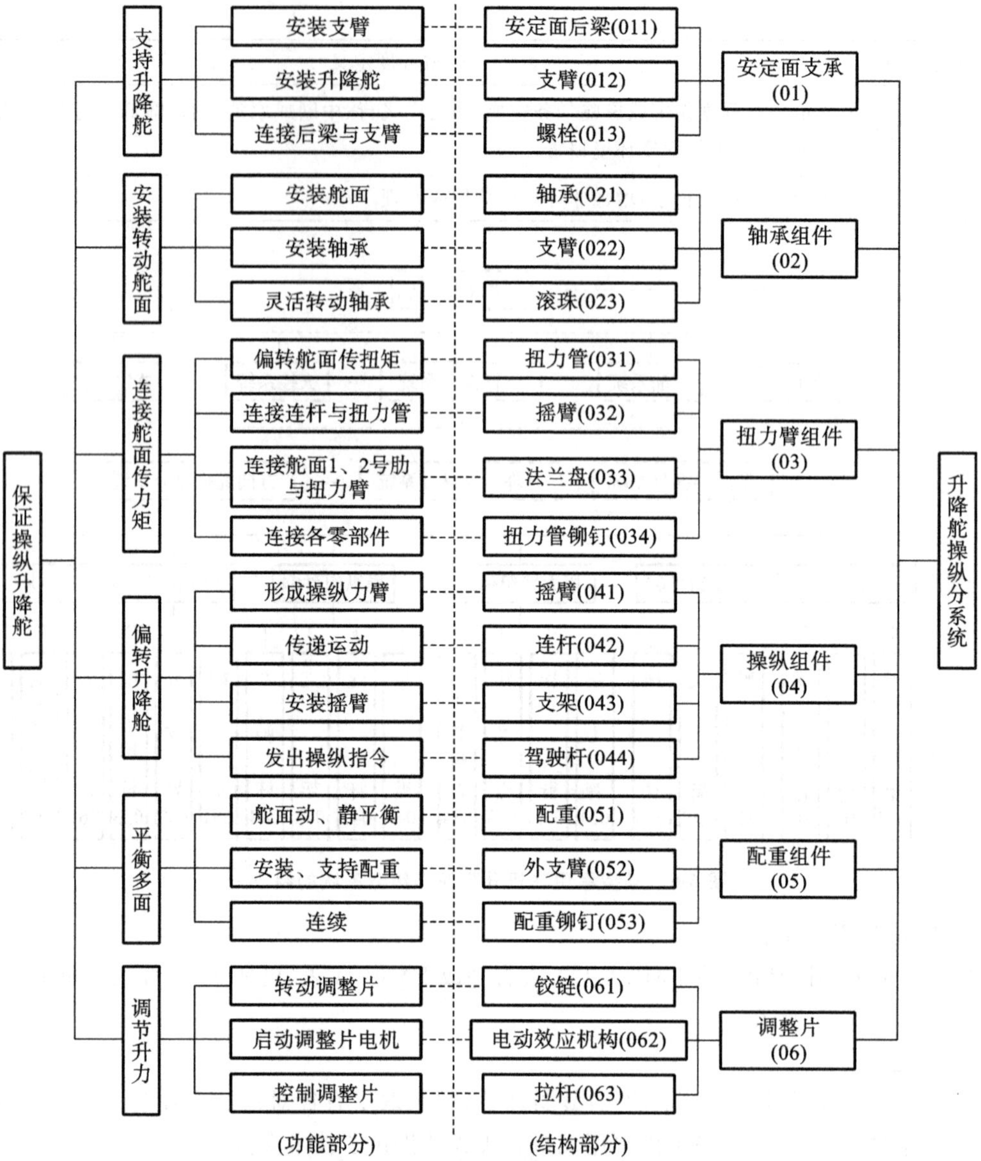

保证操纵升降舵
支持升降舵
安装支臂
安装升降舵
连接后梁与支臂
安装转动舵面
安装舵面
安装轴承
灵活转动轴承
连接舵面传力矩
偏转舵面传扭矩
连接连杆与扭力管
连接舵面1、2号肋与扭力臂
连接各零部件
偏转升降舱
形成操纵力臂
传递运动
安装摇臂
发出操纵指令
平衡多面
舵面动、静平衡
安装、支持配重
连续
调节升力
转动调整片
启动调整片电机
控制调整片
安定面后梁(011)
支臂(012)
螺栓(013)
轴承(021)
支臂(022)
滚珠(023)
扭力管(031)
摇臂(032)
法兰盘(033)
扭力管铆钉(034)
摇臂(041)
连杆(042)
支架(043)
驾驶杆(044)
配重(051)
外支臂(052)
配重铆钉(053)
铰链(061)
电动效应机构(062)
拉杆(063)
安定面支承 (01)
轴承组件 (02)
扭力臂组件 (03)
操纵组件 (04)
配重组件 (05)
调整片 (06)
升降舵操纵分系统
(功能部分)
(结构部分)

图 6-7　某型军用飞机升降舵操纵分系统功能层次与结构层次对应图

安定面后梁 (011)
支臂 (012)
螺栓 (013)
轴承 (021)
支臂 (022)
滚珠 (023)
扭力管 (031)
摇臂 (032)
法兰盘 (033)
扭力管铆钉 (034)
摇臂 (041)
连杆 (042)
支架 (043)
驾驶杆 (044)
配重 (051)
外支臂 (052)
配重铆钉 (053)
铰链 (061)
电动效应机构 (062)
拉杆 (063)

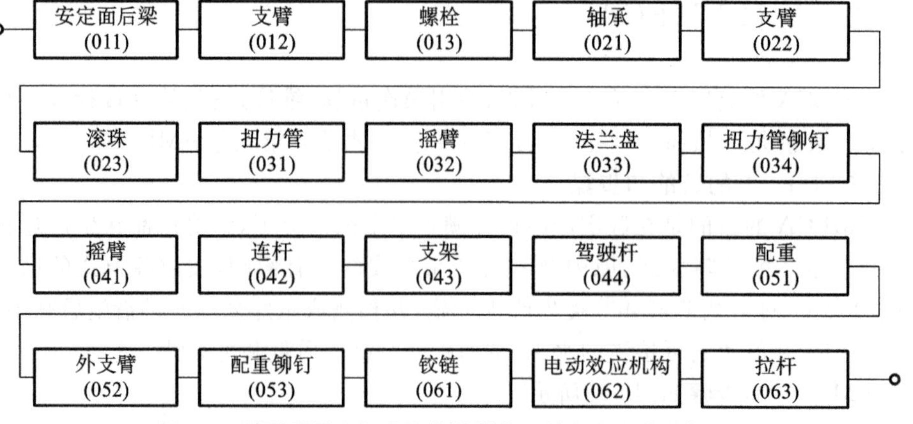

图 6-8　某型军用飞机升降舵操纵分系统任务可靠性框图

表 6-15　某型军用飞机升降操纵舵分系统 FMECA 表

初始约定层次：某型军用飞机　　任务：飞行　　审核：×××　　第×页・共×页

约定层次：升降舵操纵分系统　　分析：×××　　批准：×××　　填表日期：××××年××月××日

代码	产品或功能标志	功能	故障模式	故障原因	任务阶段与工作方式	故障影响			严酷度类别	故障检验方法	设计改进措施	使用补偿措施	故障率 λ_p 来源	故障模式危害度 C_m					产品危害度（$\times10^{-6}$）
						局部影响	高一层次影响	最终影响						α	β	$\lambda_p(\times10^{-6})$ /h^{-1}	t/h	$\alpha\beta\lambda_p t$ （$\times10^{-6}$）	
01	安定面支承（01）	支承升降舵	安定面后梁变形过大	刚度不够	飞行	安定面后梁变形超过允许范围	升降舵转动卡滞	损伤飞机	Ⅱ	无	增加结构抗弯刚度	功能检查	统计	0.02	0.8	15.6	0.33	0.0824	Ⅱ类：0.0824 Ⅲ类：0.252 Ⅳ类：0.0252
			支臂裂纹	疲劳	飞行	故障征候	故障征候	影响任务完成	Ⅲ	目视检查或无损检伤	增加抗疲劳强度	增加裂纹视情检查	统计	0.49	0.1	15.6	0.33	0.252	
			螺栓锈蚀	长期使用腐蚀	飞行	故障征候	影响很小	无影响	Ⅳ	目视检查	改进表面处理	定期维修	统计	0.49	0.1	15.6	0.33	0.0252	
02	轴承组件（02）	安装、转动舵面	轴承间隙过大	磨损	飞行	功能下降	功能下降	损伤飞机	Ⅱ	无	尺寸公差调整	加强润滑	统计	0.89	0.8	79.91	0.33	18.776	Ⅰ类：2.611 Ⅱ类：18.776
			滚珠掉出	磨损	飞行	丧失功能	丧失功能	危及飞机安全	Ⅰ	无	选高质量轴承	润滑更换	统计	0.11	0.9	79.91	0.33	2.611	
03	扭力臂组件（03）	连接舵面传力矩	扭力管连接孔松动	舵面振动冲击载荷；长期使用	飞行	功能下降	功能下降（舵面偏转不到位）	损伤飞机	Ⅱ	视情检查	提高扭转刚度	增加视情检查	统计	0.5	0.8	15.22	0.33	2.009	Ⅱ类：2.009 Ⅲ类：0.2512
			摇臂裂纹	疲劳	飞行	故障征候	故障征候	故障征候	Ⅲ	目视检查或无损检伤	增加抗疲劳强度		统计	0.25	0.1	15.22	0.33	0.1256	
			法兰盘裂纹	疲劳	飞行	故障征候	故障征候	故障征候	Ⅲ				统计	0.25	0.1	15.22	0.33	0.1256	

续表

初始约定层次：某型军用飞机　　任务：飞行　　审核：×××　　第×页·共×页

约定层次：升降舵操纵分系统　　分析：×××　　批准：×××　　填表日期：××××年××月××日

代码	产品或功能标志	功能	故障模式	故障原因	任务阶段与工作方式	故障影响			严酷度类别	故障检验方法	设计改进措施	使用补偿措施	故障率 λ_p 来源	故障模式危害度 C_m					产品危害度（$\times10^{-6}$）
						局部影响	高一层次影响	最终影响						α	β	λ_p（$\times10^{-6}$）/h^{-1}	t/h	$\alpha\beta\lambda_p t$（$\times10^{-6}$）	
04	操纵组件（04）	偏转舵面	摇臂间隙过大	磨损	飞行	故障征候	故障征候	故障征候	Ⅲ	目视检查	调整尺寸公差	润滑更换	统计	0.18	0.1	14.84	0.33	0.0881	Ⅱ类：1.724 Ⅲ类：0.2742
			连杆间隙过大	磨损	飞行	故障征候	故障征候	故障征候	Ⅲ	目视检查			统计	0.25	0.1	14.84	0.33	0.1224	
			支架裂纹	疲劳	飞行	故障征候	故障征候	故障征候	Ⅲ	目视、无损检伤	增加抗疲劳强度	视情检查	统计	0.13	0.1	14.84	0.33	0.0637	
			驾驶杆行程过大	摇臂连杆长期磨损形成间隙后的综合结果	飞行	功能下降	功能下降（舵面操纵不到位）	损伤飞机	Ⅱ	视情检查	调整尺寸公差	润滑、定期维护	统计	0.44	0.8	14.84	0.33	1.724	
05	配重组件（04）	平衡舵面	配重松动	振动引起连接处间隙过大	飞行	功能下降	功能下降	损伤飞机	Ⅱ	视情检查	改进设计	视情检查	统计	0.67	0.8	34.25	0.33	6.058	Ⅱ类：6.058 Ⅲ类：0.3729
			外支臂裂纹	疲劳	飞行	故障征候	故障征候	故障征候	Ⅲ	目视、无损检伤	增加抗疲劳		统计	0.11	0.1	34.25	0.33	0.1243	
			铆钉锈蚀	长期使用腐蚀	飞行	故障征候	故障征候	故障征候	Ⅲ	目视检查	无		统计	0.22	0.1	34.25	0.33	0.2487	

续表

初始约定层次：某型军用飞机　　任务：飞行　　审核：×××　　第×页·共×页

约定层次：升降舵操纵分系统　　分析：×××　　批准：×××　　填表日期：××××年××月××日

代码	产品或功能标志	功能	故障模式	故障原因	任务阶段与工作方式	故障影响			严酷度类别	故障检验方法	设计改进措施	使用补偿措施	故障率 λ_p 来源	故障模式危害度 C_m					产品危害度（$\times10^{-6}$）
						局部影响	高一层次影响	最终影响						α	β	$\lambda_p(\times10^{-6})/h^{-1}$	t/h	$\alpha\beta\lambda_p t$（$\times10^{-6}$）	
06	调整片（06）	调节升力	铰链松动	磨损	飞行	功能下降	功能下降	损伤飞机	Ⅱ	视情检查	无	功能检查	统计	0.25	0.8	30.44	0.33	2.009	Ⅰ类：3.390 Ⅱ类：5.023
			电动效应机构不工作	电门接触不良（有积炭）	起飞、着陆	丧失功能	丧失功能	危及飞机安全	Ⅰ	视情检查	增加触点灭弧功能	定期维修	统计	0.375	0.9	30.44	0.33	3.390	
			拉杆断	疲劳	飞行	丧失功能	丧失功能	损伤飞机	Ⅱ	无	增加抗疲劳		统计	0.375	0.8	30.44	0.33	3.014	

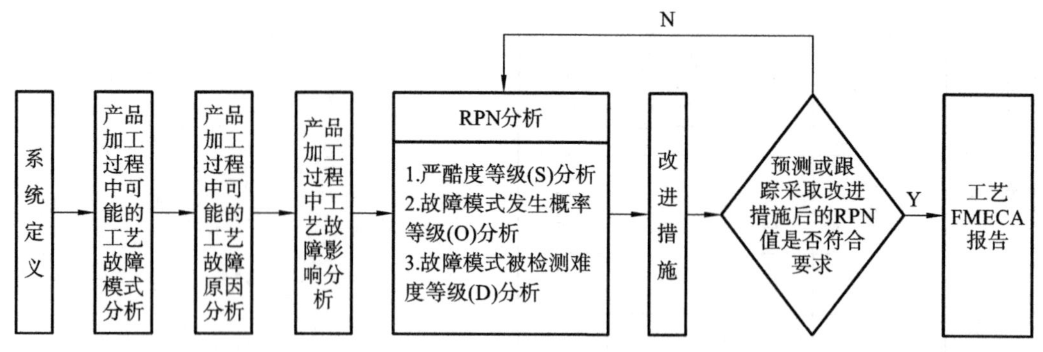

图 6-9　工艺 FMECA 的步骤

2. 工艺 FMECA 的主要内容

1）系统定义

与功能/硬件 FMECA 一样，工艺 FMECA 也应对分析对象进行定义。其内容可概括为功能分析、绘制工艺流程表及零部件-工艺关系矩阵。

(1) 功能分析：对被分析过程的目的、功能、作用及有关要求等进行分析。

(2) 绘制工艺流程表及零部件-工艺关系矩阵。

①绘制工艺流程表（见表 6-16）。它表示了各工序相关工艺流程的功能和要求，是工艺 FMECA 的准备工作。

表 6-16　工艺流程表

零部件名称	生产过程		
零部件号	部门名称	审核	第　页·共　页
产品名称/型号	分析人员	批准	填表日期

工艺流程	输　　入	输出结果
工序 1		
工序 2		
…		

②绘制零部件-工艺关系矩阵（见表 6-17）。它表示了零部件特性与工艺操作各工序间的关系。

工艺流程表、零部件-工艺关系矩阵均应作为工艺 FMECA 报告的一部分。

表 6-17　零部件-工艺关系矩阵

零部件名称	生产过程		
零部件号	部门名称	审核	第　页·共　页
产品名称/型号	分析人员	批准	填表日期

零部件特性	工艺操作			
	工序 1	工序 2	工序 3	…
特性 1				
特性 2				
特性 3				
…				

2）工艺故障模式分析

工艺故障模式指不能满足产品加工、装配过程要求和/或设计意图的工艺缺陷。它可能是引起下一道（下游）工序故障模式的原因，也可能是上一道（上游）工序故障模式的后果。一般情况下，在工艺 FMECA 中，不考虑产品设计中的缺陷。典型的工艺故障模式示例（部分）如表 6-18 所示。

表 6-18　典型的工艺故障模式示例（部分）

序号	故障模式	序号	故障模式	序号	故障模式	序号	故障模式
1	弯曲	5	尺寸超差	9	形状超差	13	错贴标签
2	变形	6	毛刺	10	表面太粗糙	14	搬运损坏
3	裂纹	7	漏孔	11	表面太光滑	15	脏污
4	断裂	8	位置超差	12	未贴标签	16	遗留多余物

3）工艺故障原因分析

工艺故障原因指与工艺故障模式相对应的工艺缺陷发生的原因。典型的工艺故障原因示例（部分）如表 6-19 所示。

表 6-19　典型的工艺故障原因示例（部分）

序号	故障原因	序号	故障原因	序号	故障原因
1	扭矩过大、过小	7	量具不精确	13	零件错装
2	焊接电流、功率、电压不正确	8	润滑不当	14	安装不当
3	虚焊	9	工件内应力过大	15	定位器磨损
4	铸造浇口/通气口不正确	10	工装或夹具不正确	16	定位器上有碎屑
5	连接不牢	11	工具磨损	17	破孔
6	热处理时间、温度、介质不正确	12	零件漏装	18	机器设置不正确

4）工艺故障影响分析

工艺故障影响是指与工艺故障模式相对应的工艺缺陷对“顾客”的影响。“顾客”指下道/后续工序和/或最终使用者。工艺故障影响可分为对下道/后续工序的影响和对最终使用者的影响。

（1）对下道/后续工序：工艺故障影响应该用工艺/工序特性进行描述，如表 6-20 所示。

（2）对最终使用者：工艺故障影响应该用产品的特性进行描述，如表 6-21 所示。

表 6-20　典型的工艺故障影响示例（对下道/后续工序）（部分）

序号	故障影响	序号	故障影响	序号	故障影响
1	无法取出	4	无法安装	7	无法加工表面
2	无法钻孔/攻螺纹	5	无法连接	8	导致工具过程磨损
3	不匹配	6	无法配合	9	损坏设备

表 6-21　典型的工艺故障影响示例(对最终使用者)(部分)

序号	故障影响	序号	故障影响	序号	故障影响
1	噪声过大	6	作业不正常	11	漏水
2	振动过大	7	间歇性作业	12	漏油
3	阻力过大	8	不工作	13	表面缺陷
4	操作费力	9	工作性能不稳定	14	尺寸、位置、形状超差
5	散发难闻的气味	10	损耗过大	15	非计划维修

5）风险优先数(RPN)分析

风险优先数(RPN)是工艺故障模式的严酷度等级(S)、工艺故障模式的发生概率等级(O)和工艺故障模式的被检测难度等级(D)的乘积，即

$$RPN=S\times O\times D \tag{6-4}$$

RPN 是对工艺潜在故障模式风险等级的评价，它是对工艺故障模式发生的可能性及其后果严重性的综合度量。RPN 值越大，表示该工艺故障模式的危害性越大。

(1) 工艺故障模式的严酷度等级(S)：产品加工、装配过程中的某工艺故障模式影响的严重程度。其评分准则如表 6-22 所示。

表 6-22　工艺故障模式的严酷度等级(S)的评分准则

影响程度	工艺故障模式的最终影响(对最终使用者)	工艺故障模式的最终影响(对下道/后续工序)	严酷度等级(S)的评分
轻度的	有 25%～50%的最终使用者可发现产品有缺陷； 没有可识别的影响	导致产品非计划维护或修理	1、2、3
中等的	产品能运行，但运行性能下降或最终使用者不满意，大多数情况(>75%)能发现产品有缺陷	可能有部分(<100%)产品不经筛选而被废弃； 产品在专门部门或下生产线进行修理； 中等程度的环境损害	4、5、6
严重的	产品功能基本丧失而无法运行； 产品能运行但性能下降或最终使用者非常不满意	危及作业人员安全； 100%产品可能废弃； 产品需在专门修理厂进行修理； 严重环境损害	7、8
灾难的	产品毁坏或功能丧失	人员死亡； 严重危及作业人员安全； 重大环境损害	9、10

(2) 工艺故障模式的发生概率等级(O)：某工艺故障模式发生的可能性。发生概率等级(O)的级别数在工艺 FMECA 范围中是一个相对比较值，不代表工艺故障模式真实的发生概率。其评分准则如表 6-23 所示。

表 6-23　工艺故障模式的发生概率等级(O)的评分准则

工艺故障模式发生的可能性	可能的工艺故障模式发生的概率(P_o)	发生概率等级(O)的评分
很高(持续发生的故障)	$P_o \geqslant 10^{-1}$	10
	$5\times10^{-1} \leqslant P_o < 10^{-1}$	9
高(经常发生的故障)	$2\times10^{-2} \leqslant P_o < 5\times10^{-1}$	8
	$1\times10^{-2} \leqslant P_o < 2\times10^{-2}$	7
中等(偶尔发生的故障)	$5\times10^{-3} \leqslant P_o < 1\times10^{-2}$	6
	$2\times10^{-3} \leqslant P_o < 5\times10^{-3}$	5
	$1\times10^{-3} \leqslant P_o < 2\times10^{-3}$	4
低(很少发生的故障)	$5\times10^{-4} \leqslant P_o < 1\times10^{-3}$	3
	$1\times10^{-4} \leqslant P_o < 5\times10^{-4}$	2
极低(不大可能发生故障)	$P_o < 1\times10^{-4}$	1

(3) 工艺故障模式的被检测难度等级(D):产品加工过程控制中工艺故障模式被检测出的可能性。被检测难度等级(D)也是一个相对比较的等级。为了得到较小的被检测难度数值,产品加工、装配过程需要不断改进。其评分准则如表 6-24 所示。

表 6-24　工艺故障模式的被检测难度等级(D)的评分准则

被检测可能性	评分准则	检查方式			推荐检测方法	被检测难度等级(D)的评分
		A	B	C		
几乎不可能	无法检测			√	无法检测或无法检查	10
很微小	现行检测方法几乎不可能检测出			√	以间接的检查进行检测	9
微小	现行检测方法只有微小的机会检测出			√	以目视检查进行检测	8
很小	现行检测方法只有很小的机会检测出			√	以双重的目视检查进行检测	7
小	现行检测方法可以检测		√	√	以现行检测方法进行检测	6
中等	现行检测方法基本上可以检测出		√		在产品离开工位之后以量具进行检测	5
中上	现行检测方法有机会可以检测出	√	√		在后续的工序中实行误差检测或进行工序前测定检查	4
高	现行检测方法很可能检测出	√	√		当场可以测错,或在后续工序中检测(如库存、挑选、设置、验证)。不接受缺陷的产品	3
很高	现行检测方法肯定可以检测出	√	√		当场检测(有自动停止功能的自动化量具)。缺陷产品不能通过	2

续表

被检测可能性	评分准则	检查方式			推荐检测方法	被检测难度等级(D)的评分
		A	B	C		
肯定	现行检测方法肯定可以检测出	√			过程/产品设计了防错措施，不会生产出有缺陷的产品	1

注：A—采用防错措施；B—使用量具测量；C—人工检查。

6）改进措施

改进措施指以减少工艺故障模式的严酷度等级(S)、发生概率等级(O)和被检测难度的等级(D)为出发点的任何工艺改进措施。一般，不论工艺故障模式 RPN 值的大小如何，对严酷度等级(S)为 9 或 10 的项目应通过工艺设计上的措施或产品加工、装配过程控制或预防/改进措施等手段，以满足降低该风险的要求。在所有的状况下，当某种工艺故障模式的后果可能对制造/组装人员产生危害时，应该采取预防/改进措施，以减少、控制或避免该工艺故障模式的发生。对确无改进措施的工艺故障模式，则应在工艺 FMECA 表相应栏中填写“无”。

7）RPN 值的预测或跟踪

制订改进措施后，应进行预测或跟踪改进措施执行后的落实结果，对工艺故障模式严酷度等级(S)、发生概率等级(O)和被检测难度等级(D)的变化情况进行分析，并计算相应的 RPN 值是否符合要求。当不满足要求时，需进一步改进，并按上述步骤反复进行，直到 RPN 值满足最低可接受水平为止。

8）工艺 FMECA 报告

将工艺 FMECA 结果归纳、整理成技术报告。其主要内容包括：概述，产品加工、装配等过程的描述，系统定义，工艺 FMECA 表格的填写，结论及建议，附表(如工艺流程表、零部件-工艺关系矩阵)等。

实施工艺 FMECA 的主要工作是填写工艺 FMECA 表(见表 6-25)。应用时，可根据实际情况对表 6-25 的内容进行增删。

3. 工艺 FMECA 的注意事项

工艺 FMECA 的注意事项如下。

(1) 掌握工艺 FMECA 的时机与适用范围：在产品工艺可行性分析、生产工装准备之前，从零部件到系统均应进行工艺 FMECA 工作。工艺 FMECA 主要是对产品试制生产过程的分析，也可能包括对包装、贮存、运输等其他过程的分析。

(2) 明确工艺 FMECA 与设计的关系：工艺 FMECA 中的缺陷不能全靠更改产品设计来克服，主要是从工艺设计和工艺 FMEA 中采取有效措施加以解决，并应坚持“谁工艺设计、谁分析”的原则。在工艺 FMECA 中应充分考虑产品设计特性，根据需要，邀请产品设计人员参与分析工作，并促进不同部门之间充分交换意见，以最大限度地确保产品满足“顾客”的需求。

(3) 掌握工艺 FMECA 的迭代过程：工艺 FMECA 对工艺故障模式的风险优先数(RPN)值的大小进行优先排序，并对关键过程采取有效的改进措施，进而对改进后的 RPN 值进行跟踪，直到 RPN 值满足可接受水平为止。工艺 FMECA 是一个动态的、反复迭代分析的过程。

(4) 积累经验、注重信息。与设计 FMECA 一样，工艺 FMECA 亦应从相似生产工艺或工序中，积累有关工艺故障模式、原因、严酷度等级(S)、发生概率等级(O)和被检测难度等级(D)等信息，并建立相应的数据库，为有效开展工艺 FMECA 提供支持。

表 6-25 工艺 FMECA 表

产品名称(标记)①	生产过程③	审核	第 页·共 页
所属装备/型号②	分析人员	批准	填表日期

工序名称	工序功能/要求	故障模式	故障原因	故障影响			改进前风险优先数(RPN)				改进措施	责任部门	改进措施执行情况	改进措施执行后的风险优先数(RPN)				备注
				下道工序影响	组件影响	装备影响	严酷度等级(S)	发生概率等级(O)	被检测难度等级(D)	RPN				严酷度等级(S)	发生概率等级(O)	被检测难度等级(D)	RPN	
④	⑤	⑥	⑦	⑧			⑨				⑩	⑪	⑫	⑬				⑭

填写说明如下。

①产品名称(标记):被分析产品的名称与标记(如产品代号、工程图号等)。

②所属装备/型号:被分析产品安装在哪一种装备/型号上,如果该产品被多个装备/型号选用,则一一列出。

③生产过程:被分析产品生产过程的名称(如××加工、××装配)。

④工序名称:被分析生产过程的产品加工、装配过程的步骤名称,该名称应与工艺流程表中的各步骤名称相一致。

⑤工序功能/要求:被分析的工艺或工序的功能(如车、铣、钻、攻螺纹、焊接、装配等),并记录被分析产品的相关工艺/工序编号。如果过程包括很多不同故障模式的工序(例如装配),则可以把这些工序以独立项目逐一列出。

⑥故障模式:参考表 6-18,按要求填写。

⑦故障原因:参考表 6-19,按要求填写。

⑧故障影响:参考表 6-20、表 6-21,按要求填写。

⑨改进前的风险优先数(RPN):按风险优先数的要求填写。

⑩改进措施:按要求填写。

⑪责任部门:负责改进措施实施的部门和个人,以及预计完成的日期。

⑫改进措施执行情况:实施改进措施后,简要记录其执行情况。

⑬改进措施执行后的风险优先数(RPN):按要求填写。

⑭备注:对各栏的注释和补充。

4. 工艺 FMECA 应用案例

以某型导弹固体火箭发动机的壳体组合组件为例说明工艺 FMECA 应用过程。

1) 系统定义

某型导弹固体火箭发动机是该弹的主要舱段之一,壳体组合组件又是该部件的重要组成部分。壳体组合组件是由前端环 1、壳体圆筒 2、后端环 3、固定片 4 和弹簧 5 等五个零件焊接而成的,如图 6-10 所示。材料选用的是超高强度钢,其特点是热处理后强度和硬度高、加工比较困难;因热处理变形较小,可以在热处理前加工完所有尺寸;但热处理后会收缩,这就要求在热处理前加工各尺寸时,应考虑收缩量。

从图 6-10 可知,壳体圆筒 2 属薄壁筒形零件,通过旋压成形,可能产生一定的圆度误差和挠度。这对保证弹体的圆度和全长跳动有一定难度。而且,薄壁零件在加工中容易变形,不利于满足尺寸精度、形状和位置公差的要求。以下以壳体组合组件为例进行工艺 FMECA。

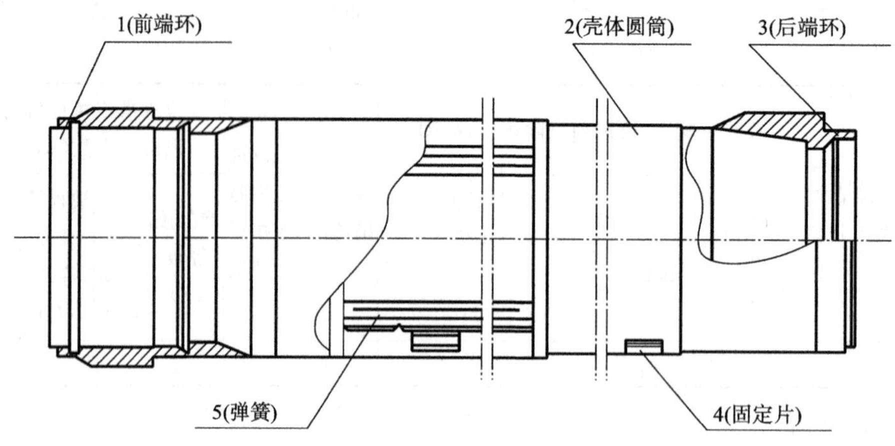

图 6-10　某型导弹固体火箭发动机壳体组合组件结构示意图

2）壳体组合组件的工艺 FMECA

（1）分析对象生产工艺的功能与要求。

建立壳体组合组件的工艺流程表，如表 6-26 所示，以确定该产品与工艺有关的流程功能和要求；依据工艺的流程特性建立壳体组合组件的零部件-工艺关系矩阵表，如表 6-27 所示，并选择其中部分工序进行分析。

表 6-26　壳体组合组件的工艺流程表(部分)

零部件名称：壳体组合　　生产过程：壳体组合加工　　审核：×××

零部件号：×××××　　部门名称：××车间　　批准：×××

装备名称：某型导弹　　分析人员：×××　　填表日期：×年×月×日 第　页·共　页

工艺流程	输入	输出结果
15 工序(焊)：前、后端环与壳体组合焊接对接	焊接方式、焊接电流、焊接速度、送丝速度等	焊缝处机械性能、焊接错位量、焊缝余高、焊缝质量
75 工序(车)：加工前端内、外圆尺寸	机床转速、走刀速度、进给量	有关几何尺寸、形状和位置误差、表面粗糙度
80 工序(车)：加工零件总长、后端外圆及焊缝	机床转速、走刀速度、进给量	有关几何尺寸、形状和位置误差、表面粗糙度
115 工序(热处理)	加热温度、保温时间、冷却介质、装炉方式、炉内真空度	基体及焊缝处机械性能

表 6-27　壳体组合组件的零部件-工艺关系矩阵(部分)

零组件名称：壳体组合　　生产过程：壳体组合加工　　审核：×××

零组件号：×××××　　部门名称：××车间　　批准：×××

装备名称：某型导弹　　分析人员：×××　　填表日期：×年×月×日 第　页·共　页

零部件特性	工艺操作(部分)						
	15▲	70	75▲	80▲	85	90	115
总长	√			√			√

续表

零部件特性		工艺操作(部分)						
		15▲	70	75▲	80▲	85	90	115
前端焊接错位量		√	√	√				
后端焊接错位量		√			√	√		√
前端	圆跳动 ϕ0.05			√				√
	同轴度 ϕ0.1			√				√
后端	同轴度 ϕ 0.05							√
	圆跳动 ϕ 0.005					√		√
	对称度 0.1					√	√	√

注:“√”表示某工艺操作涉及的零部件特性,▲表示关键/重要工序。

(2) 工艺 FMECA 的实施。

工艺 FMECA 的实施主要是按要求填写工艺 FMECA 表,如表 6-28 所示,并根据表 6-26、表 6-27 的结果,经分析选择表 6-27 中工序 15、75、80 为关键/重要工序进行工艺 FMECA。其主要步骤如下。

①故障模式分析。

根据表 6-26 中各项工艺流程的功能,分析、归纳可能的故障模式。比如 75 工序(车)的功能是加工前端内、外圆尺寸,其故障模式有尺寸 5.5 与 13 超差、内径 1 超差、加工焊缝余高时碰伤基体和内径 2 超差,如表 6-28“故障模式”栏所示。

②故障原因分析。

例如,造成工序 75 故障模式的原因是加工失误、基准找不圆或未找圆、错位量大和时效后变形等,如表 6-28“故障原因”栏所示。

③故障影响分析。

分析每种故障模式对下一道工序、组件或导弹功能的影响,如表 6-28“故障影响”栏所示。

④风险优先数(RPN)的分析。

分析并确定每一种故障模式的严酷度等级(S)、发生概率等级(O)、被检测难度(D)和风险优先数(RPN),如表 6-28“S、O、D、RPN”栏所示。

⑤改进措施。

根据 RPN 值制订预防或纠正故障模式的改进措施。在表 6-28 中,故障模式的 RPN 值为 216 的共 5 处,以此作为改进的主要目标,并制订相应的改进措施,如表中“改进措施”栏所示。

⑥改进措施执行情况、措施执行后的 RPN 值大小。

例如,针对 75 工序(车)加工前端内、外圆尺寸时的故障模式“内径 2 超差”,采取了“增加本工序预留加工余量,并在热处理后增加车工工序,直至加工到最终尺寸”的改进措施,跟踪发现,RPN 值由 216 减小到 108,即减少 50%,这表明改进措施是有效的。针对其他故障模式的改进措施也是有效的,如表 6-28 所示。

(3) 结果分析及改进措施。

①结果分析。

RPN 值为 216(共 5 处)的故障模式可分为三类:第一类是直径超差(前端内径 2、后端外径 2),其原因是圆筒是薄壁形零件,容易因热处理及焊接发生变形;第二类是加工焊缝余量超

表 6-28　壳体组合组件的过程 FMECA(部分)

产品名称(标记):壳体组合　　生产过程:壳体的组合加工　　审核:×××　　第×页・共×页

所属装备/型号:某型导弹　　分析人员:×××　　批准:×××　　填表日期:××××年××月××日

工艺名称	工序功能/要求	故障模式	故障原因	故障影响			改进前的 RPN				改进措施	责任部门	改进措施执行情况	改进措施执行后 RPN			
				下道工序影响	组件影响	装备影响	S	O	D	RPN				S	O	D	RPN
15 工序(焊接)	前、后端与壳体组合对接	错位量超差	端环与壳体圆筒对接尺寸配合不好	无	影响包覆层的贴合	导弹解体	9	6	3	162	使用焊接定位夹具	焊接车间	执行有效				
			焊接时壳体圆筒产生变形					8	3	216▲	在壳体圆筒旋压后增加热处理工序		在壳体圆筒旋压后增加了热处理工序	7	5	3	105
		焊缝有气孔、夹渣或黑线等缺陷	焊接工艺参数设置不当	无	降低焊接部分强度	导弹解体	9	3	3	81	调整加工参数		执行有效				
			焊接前清理不干净					4	3	108	清洗后检验		执行有效				
75 工序(车)	加工前端内、外圆尺寸	尺寸5.5与13超差	加工失误	无	与其他舱段对接不上或对接不紧	增加导弹总体装配难度	4	3	3	36	加工时及时测量	机加车间	执行有效				
		内径1超差	基准找不圆或未找圆	无	与其他舱段对接时,楔铁无法打入或松动	增加导弹总体装配难度	4	6	3	72	规定将外圆找正在 0.05 mm 以内再加工,否则,轻车外圆		执行有效				

续表

产品名称(标记):壳体组合　　生产过程:壳体的组合加工　　审核:×××　　第×页·共×页

所属装备/型号:某型导弹　　分析人员:×××　　批准:×××　　填表日期:××××年××月××日

工艺名称	工序功能/要求	故障模式	故障原因	故障影响			改进前的RPN				改进措施	责任部门	改进措施执行情况	改进措施执行后RPN			
				下道工序影响	组件影响	装备影响	S	O	D	RPN				S	O	D	RPN
75工序(车)	加工前端内、外圆尺寸	加工焊缝余高时碰伤基体	焊缝处与基准处不同轴以及错位量的原因，一侧车低后另一侧仍高	无	影响壳体机械性能	导弹解体	9	8	3	216▲	增加焊缝余量的高度，并增加钳工工序打磨焊缝	机加车间	增加了钳工工序打磨焊缝	9	3	3	81
		内径2超差	基准找不圆或未找圆	无	影响与前舱段的装配	导弹解体	9	4	3	108	规定将外圆找正在0.05 mm以内再加工，或轻车外圆		执行有效				
			时效后变形					8	3	216▲	增加本工序预留加工余量，并在热处理后增加车工工序，直至加工到最终尺寸		将本工序此尺寸留0.5 mm左右余量，在热处理后增加车工工序加工到最终尺寸	9	4	3	108
80工序(车)	加工零件总长及后端外圆及焊缝	长度超差	焊接时，焊缝的收缩量与预期值不符	增加加工难度	不利于组件装配	装药量减少或总长增加	7	5	3	105	预测收缩量，加工时及时测量	机加车间	执行有效				
		外径1超差	加工失误	增加加工难度	不利于卡子装配	增加导弹总体装配难度	4	6	3	72	加工时及时测量		执行有效				

续表

产品名称(标记):壳体组合　　生产过程:壳体的组合加工　　审核:×××　　第×页・共×页

所属装备/型号:某型导弹　　分析人员:×××　　批准:×××　　填表日期:××××年××月××日

工艺名称	工序功能/要求	故障模式	故障原因	故障影响			改进前的RPN				改进措施	责任部门	改进措施执行情况	改进措施执行后RPN			
				下道工序影响	组件影响	装备影响	S	O	D	RPN				S	O	D	RPN
115工序(热处理)	热处理后车到最终尺寸	加工焊缝余量超高时碰伤基体	焊缝处与基准处不同轴以及错位量的原因，一侧车低后另一侧仍高	增加加工难度	影响壳体机械性能	导弹解体	9	8	3	216▲	嘱咐加工者宁高勿低;增加钳工工序打磨焊缝	机加车间	增加了钳工工序打磨焊缝	9	3	3	81
		外径2超差	热处理后变形	增加加工难度	影响后舱段装配	导弹解体	9	8	3	216▲	留加工余量,在热处理后增加车工工序,并加工到最终尺寸		将本工序此尺寸留0.5 mm余量,在热处理后增加车工工序并加工到最终尺寸	9	4	3	108

注:▲表示关键工序的RPN值。

高时碰伤基体，其原因是焊接后存在错位量，焊缝的高度不同，焊缝处与加工基准不同轴，旋转的车刀修余量超高时可能会碰伤基体；第三类是错位量超差，其原因是释放旋压产生的应力引起焊接时壳体圆筒产生变形。

②改进措施。

a. 在车工工序后增加钳工工序，采用手工方法锉修焊缝余高。在热处理前对前端内径 2 和后端外径 2 不加工到最终尺寸，采取预留 0.5 mm 左右的加工余量的办法，并在热处理后增加车工工序加工到最终尺寸。

b. 在壳体圆筒零件的工艺中，在壳体圆筒旋压后，增加热处理时效工序。

(4) 结果评价。

从表 6-28 得知，采取改进措施后，降低了工艺故障模式发生的概率等级(O)。将上述两项改进措施落实到工艺规程中，并在后三批产品加工中加以实施，取得了很好的效果：①错位量超差的不合格率由 60%降低到 2%左右；②手工锉修焊缝时，碰伤基体的情况大为减少；③前端内径 2、后端外径 2 的偏差量大为减小。

6.3.3　损坏模式及影响分析

1. 损坏模式及影响分析的目的

损坏模式及影响分析(DMEA)也属 FMEA 中的一种分析方法。其目的是为机械产品生存力和易损性的评估提供依据。DMEA 是确定损伤所造成的损坏程度，以提供威胁机理所引起的损坏模式对武器装备执行任务功能的影响，进而有针对性地提出设计、维修、操作等方面的改进措施的分析方法。DMEA 也适用于产品论证、方案、工程研制与定型、生产和使用阶段。DMEA 和 FMEA 一样，应在产品研制阶段的早期进行，以提供产品可能承受规定的威胁能力有关的信息。这有利于提高机械系统的生存力，加快研制进度，减少寿命周期费用。

2. 损坏模式及影响分析的步骤

DMEA 的步骤如图 6-11 所示。

(1) 威胁机理的分析。武器装备在战场上的损伤是复杂多样的。作为设计分析技术之一的 DMEA 不可能全面预测到未来战场的各种威胁机理所引起的损伤。在实施 DMEA 之前，应综合考虑敌方攻击能力、我方作战任务、自然环境因素等，由订购方和承制方共同确定一种或几种典型的潜在威胁条件(如敌方攻击方式、攻击的火力等)。DMEA 应在这种典型的威胁条件下进行威胁机理分析。

(2) 重要部件的确定。DMEA 与 FMEA 不同，它不是对产品中的所有部件进行分析，而仅是围绕重要部件展开分析。应根据 FMEA 的结果(如严酷度)、作战要求、功能分析，并利用任务可靠性框图和功能冗余技术确定重要系统的重要部件，并进行分析。对每一个重要部件，应确定由特定的威胁机理引起的损坏模式及其对武器装备主要功能的影响。DMEA 应确定重要部件可能遇到的损坏模式及其影响。但进行 DMEA 时，还要考虑一般部件对重要部件是否会产生损坏影响。

(3) 约定层次的确定。按 FMEA 中的约定层次进行 DMEA 约定层次的定义分析。

(4) 所有可能的损坏模式的确定。

(5) 所有可能的损坏模式影响的确定。

(6) 改进措施的建议。

（7）DMEA 报告。主要包括：概述、被分析对象的描述、威胁机理因素的分析假设、重要部件的确定、损坏模式及损坏影响分析、DMEA 表格的填写、结论及建议、附表及清单（如重要部件清单）等。

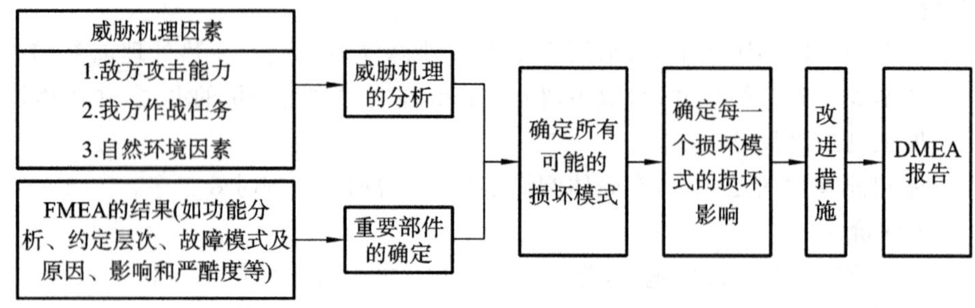

图 6-11　损坏模式及影响分析（DMEA）的步骤

3. 损坏模式及影响分析的实施

根据产品每个任务阶段的功能要求、约定层次等填写损坏模式及影响分析表（见表6-29）。

表 6-29　损坏模式及影响分析（DMEA）表

初始约定层次	任　务	审核	第　页·共　页
约定层次	分析人员	批准	填表日期

代码	产品或功能标志	功能	任务阶段与工作方式	损坏模式	损坏影响			改进措施	备注
					局部影响	高一层次影响	最终影响		
①	②	③	④	⑤	⑥	⑦	⑧	⑨	⑩

表 6-29 中，表头上部项目、①～④栏均取自对应产品功能/硬件 FMEA（见表 6-13）的分析结果，其余各栏分述如下。

（1）损坏模式（第⑤栏）：根据威胁机理的因素，分析每一个重要部件在特定的威胁条件下可能产生的损坏模式。为了对损坏模式进行全面分析，至少应对表 6-30 所示的典型损坏模式进行分析。在确定损坏模式时，应注意它与故障模式的差别。故障模式一般由产品本身或系统的故障机理所引起，而损坏模式往往是由战场环境下特定的外部因素引发的。例如，在飞机的寿命周期内，燃油箱较少出现严重的故障模式，因而在 FMEA 中，燃油箱的故障模式往往不是分析的重点，但在 DMEA 中，由于燃油箱所暴露的体积大，很容易受到敌方各种攻击而引起损坏。实践表明，在战斗中需要更换燃油箱的概率要比平时高出一个数量级。

表 6-30　典型的损坏模式（部分）

序号	损坏模式	序号	损坏模式	序号	损坏模式	序号	损坏模式
1	穿透	5	卡住	9	碎片冲击	13	细菌污染
2	剥离	6	变形	10	电击穿	14	核污染
3	裂缝	7	起火	11	烧毁	15	局部过热
4	断裂	8	爆炸	12	毒气污染	16	其他

（2）损坏影响（第⑥～⑧栏）：每种损坏模式对产品的使用、功能或状态所产生的后果。与 FMEA 一样，损坏模式影响也分为局部影响、高一层次影响和最终影响。

局部影响（第⑥栏）：每种损坏模式对当前所分析的约定层次产品的使用、功能或状态的影响。其目的在于为制订改进措施、提高生存力/降低易损性提供依据。

高一层次影响(第⑦栏):每种损坏模式对被分析约定层次紧邻上一层次的产品使用、功能或状态的影响。

最终影响(第⑧栏):每种损坏模式对初始约定层次产品的使用、功能或状态的总的影响,即对武器装备的能力和主要功能的影响,以及生存力降低的程度。

(3) 改进措施(第⑨栏):针对各种损坏影响所采取的有效改进措施。当武器装备受到损坏后,为使其能够快速恢复到某种程度,通常采取某些应急措施加以解决。例如,推迟(在战时对某些预防维修计划,推迟到故障发生时才进行维修)、从简(在战时恶劣环境下采用临时"凑合"维修)、互换(对标准化的零部件)、置代(对标准化的零部件)、旁路(指某些通道被破坏后,能通过自动/手动快速形成一个新通道,以实现产品的局部功能)、制作和临时配用(就地取材、手工制作)等,其中某些措施在和平时期往往是不用或禁用的。

(4) 备注(第⑩栏):记录有关条款的注释、说明。

4. 损坏模式及影响分析的注意事项

(1) 明确 DMEA 与生存力的关系。生存力一般包括四个基本要素:难以被敌方察觉(如隐形武器装备);难以被敌方命中(如利用电子干扰设备);难以被敌方击毁(如装甲防护或被覆);遭损坏后,能迅速修复或自救(如自行撤离)。其中后两个是 DMEA 解决的主要问题,即通过 DMEA 结果,采取相应的有效措施,提高武器装备的生存力。

(2) 明确威胁机理类似于 FMEA 中的故障机理,它是造成产品损坏模式的根本原因。威胁机理分为直接机理和间接机理两种。由于威胁机理的复杂性和多样性,在实施 DMEA 时,往往选择一种或几种典型的威胁机理进行针对性分析。

(3) 掌握 DMEA 与 FMEA 的关系。DMEA 是在 FMEA 的基础上进行的。未进行 FMEA,就不能进行 DMEA,但 DMEA 和 FMEA 有其各自的侧重点:FMEA 是针对产品在使用过程中(含作战)可能出现的偶然故障和耗损故障;而 DMEA 是针对产品在战场环境下出现的各种战斗损坏。通过 FMEA 可找出产品的薄弱环节加以改进而提高其可靠性;通过 DMEA 对产品的损坏模式及影响加以改进,一般不会显著地提高其可靠性,但经过 DMEA 并采取措施,产品的生存力和易损性将会大大改善。

(4) 明确 DMEA 在新研、现役装备中应用的重点。在新研武器装备寿命周期内均可采用 DMEA 技术,为提高新研装备的生存力提供依据。对现役武器装备,可根据订购方要求进行 DMEA,以确定装备中的系统、分系统和设备是否达到预定要求,也可以利用生存力的有关信息进行 DMEA,以确定现役武器装备在敌我环境中是否能有效地工作。

习　题

6-1　为什么要进行 FMEA 或 FMECA 分析?

6-2　简述 FMEA 的分析过程和适用原则。

6-3　试用工程实例进行功能 FMECA 工作,并填写 FMEA 和 FMECA 表。

6-4　试用工程实例进行工艺 FMECA 分析。

6-5　设某部件存在两种故障模式 A 和 B。已知 $\lambda_A=0.1\times10^{-6}$,$\lambda_B=2.0\times10^{-6}$,$\alpha_A=0.4$,$\alpha_A=0.6$,其他相关参数值取为 1,工作总时间为 10 h。求该部件的危险性指数 C_r。

第 7 章　故障树分析

7.1 概　　述

故障树分析(fault tree analysis,FTA)法是一种评价复杂系统可靠性与安全性的重要方法。设计人员、运行人员和管理人员可以有效地利用它进行系统故障逻辑分析。故障树分析由美国贝尔实验室于 1961 年首先提出并应用在民兵导弹的发射控制系统安全性分析中。1966 年开始,美国波音公司将故障树分析技术应用于民用飞机领域。1974 年,美国原子能委员会发表 WASH-1400 关于压水堆事故风险评价报告的核心方法便是故障树和事件树分析法。1975 年,美国可靠性学术会议把故障树分析技术和可靠性理论并列为两大进展。这种图形化的方法从其诞生开始就显示了巨大的工程应用价值和强大的生命力。随着科学技术的迅速发展,系统功能、复杂程度、成本费用都急剧增加,尤其是当系统的故障或失效会带来严重的人身危害或巨大的经济损失时,系统的安全性与可靠性分析就显得更加重要。

故障树分析是运用演绎法逐级分析,寻找导致某种故障事件(顶事件)的各种可能原因,直到最基本的原因,建立其逻辑联系,画出树状图,并辅以定量分析与计算,通过逻辑关系分析确定潜在的软件、硬件的设计缺陷,以便于采取改进措施。故障树分析是以系统故障为导向,对系统自上而下的诠释,是多因素分析。顶事件的选择至关重要,若选得过于一般,故障树分析难以进行,若选得太具体,相应的故障树分析则无法得出对系统失效因果关系的充分认识。

故障树分析的目的:①帮助判明可能发生的故障模式和原因;②发现可靠性和安全性薄弱环节,采取改进措施,以提高产品的可靠性和安全性;③计算故障发生概率;④发生重大故障或事故后,作为故障调查的一种有效手段,可以系统而全面地分析事故原因,为故障“归零”提供支持;⑤指导故障诊断、改进使用和维修方案等。

故障树分析法的特点:①一种自上而下的图形演绎方法,形象、直观。故障树分析法是故障事件在一定条件下的逻辑推理法,可围绕一个或一些特定失效状态进行层层追踪分析;故障树图示清晰,能够了解故障事件的内在联系及单元故障与系统故障的逻辑关系。②具有很大的灵活性。可以对系统可靠性作一般分析,也可分析系统的各种故障状态;可以分析某些零部件故障对系统的影响,也可对导致故障的特殊原因进行分析。③便于系统可靠性提高。故障树将系统故障的各种可能因素联系起来,可有效找出系统薄弱环节和系统故障谱,有助于判明系统的隐患和潜在故障。④定性分析和定量计算。通过建立的故障树可定量求得复杂系统的失效概率及可靠性特征值,为改进和评估系统的可靠性提供定量数据。⑤应用广泛。故障树分析法不仅可以用于解决工程技术中的可靠性问题,也可用于管理的系统工程问题,作为管理和维修人员进行管理、维修故障诊断的指南。

7.2　基本概念与常用符号

故障树是由逻辑门与事件组成的。逻辑门表示上层事件(故障)与下层事件(故障)之间的逻辑关系。上层事件是逻辑门的输出事件,下层事件是逻辑门的输入事件。逻辑门符号表示输出事件与一个或多个输入事件之间逻辑关系的类型。故障树分析中有一些约定的基本概念、术语和符号。

7.2.1　基本概念

1. 故障树

故障树是为研究系统某功能故障(失效)而建立的一种倒树状的逻辑因果关系图,用规定的事件、逻辑门和其他符号描述系统中各种事件之间的因果关系。逻辑门的输入事件是输出事件的“因”,逻辑门的输出事件是输入事件的“果”。

2. 事件

系统、子系统及零部件所处的状态称为事件,如零部件的正常状态是一个事件,零部件的故障状态也是一个事件。

3. 顶事件

表示故障树分析的最终目标的事件称为故障树的顶事件,它位于故障树的顶端。通常情况下,把所关心的系统失效事件作为故障树的顶事件。

4. 初级事件(底事件)

底事件是由于某种原因不需要进一步展开(不需要进一步查找其发生的原因)的事件。底事件包括:①仅作为导致其他事件发生的原因,位于故障树底端的事件,例如,不需要进一步分析原因的零件失效事件;②不需要展开的事件;③条件事件;④环境、人为因素等外部事件。

5. 中间事件

位于顶事件与底事件之间的中间结果事件都称为中间事件。

6. 结果事件

由其他事件和事件的组合导致的事件称为结果事件,它总是某个逻辑门的输出事件。顶事件和中间事件都属于结果事件。

7. 初级失效

零部件在低于设计许可的载荷环境下的失效。

8. 次级失效

零部件在高于设计许可的载荷环境下的失效。

9. 命令型失效

在错误的时间或错误的地点发生的动作。例如,应该在接收到“开通”命令才打开的阀门,在没有命令或接收到“关闭”命令时发生了打开的动作。

10. 失效效果、失效模式和失效机理

失效效果指的是失效对系统的影响;失效模式指的是零件失去的是哪方面功能;失效机理涉及某一失效模式如何发生及发生的可能性。因而,失效机理决定了失效模式,进而对系统功能产生影响。

7.2.2 常用符号

故障树分析用到的符号主要包括两类:事件符号和逻辑门符号。故障树分析常用符号及说明如表 7-1 所示。在故障树的常用符号中,有两点特殊说明:①省略事件不需要进一步分析的原因通常包括事件发生的概率很小,没有必要进一步分析事件发生的原因或事件发生的原因还不明了;②逻辑门符号中的禁门表示仅有输入事件发生时,还不能导致输出事件的发生,必须满足禁门打开的条件才能导致输出事件的发生。

表 7-1　故障树分析常用符号及说明

类别	符号	名称	说　　明
事件符号	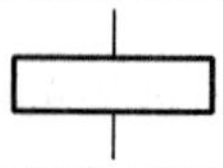	结果事件	包括顶事件和中间事件
	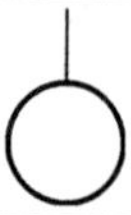	底事件	无须查明发生原因,通常是已知其发生概率的事件,位于故障树底端
	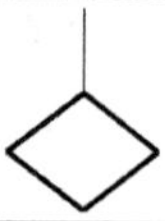	省略事件	暂时不能或不需要进一步分析其原因的底事件
		条件事件	可能出现也可能不出现的事件,当给定条件满足时这一事件发生
逻辑门符号	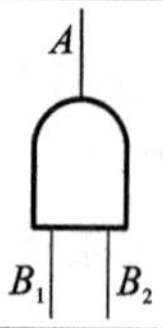 A; B_1, B_2	与门	输入事件 B_1、B_2 同时发生时,输出事件 A 发生
	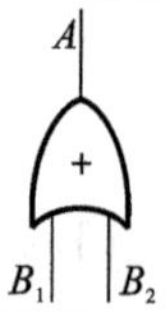 A; +; B_1, B_2	或门	输入事件 B_1、B_2 中至少有一个发生时,输出事件 A 发生
	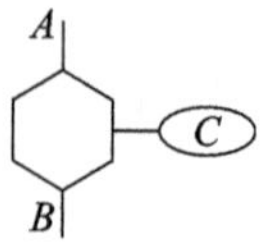 A; C; B	禁门	只有当条件事件 C 发生时,输入事件 A 发生才导致输出事件 B 发生
	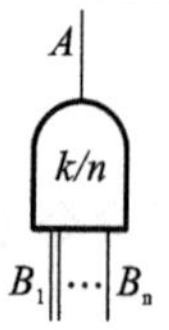 A; k/n; B_1…B_n	表决门	n 个输入事件中至少有任意 k 个事件发生,输出事件才发生
	 A; B_1, B_2	异或门	输入事件 B_1 或 B_2 单独发生时,输出事件 A 发生

续表

类别	符号	名称	说　明
转移符号		转入符号	表示有子故障树由此转入
		转出符号	表示此故障树转出到其他故障树

7.3　故障树建立

7.3.1　故障树建立的步骤和方法

故障树的建造是故障树分析法的关键，故障树建造的完善程度将直接影响定性分析和定量计算结果的准确性。复杂系统的建树工作一般十分庞大繁杂，机理交错多变，所以要求建树者必须全面、仔细并广泛地掌握设计、使用维护等各方面的经验和知识。

1. 确定故障树的顶事件

对于一个要进行故障分析的系统来说，顶事件往往不是唯一的，通常把系统最不希望发生的故障事件作为故障树的顶事件。一个系统的故障树也不一定是唯一的，这取决于所要关心的系统功能是什么。这就要求对所研究的系统有透彻的分析、了解。因此，确定顶事件需要设计人员、操作工作人员及可靠性专家密切配合，共同分析，选定合适的顶事件，找出所有造成顶事件发生的各种中间事件，进一步分析并找出所有底事件。

底事件包括一次事件和二次事件。一次事件指由元件自身原因（初级失效）引起的故障事件；二次事件通常指由人为的原因及环境的原因（次级失效）引起的故障事件，如齿轮在严重过载情况下变形或断裂等。在确定顶事件时必须有明确的定义。对于机械系统，如分析一台发动机的故障，其故障树顶事件可能是发动机不能转动、动力达不到规定水平、噪声过大、振动超标等。相应的导致不同故障的原因也不尽相同。

2. 建立故障树

演绎法的建树方法为将已确定的顶事件写在顶部矩形框内，将引起顶事件的全部必要而又充分的直接原因事件（硬件故障、软件故障、环境因素、人为因素等）置于相应原因事件符号中，画出第二排，再根据实际系统中它们的逻辑关系用适当的逻辑门连接顶事件和这些直接原因事件。如此，遵循建树规则逐级向下发展，直到所有最低一排原因事件都是底事件为止。这样，就建立了一棵以给定顶事件为“根”，以中间事件为“节”，以底事件为“叶”的倒置的 n 级故障树。

3. 故障树的简化

建树前应根据分析目的，明确定义所分析的系统和其他系统（包括人和环境）的接口，同时给定一些必要的合理假设（如对一些设备故障做出偏安全的保守假设，暂不考虑人为故障等），从而由真实系统图得到一个主要逻辑关系等效的简化系统图。建树的出发点不是真实系统图，而是简化系统图。

7.3.2 故障树建立的注意事项

(1) 明确建立故障树的边界条件,简化故障树。

①对系统进行必要的合理假设,如忽略人为故障等。

②一棵庞大的故障树的接口和其对应系统相一致,即树的边界应和系统的边界相一致,才可避免遗漏和重复。

③对于部件较多的系统,可在 FMECA 的基础上将那些对给定的顶事件不重要的部件舍去。

(2) 严格定义故障事件。

故障事件,特别是顶事件,必须严格定义,否则建出的故障树将不正确。

(3) 应从上向下逐级建树。

本条规则的主要目的是避免遗漏。一棵庞大的故障树,下级输入可能很多,而每一个输入都可能仍然是一棵庞大的子树,因此,逐级建树可避免遗漏。

(4) 建树时不允许门与门直接相连。

本条规则主要是为了防止建树者不从文字上对中间事件下定义就去发展该子树,其次门与门相连的故障树使评审者无法判断对错,故不允许门与门直接相连。

(5) 把对事件的抽象描述具体化。

7.4 故障树分析的具体内容

7.4.1 数学表达及运算

在故障树分析中,常使用逻辑运算符号(布尔符号)“·”和“+”将各个事件连接起来,这个连接式就称为布尔代数表达式。或门等价于布尔符号中的“+”,与门等价于布尔符号中的“·”。布尔代数用于集的运算,与普通的代数运算法则不同,可用于故障树分析,可以帮助将事件表达为另一些底事件的组合,将系统故障表达为底事件故障的组合。通过这些方程即可求得导致系统失效的部件失效组合,进而根据部件失效概率,求得系统的失效概率。布尔代数运算规则如表 7-2 所示。

表 7-2 布尔代数运算规则

名称	数学符号	工程符号
等幂律	$A \cup A = A$ $A \cap A = A$ $A \cap \overline{A} = \varnothing$	$A + A = A$ $A \cdot A = A$ $A \cdot \overline{A} = \varnothing$
分配律	$A \cap (B \cup C) = (A \cap B) \cup (A \cap C)$ $A \cup (B \cap C) = (A \cup B) \cap (A \cup C)$	$A \cdot (B + C) = (A \cdot B) + (A \cdot C)$ $A + (B \cdot C) = (A + B) \cdot (A + C)$
吸收律	$A \cap (A \cup B) = A \quad A \cap \overline{A} = \varnothing$ $A \cup (A \cap B) = A \quad A \cap \overline{A} = \varnothing$	$A \cdot (A + B) = A \quad A\overline{A} = \varnothing$ $A + (A \cdot B) = A \quad A\overline{A} = \varnothing$

续表

名称	数学符号	工程符号
结合律	$(A\cup B)\cup C=A\cup B\cup C$ $(A\cap B)\cap C=A\cap B\cap C$	$(A+B)+C=A+B+C$ $(A\cdot B)\cdot C=A\cdot B\cdot C$
交换律	$A\cap B=B\cap A$ $A\cup B=B\cup A$	$A\cdot B=B\cdot A$ $A+B=B+A$
互补律	$A\cap\overline{A}=\varnothing\quad A\cup\overline{A}=\Omega=1$	$A\cdot\overline{A}=\varnothing\quad A+\overline{A}=\Omega=1$
狄·摩根定律	$\overline{A\cap B}=\overline{A}\cup\overline{B}$ $\overline{A\cup B}=\overline{A}\cap\overline{B}$	$\overline{A\cdot B}=\overline{A}+\overline{B}$ $\overline{A+B}=\overline{A}\cdot\overline{B}$
对合律	$\overline{\overline{A}}=A$	$\overline{\overline{A}}=A$
重叠律	$A\cup(\overline{A}\cap B)=A\cup B$	$A+(\overline{A}\cdot B)=A+B$

故障树是系统故障(顶事件)和导致故障的诸多元素(中间事件、底事件)之间的布尔关系的图形化表示。因此,用布尔代数来给出故障树的数学表达,有助于故障树的建造和简化,以便故障树的定性分析和定量分析。

系统一般由若干个部件组成,其应满足两个条件:①部件和系统都只有正常和故障两种状态;②系统的状态是由系统的结构和组成系统的部件的状态所决定的。在系统分析中,每个部件都对系统的功能产生影响。如果系统中的所有部件都发生故障,则系统一定呈故障状态;如果所有部件都完好,那么系统一定也是完好的,而且当部件由故障转为正常时,系统不可能出现由正常而转为故障的情况。通过这种结构函数和相关结构理论,就可以得到故障树的数学表达式。

设由 n 个不同的底事件构成的故障树,各底事件失效之间相互独立,底事件及系统只具有正常或故障两种状态,用 1 或 0 表示,其中任一底事件 i 的状态用 x_i 表示,则底事件可定义为

$$x_i=\begin{cases}1 & \text{表示第 } i \text{ 个底事件正常}\\ 0 & \text{表示第 } i \text{ 个底事件故障}\end{cases}\tag{7-1}$$

顶事件状态是底事件状态的函数,用 $\Phi(X)$ 表示,$\Phi(X)$ 称为故障树的结构函数,其状态含义为

$$\Phi(X)=\begin{cases}1 & \text{表示顶事件正常}\\ 0 & \text{表示顶事件故障}\end{cases}\tag{7-2}$$

结构函数 $\Phi(X)$ 表示系统所处的状态。当 $\Phi(X)=1$ 时,顶事件发生,即系统处于故障状态。对于底事件,$x_i=1$ 时,表示底事件处于故障状态;$x_i=0$ 时,表示底事件处于正常状态。

图 7-1 所示为 3 种常用逻辑门结构故障树,故障树分析中 3 种逻辑门结构函数如下。

(1) 与门结构。只有输入事件全部发生时,输出事件才发生,只要有一个输入故障,则系统就故障。其结构函数为

$$\Phi(X)=\prod_{i=1}^{n}x_i\tag{7-3}$$

(2) 或门结构。只要有一个输入事件正常,则系统就是正常的,只有所有的输入事件全部故障,系统才是故障状态。其结构函数为

$$\Phi(X)=1-\prod_{i=1}^{n}x_i\tag{7-4}$$

(3) 表决门(k/n)结构。在 n 个输入事件中,有 k 个输入事件发生,输出事件才发生。其结构函数为

$$\Phi(X)=\begin{cases}1 & 当\sum x_i \geqslant k \\ 0 & 其他\end{cases} \tag{7-5}$$

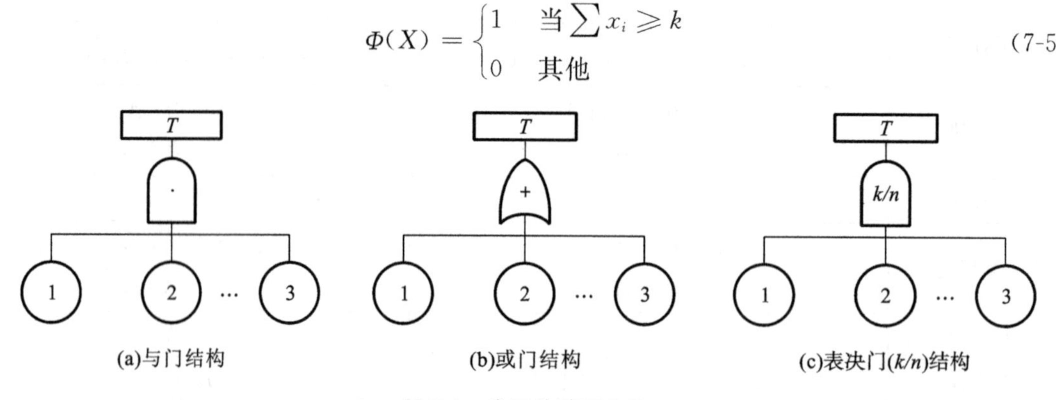

图 7-1 常用故障树结构

对于较为复杂的系统,故障树结构函数也可以按照同样的理论给出。图 7-2 所示的故障树的顶事件结构函数为

$$\Phi(X)=\{b\cdot[d+(e\cdot c)]\}+\{a\cdot[c+(d\cdot e)]\}$$

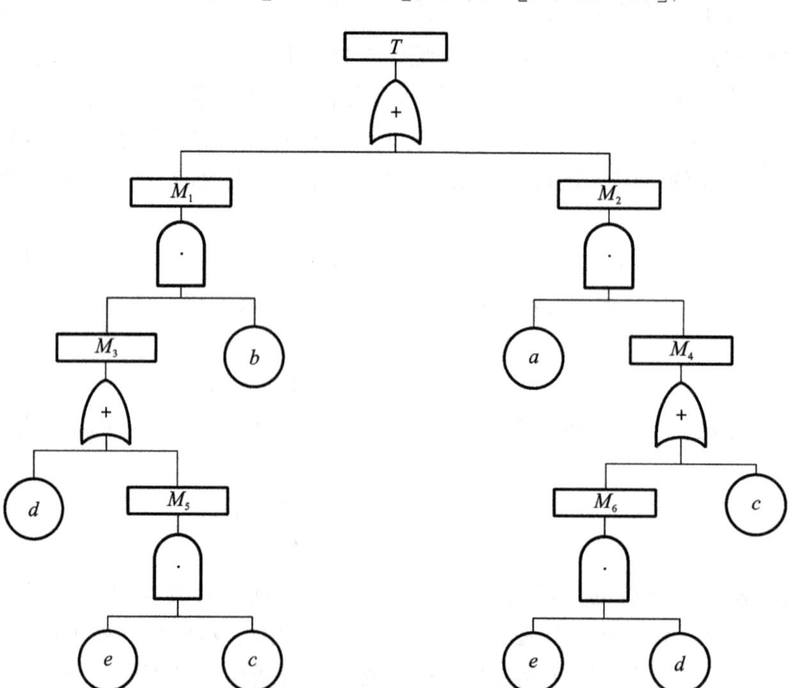

图 7-2 某系统故障树

一般情况下,当故障树建立后,就可直接写出结构函数。但是对于复杂系统,这样的表示方法的表达式繁杂而冗长,在实际的计算中应用困难。为了进行故障树的定性和定量分析,需建立数学模型,写出数学表达式。将系统的顶事件用布尔代数表达,并自上而下展开,可得布尔表达式。

7.4.2　故障树的定性分析

故障树的定性分析要求求出故障树的所有最小割集，在求得所有最小割集后，可以根据最小割集的阶数（最小割集所含底事件的个数）对最小割集进行比较分析。通常最小割集的阶数越低，它的重要性越高。对于底事件来说，在不同最小割集中出现次数越多的底事件越重要。

1. 故障树的割集与路集

（1）割集。若一个集合中的底事件同时发生时顶事件必然发生，则这样的集合称为割集。割集中的全部事件发生是导致顶事件发生的充分条件，但不一定是必要条件。

（2）最小割集。如果割集中的任一底事件不发生时顶事件即不发生，则该割集称为最小割集。它是包含了能使顶事件发生的最小数量的必须底事件的集合。或者说，若 C 是一个割集，去掉其中任一个事件后就不再是割集了，则 C 称为最小割集。也就是说，最小割集中的全部事件发生是导致顶事件发生的充分必要条件。

系统故障树的一个割集代表了该系统发生故障的一种可能性，或一种失效模式。由于最小割集发生时顶事件必然发生，因此一个故障树的全部最小割集就代表了顶事件发生的所有可能性，即系统的全部故障模式。最小割集还显示了处于故障状态的系统所必须修复的基本故障。故障树的定性分析一般是要找出系统故障树的全部最小割集。

（3）路集。在若干底事件的集合中，若底事件都不发生时顶事件必然不发生，则这样的集合称为路集。

（4）最小路集。如果路集中的任一底事件发生，顶事件就一定发生，则称此路集为最小路集。也就是说，去掉最小路集中的任意一个底事件，它就不再是一个路集。

2. 下行法

找出故障树最小割集的方法有多种，常用的方法主要是用下行法和上行法。

下行法又称为 Fussell-Vesely 法，其特点是从顶事件开始，向下逐级进行。对每一个输出事件，若下面是或门，则将该或门下的每一个输入事件各自排成一行；若下面是与门，则将该与门下的所有输入事件排在同一行。其依据是逻辑与门仅增加割集的容量，而逻辑或门增加割集的个数。下行法自上而下，遇到与门就把与门下面的所有输入事件排列于同一行，遇到或门就把或门下面的所有输入事件排列于一列，逐级用下一级事件置换上一级事件，直到不能再向下分解为止。这样得到的每一行都是故障树的一个割集，但不一定是最小割集。为了得到故障树的所有最小割集，需要对已得到的割集进行逻辑运算，应用吸收律等得到最小割集。

以图 7-3 所示故障树为例，说明下行法求故障树的最小割集的方法和步骤。对图 7-3 所示的故障树应用下行法逐级展开，如表 7-3 所示。

表 7-3　应用下行法求故障树的所有最小割集的步骤

步骤	1	2	3	4	5	6
过程	x_1	x_1	x_1	x_1	x_1	x_1
	G_1	x_3, G_3, G_4	x_3, x_4, G_4	x_3, x_4, x_2	x_3, x_4, x_2	x_3, x_4, x_2
	G_2	G_2	x_3, x_5, G_4	x_3, x_4, x_4	x_3, x_4, x_4	x_3, x_4, x_4
			G_2	x_3, x_4, x_6	x_3, x_4, x_6	x_3, x_4, x_6
				x_3, x_5, x_2	x_3, x_5, x_2	x_3, x_5, x_2

续表

步骤	1	2	3	4	5	6
过程				x_3, x_5, x_4	x_3, x_5, x_4	x_3, x_5, x_4
				x_3, x_5, x_6	x_3, x_5, x_6	x_3, x_5, x_6
				G_2	x_2	x_2
					G_5	x_3, x_4

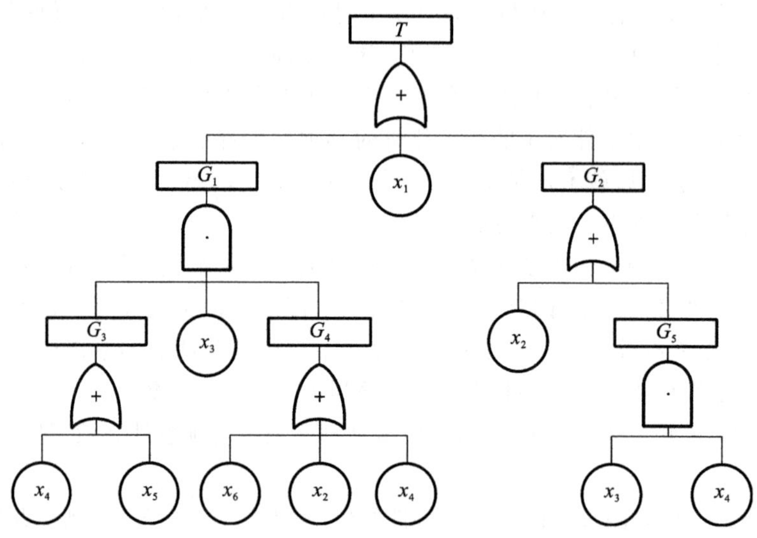

图 7-3　故障树

表 7-3 中最后一列的每一行都是一个割集，进行简化操作后就可以得到故障树的最小割集，全部最小割集如下：$\{x_1\}$，$\{x_2\}$，$\{x_3, x_4\}$，$\{x_3, x_5, x_6\}$。

3. 上行法

上行法也称为 Semanderes 算法，它由故障树的底事件开始，逐级向上进行集合运算，最后将顶事件表示成若干个底事件之积的和的形式。对每个结果事件，若下面是或门，则将此结果事件表示为该或门下的各输入事件的布尔和(事件并)；若下面是与门，则将此结果事件表示为该与门下的输入事件的布尔积(事件交)。从底事件开始，由下向上逐级进行。对每个结果事件重复上述原则，直到所有结果事件均被处理。将所得的表达式逐次代入，按布尔运算的规则，将顶事件表示为底事件积之和的最简式，其中每一项对应于故障树的一个最小割集，从而得到故障树的所有最小割集。

用上行法求图 7-3 所示故障树的最小割集。首先写出由下向上各级事件的逻辑表达式。

最下一级

$$G_5 = x_3 x_4 \qquad G_4 = x_6 + x_2 + x_4 \qquad G_3 = x_4 + x_5$$

次下级

$$G_2 = x_2 + G_5 \qquad G_1 = x_3 G_4 G_3$$

最上一级

$$\begin{aligned} T = G_2 + G_1 + x_1 &= x_1 + x_2 + x_3 x_4 + x_3 (x_6 + x_2 + x_4)(x_4 + x_5) \\ &= x_1 + x_2 + x_3 x_4 + x_3 x_4 x_6 + x_2 x_3 x_4 + x_3 x_4 + x_3 x_5 x_6 + x_2 x_3 x_5 + x_3 x_4 x_5 \end{aligned}$$

$$= x_1 + x_2 + x_3x_4 + x_3x_4x_6 + x_2x_3x_4 + x_3x_5x_6 + x_2x_3x_5 + x_3x_4x_5$$

以上式子中每一项都是故障树的一个割集，但不一定是最小割集，对上式应用等幂律和吸收律进行简化，有

$$T = x_1 + x_2 + x_3x_4 + x_3x_5x_6$$

求得故障树的全部最小割集为$\{x_1\}$，$\{x_2\}$，$\{x_3, x_4\}$，$\{x_3, x_5, x_6\}$。

用下行法和上行法求得的结果是相同的。

4. 最小割集的定性比较

在求得全部最小割集后，如果有足够的数据，能够对故障树中各个底事件的发生概率作出推断，则可进一步对顶事件发生概率进行定量分析。数据足够时，可按照一定原则对最小割集及底事件进行定性比较，以便将定性比较的结果应用于提示改进系统的方向，指导故障诊断，确定维修次序。首先根据每个最小割集所含底事件数目（阶数）对其排序，在各个底事件发生概率比较小且相互差别不大的条件下，可按以下原则对最小割集及底事件进行比较。

（1）阶数越小的最小割集越重要。

（2）在低阶最小割集中出现的底事件比高阶最小割集中的底事件重要。

（3）在最小割集阶数相同的条件下，在不同最小割集中重复出现次数越多的底事件越重要。

在工程中为了减少分析工作量，可以略去阶数大于指定值的所有最小割集来进行近似分析。

7.4.3　故障树定量分析

故障树定量分析的目的：①利用底事件已知的发生概率计算顶事件发生概率，以确定系统的可靠度和风险；②确定每个最小割集的发生概率，以便改进设计、提高系统的可靠性和安全性水平；③确定每个底事件的发生对引起顶事件发生的重要程度，以便正确设计或选用元器件、部件的可靠性水平；④掌握每一个底事件发生概率的降低对顶事件发生概率降低的影响程度，以鉴别设计上的薄弱环节。

故障树定量分析的任务是在底事件相互独立和已知其发生概率的条件下，计算顶事件发生概率和底事件重要度等量值。复杂系统定量计算很繁杂，当产品寿命不服从指数分布时，难以用解析法求得精确结果，这时可用蒙特卡洛仿真方法估计。

首先，由输入系统各单元（底事件）的失效概率，求出系统的失效概率；其次，求出各单元（底事件）的结构重要度、概率重要度和关键重要度；最后，根据关键重要度的大小排序，找出最佳故障诊断和修理顺序，也可作为首先对相对不可靠单元改进的依据。在分析中，假设故障树中的底事件之间相互独立（若该假设误差不可接受，则进行底事件不独立修正），底事件和顶事件都只考虑发生或不发生两种状态，底事件故障分布都假定为指数分布，分析系统为单调关联系统。

单调关联系统指系统中任一组成单元的状态由正常（故障）转为故障（正常），不会使系统的状态由故障（正常）转为正常（故障）的系统。在故障树中，事件之间只有与门及或门的组合时，所得故障树的结构函数必然是单调结构。若每个单元都与系统有关，而描述系统故障的结构函数是单调的，则此系统为单调关联系统。单调关联系统性质：①系统中的每一个元器件、部件对系统可靠性都有一定的影响，只是影响程度不同；②系统中所有元器件、部件故障（正

常)，系统一定故障(正常)；③系统中故障元器件、部件的修复不会使系统由正常转为故障，正常元器件、部件故障不会使系统由故障转为正常；④单调关联系统可靠性不会比同样的串联系统的差，也不比并联系统的好。

1. 顶事件概率计算

顶事件发生概率可以根据故障树的结构函数和各种底事件的发生概率求得，计算方法主要有直接概率法和最小割集法。

1) 直接概率法

当故障树底事件发生概率已知时，按故障树逻辑结构由下而上逐级计算，即可求得故障树顶事件发生的概率。这种方法适合故障树的规模不大，不需要进行布尔代数化简时使用。

与门结构发生概率为

$$P(X) = P(\bigcap_{i=1}^{n} x_i) \tag{7-6}$$

当各输入事件为独立事件时，式(7-6)可写为

$$P(X) = \prod_{i=1}^{n} P(x_i) \tag{7-7}$$

或门结构发生概率为

$$P(X) = P(\bigcup_{i=1}^{n} x_i) \tag{7-8}$$

当各输入事件为独立事件时，式(7-8)可写为

$$P(X) = 1 - \prod_{i=1}^{n} (1 - P(x_i)) \tag{7-9}$$

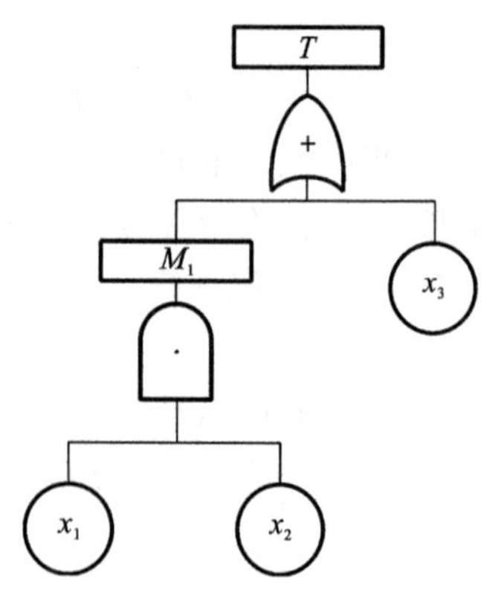

图 7-4　系统故障树

例 7-1　图 7-4 所示系统故障树各部件的可靠度分别为 $R_{x1}=0.96$，$R_{x2}=0.98$，$R_{x3}=0.99$，假设各底事件是相互独立事件，求系统的可靠度。

解　各底事件发生概率为

$$P(x_1)=1-0.96=0.04$$

$$P(x_2)=1-0.98=0.02$$

$$P(x_3)=1-0.99=0.01$$

事件 M_1 发生的概率为

$$P(M_1)=P(x_1)P(x_2)=0.04\times0.02=0.0008$$

顶事件发生的概率为

$$P(T)=1-(1-0.0008)\times(1-0.01)=0.010792$$

则该系统的可靠度为

$$R=1-P(T)=1-0.010792=0.989208$$

2) 最小割集法

该方法是根据故障树的顶事件与最小割集的关系来进行计算的，其特点为：①顶事件与最小割集的事件之间是用或门连接的；②每个最小割集与它所包含的底事件之间是用与门连接的。即顶事件的发生概率等于各个最小割集的概率和。

当故障树中的底事件重复出现时，不能使用直接概率法求系统顶事件发生的概率，只能用最小割集法。若已知故障树的全部最小割集为 $C_1, C_2, \cdots, C_n$ 及底事件发生的概率，则顶事件发生的概率(不可靠度)为

$$P(T) = P(\bigcup_{i=1}^{n} C_i) \tag{7-10}$$

由于割集中的各底事件与最小割集之间在逻辑上为“与”的关系，若已知最小割集 C_i 中各底事件 $x_1, x_2, \cdots, x_k$ 发生的概率，则最小割集发生的概率为

$$P(C_i) = P(\bigcup_{j=1}^{k} x_j) \tag{7-11}$$

在已知最小割集发生的条件下，可以根据最小割集间的关系求顶事件发生的概率，为

$$\begin{aligned} P(T) &= P(\bigcup_{i=1}^{n} C_i) = P(C_1 \cup C_2 \cup \cdots \cup C_n) \\ &= \sum_{i=1}^{n} P(C_i) - \sum_{i<j=2}^{n} P(C_iC_j) + \sum_{i<j<k=3}^{n} P(C_iC_jC_k) + \cdots + (-1)^{n-1} P(C_1C_2\cdots C_n) \end{aligned} \tag{7-12}$$

最小割集中含有重复的底事件，即最小割集相交，精确计算顶事件发生概率必须用相容事件的概率公式(全概率法)，当最小割集数较大时，计算项按指数增长，产生“组合爆炸”，导致计算困难。

故障树规模很大时，也可将其分成几个部分，即采用模块化思想。故障树的模块是整个故障树的一个子系统，一般应是至少 2 个底事件的组合，没有来自其他部分的输入，且只有一个输出到故障树的其他部分，这个输出称为模块的顶点。故障树的模块可以从整个故障树中分离出来，单独计算其最小割集及概率。而在故障树中，可以用“准底事件”来代替这个分离出来的模块。由于模块规模小，计算量也小，且数量集中，因此便于掌握。对于没有重复事件的故障树，可以任意分解模块来减少计算的规模。

在实际工程中，底事件发生的概率通常都很小，这时可以忽略式(7-12)的高次项，而只保留前两项或前三项，即

$$P(T) = \sum_{i=1}^{n} P(C_i) - \sum_{i<j=2}^{n} P(C_iC_j) + \sum_{i<j<k=3}^{n} P(C_iC_jC_k) \tag{7-13}$$

为了计算顶事件概率的精确值，可以采用化相交和为不相交和，再求解顶事件发生概率的方法。化相交和为不相交和的基本思路为假定故障树的最小割集 C_1 与 C_2 相交，但 C_1 与 $\overline{C}_1C_2$ 肯定不相交，则由图 7-5 可以看出

$$C_1 \cup C_2 = C_1 + \overline{C}_1 C_2 \tag{7-14}$$

式(7-14)等号左边是集合并运算，右边是不相交和运算，则 $P(C_1 \cup C_2) = P(C_1) + P(\overline{C}_1 C_2)$ 把相交和的运算变成不相交和的运算。

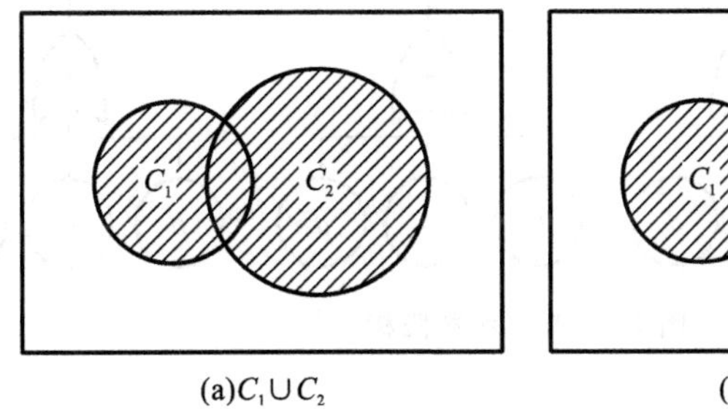

(a)$C_1 \cup C_2$　　(b)$C_1+\overline{C}_1C_2$

图 7-5　故障事件的集合运算

化相交和为不相交和的方法有直接化法和递推化法两种。

(1) 直接化法。

式(7-14)是两个最小割集相交的情况,可以推出一般的表达式为

$$
\begin{aligned}
T &= C_1 \cup C_2 \cup \cdots \cup C_k = C_1 + \overline{C}_1(C_2 \cup \cdots \cup C_k) \\
&= C_1 + \overline{C}_1 C_2 \cup \overline{C}_1 C_3 \cup \cdots \cup \overline{C}_1 C_k \\
&= C_1 + \overline{C}_1 C_2 + \overline{\overline{C}_1 C_2}(\overline{C}_1 C_3 \cup \overline{C}_1 C_4 \cup \cdots \cup \overline{C}_1 C_k) \\
&= C_1 + \overline{C}_1 C_2 + \overline{C}_1 \overline{C}_2 C_3 + \overline{\overline{C}_1 \overline{C}_2 C_3}(\overline{C}_1 \overline{C}_2 C_4 \cup \cdots \cup \overline{C}_1 \overline{C}_2 C_k)
\end{aligned}
\tag{7-15}
$$

这样一直化简下去,直到所有项全部成为不相交和为止。这种方法对于项数少的情况比较适用,相交和项数较多时,手算起来也是相当烦琐的,仍需借助于计算机。

(2) 递推化法。

根据集合运算的性质,图 7-6 所示三个最小割集相交的情况的表达式为

$$C_1 \cup C_2 \cup C_3 = C_1 + \overline{C}_1 C_2 + \overline{C}_1 \overline{C}_2 C_3 \tag{7-16}$$

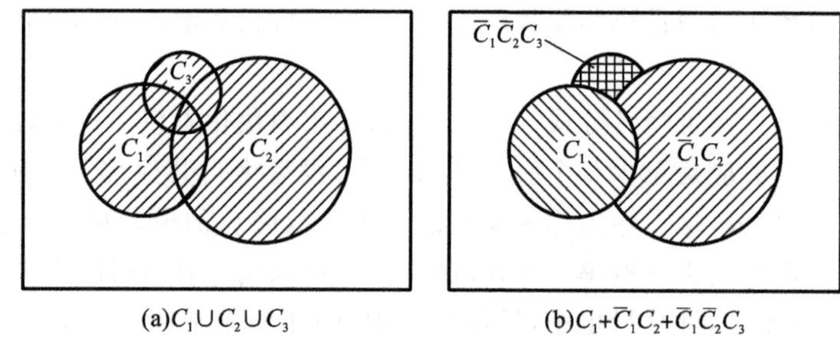

(a) $C_1 \cup C_2 \cup C_3$　　(b) $C_1+\overline{C}_1C_2+\overline{C}_1\overline{C}_2C_3$

图 7-6　故障事件的相交运算

式(7-16)是三个最小割集相交的情况,可以推出一般的表达式为

$$T = \bigcup_{i=1}^{k} C_i = C_1 + \overline{C}_1 C_2 + \overline{C}_1 \overline{C}_2 C_3 + \cdots + \overline{C}_1 \overline{C}_2 \overline{C}_3 \cdots \overline{C}_{k-1} C_k \tag{7-17}$$

例 7-2　某系统故障树如图 7-7 所示,其中 $F_a=F_b=0.2$,$F_c=F_d=0.3$,$F_e=0.36$,且该故障树的最小割集为 $C_1=\{a,c\}$,$C_2=\{b,d\}$,$C_3=\{a,d,e\}$,$C_4=\{b,c,e\}$,求顶事件的发生概率。

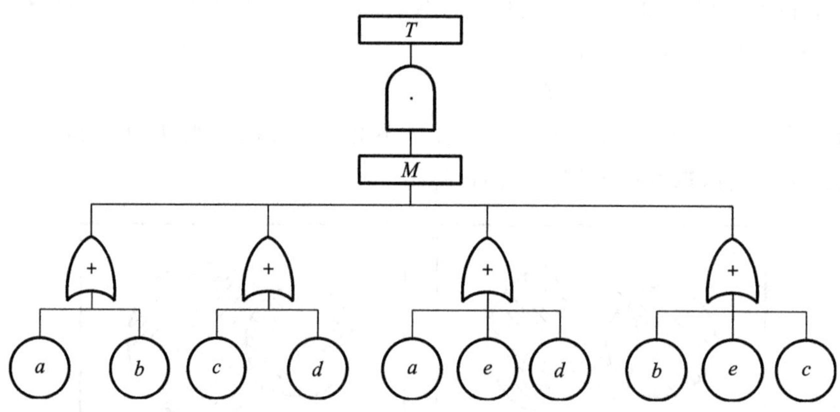

图 7-7　某系统故障树

解　①直接化法。

根据式(7-15)和系统故障树有

$$T = C_1 \cup C_2 \cup C_3 \cup C_4 = C_1 + \overline{C}_1(C_2 \cup C_3 \cup C_4)$$

$$
\begin{aligned}
&= ac + \overline{ac}(bd \cup ade \cup bce) \\
&= ac + (\bar{a} \cup \bar{c})(bd \cup de \cup bce) \\
&= ac + \bar{a}bd + \overline{\bar{a}bd}(\bar{a}bce \cup \bar{c}ab \cup \bar{c}ade) \\
&= \cdots\cdots \\
&= ac + \bar{a}bd + a\bar{c}bd + \overline{da}bce + \overline{bc}ade
\end{aligned}
$$

则

$$
\begin{aligned}
P(T) = &\ P(a)P(c) + P(\bar{a})P(b)P(d) + P(a)P(\bar{c})P(b)P(d) \\
&+ P(\bar{d})P(\bar{a})P(b)P(c)P(e) + P(\bar{b})P(\bar{c})P(a)P(d)P(e) \\
= &\ 0.2 \times 0.3 + 0.8 \times 0.2 \times 0.3 + 0.2 \times 0.7 \times 0.2 \times 0.3 \\
&+ 0.7 \times 0.8 \times 0.2 \times 0.3 \times 0.36 + 0.8 \times 0.7 \times 0.2 \times 0.3 \times 0.36 \\
= &\ 0.14059
\end{aligned}
$$

②递推化法。

$$
\begin{aligned}
T = &\ C_1 \cup C_2 \cup C_3 \cup C_4 = C_1 + \overline{C}_1(C_2 \cup C_3 \cup C_4) \\
&= C_1 + \overline{C}_1 C_2 + \overline{C_1 C_2} C_3 + \overline{C_1 C_2 C_3} C_4 \\
&= \cdots\cdots \\
&= ac + \bar{a}bd + ab\bar{c}d + \overline{cb}ade + \overline{ad}bce
\end{aligned}
$$

可以看出，直接化法和递推化法的计算结果相同。

2. 底事件重要度计算

实践证明，系统中各零部件并非是同等重要的，一般认为一个零部件或最小割集对顶事件发生所做的贡献称为重要度。它是系统结构、零部件的失效分布及时间的函数，反映了底事件(或最小割集)对顶事件发生的贡献。

按照底事件(或最小割集)对顶事件发生贡献的重要性来排序，对改进系统设计非常重要。由于设计的对象不同、要求不同等，重要度也同样具有不同的含义，常用的有底事件的概率重要度、底事件的相对概率重要度和底事件的结构重要度。

1) 底事件的概率重要度

底事件的概率重要度表示第 i 个底事件(零部件)发生概率的变化而引起顶事件(系统)发生概率变化的程度。若各底事件(零部件)相互独立，则第 i 个底事件的概率重要度为

$$
I_{\mathrm{p}}(i) = \frac{\partial F(F_1, F_2, \cdots, F_n)}{\partial F_i} \tag{7-18}
$$

式中：$I_{\mathrm{p}}(i)$为第 i 个底事件的概率重要度；F_i为第 i 个底事件的发生概率；$F(F_1, F_2, \cdots, F_n)$为顶事件的故障概率函数。

2) 底事件的相对概率重要度

底事件的相对概率重要度是一个变化率的比，即第 i 个零部件故障概率的变化率引起系统故障概率的变化率。当所有底事件相互独立时，第 i 个底事件的相对概率重要度为

$$
I_{\mathrm{c}}(i) = \frac{F_i}{F(F_1, F_2, \cdots, F_n)} \cdot \frac{\partial F(F_1, F_2, \cdots, F_n)}{\partial F_i} \tag{7-19}
$$

式中：$I_{\mathrm{c}}(i)$为第 i 个底事件的相对概率重要度。

相对概率重要度反映了单元概率重要度的影响，也可反映单元故障概率改进的难易程度。

3）底事件的结构重要度

底事件的结构重要度是分析各底事件的发生对顶事件发生的影响程度。系统中底事件 i 由正常状态(0)变为故障状态(1)，其他底事件状态不变，则顶事件状态的变化有四种状态。

(1) 顶事件的状态(0)未发生变化，状态仍为(0)，变化值为 0，即

$$\begin{cases}\Phi(0_i,X)=0\rightarrow\Phi(1_i,X)=0\\ \Phi(1_i,X)-\Phi(0_i,X)=0\end{cases} \tag{7-20}$$

(2) 顶事件的状态(0)发生变化，状态变化为(1)，变化值为 1，即

$$\begin{cases}\Phi(0_i,X)=0\rightarrow\Phi(1_i,X)=1\\ \Phi(1_i,X)-\Phi(0_i,X)=1\end{cases} \tag{7-21}$$

(3) 顶事件的状态(1)未发生变化，状态仍为(1)，变化值为 0，即

$$\begin{cases}\Phi(0_i,X)=1\rightarrow\Phi(1_i,X)=1\\ \Phi(1_i,X)-\Phi(0_i,X)=0\end{cases} \tag{7-22}$$

(4) 顶事件的状态(1)发生变化，状态变为(0)，变化值为－1，即

$$\begin{cases}\Phi(0_i,X)=1\rightarrow\Phi(1_i,X)=0\\ \Phi(1_i,X)-\Phi(0_i,X)=-1\end{cases} \tag{7-23}$$

对于单调关联系统，变化值为－1 的情况可以不予考虑。

底事件 i(零部件)在系统中所处的位置的重要程度，与底事件(零部件)本身的故障概率毫无关系，在设计中可以用来确定系统物理构成是否满足要求，反映了各底事件在故障树中的重要程度。第 i 个底事件的相对概率重要度为

$$I_\Phi(i)=\frac{1}{2^{n-1}}n_\Phi(i) \tag{7-24}$$

式中：$I_\Phi(i)$为第 i 个底事件的结构重要度；n 为系统所含底事件的数量；$n_\Phi(i)=\sum\limits_{2^{n-1}}[\Phi(1_i,X)-\Phi(0_i,X)]$ 为系统中第 i 个零部件由正常状态变为故障状态，其他事件不变时，系统结构函数的变化。

3. 定量结果分析

在故障树中多用到底事件的概率重要度。当有具体的底事件故障概率数据时，应参考相对概率重要度的计算结果，制订部件诊断检查的顺序表。结构重要度在没有任何底事件发生概率数据的情况下，可以用来确定需要优先关注的部件。可根据不同的关注点，选择不同的底事件重要度进行分析，当同时分析多种重要度且结论不同时，须按照关注重要程度进行加权处理。

例 7-3 图 7-8 所示为某系统故障树，设其各部件故障相互独立，且都服从指数分布，工作时间为 20 h，其中 $\lambda_1=0.001\ \mathrm{h}^{-1}$，$\lambda_2=0.002\ \mathrm{h}^{-1}$，$\lambda_3=0.003\ \mathrm{h}^{-1}$，求各底事件的概率重要度、相对概率重要度和结构重要度。

解 ①求概率重要度。

$$F_1(t)=1-\mathrm{e}^{-\lambda_1 t}=1-\mathrm{e}^{-0.001\times 20}=0.0198013$$

$$F_2(t)=1-\mathrm{e}^{-\lambda_2 t}=1-\mathrm{e}^{-0.002\times 20}=0.0392106$$

$$F_3(t)=1-\mathrm{e}^{-\lambda_3 t}=1-\mathrm{e}^{-0.003\times 20}=0.0582355$$

$$F_s(t)=F_1(t)+F_2(t)\cdot F_3(t)-F_1(t)F_2(t)F_3(t)$$

$$I_{p1}(t)=\frac{\partial F_s(t)}{\partial F_1(t)}=1-F_2(t)\cdot F_3(t)=0.997717$$

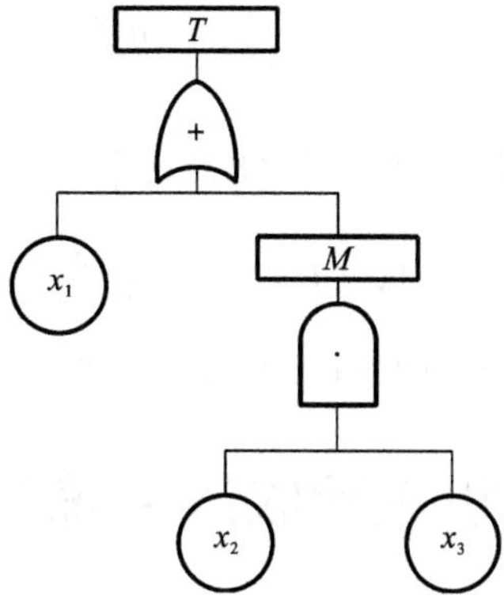

图 7-8　系统故障树

$$I_{p2}(t)=\frac{\partial F_s(t)}{\partial F_2(t)}=F_3(t)-F_1(t)\cdot F_3(t)=0.0570824$$

$$I_{p3}(t)=\frac{\partial F_s(t)}{\partial F_3(t)}=F_2(t)-F_1(t)\cdot F_2(t)=0.034342$$

可知

$$I_{p1}(t)>I_{p2}(t)>I_{p3}(t)$$

底事件 1 的概率重要度最大，改善底事件 1 给系统的改善带来的好处最大。

②求相对概率重要度。

$$I_c(1)=\frac{F_1(t)}{F_s(t)}\cdot I_{p1}(t)=0.896393$$

$$I_c(2)=\frac{F_2(t)}{F_s(t)}\cdot I_{p2}(t)=0.101555$$

$$I_c(3)=\frac{F_3(t)}{F_s(t)}\cdot I_{p3}(t)=0.101555$$

可知

$$I_c(1)>I_c(2)=I_c(3)$$

底事件 1 的故障概率的变化率引起系统故障概率的变化率最大。

③求结构重要度。

采用枚举法，如表 7-4 所示。

表 7-4　枚举法求结构重要度

x_1	x_2	x_3	T
0	0	0	0
0	0	1	0
0	1	0	0
0	1	1	1
0	0	0	1
0	0	1	1
0	1	0	1
1	1	1	1

$$n_{\Phi}(1)=3,\quad I_{\Phi}(1)=\frac{n_{\Phi}(1)}{2^{n-1}}=\frac{3}{4}$$

$$n_{\Phi}(2)=1,\quad I_{\Phi}(2)=\frac{n_{\Phi}(2)}{2^{n-1}}=\frac{1}{4}$$

$$n_{\Phi}(3)=1,\quad I_{\Phi}(3)=\frac{n_{\Phi}(3)}{2^{n-1}}=\frac{1}{4}$$

从结构重要度分析可知，底事件 1 比底事件 2 和底事件 3 都重要。

7.5　某型飞机主起收放系统的故障树分析

飞机起落架系统不允许发生的，对安全影响最大的故障是起落架不能放下或放下后不能锁住。这种故障可能直接导致机毁人亡。

1. 确定边界条件和假设条件

1）边界条件

（1）确定顶事件：主起落架未放到位置。

（2）初始条件：起落架手柄置于“放下”位置，主起落架在收上位置，舱门关闭。

2）假设条件

（1）传动机构不会因行程方面的问题而故障，切断活门和几个机械阀不会被卡住。

（2）导引管路和接头不会出现故障。

（3）主起落架的所有故障都是偶发的，不存在因磨损等引起的故障。

（4）寿命分布都为指数分布。

2. 建立故障树

飞机起落架系统故障树如图 7-9 所示。其中，T 为主起落架未放置到位；M_1 为应急放时，

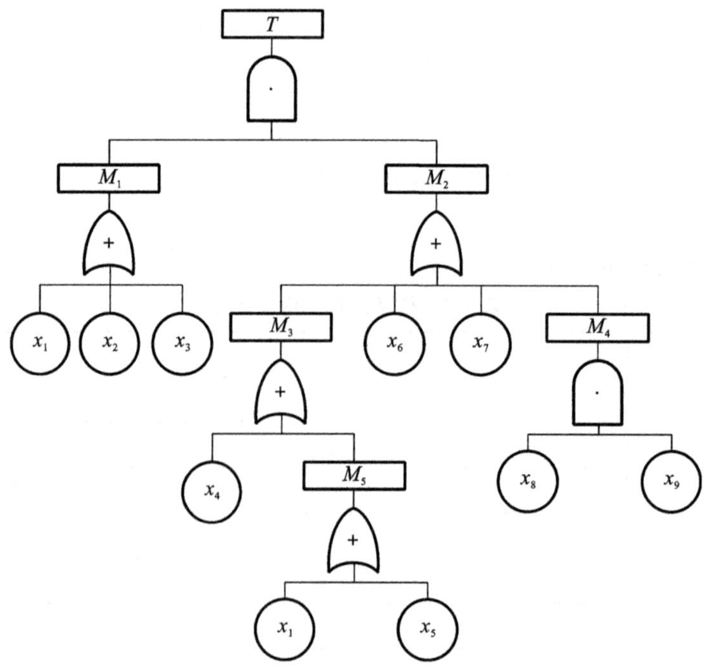

图 7-9　飞机起落架系统故障树

主起落架未放下锁住；M_2 为正常放时，主起落架未放下锁住；M_3 为起落架锁打不开；M_4 为作动筒故障；M_5 为主起锁机构不动；x_1 为主起锁机构卡住；x_2 为应急放时，舱门作动筒锁打不开；x_3 为应急放时，应急传动机构卡住；x_4 为顺序活门内梭形活门卡住；x_5 为主起锁作动筒故障；x_6 为正常放时，舱门作动筒打不开；x_7 为舱门作动筒故障；x_8 为主起收放作动筒故障；x_9 为主起侧支柱作动筒故障。

3. 定性分析

采用下行法求故障树最小割集，其分析过程如表 7-5 所示。

表 7-5　求故障树的所有最小割集

步骤	1	2	3	4	最小割集
	M_1,M_2	x_1,M_3	x_1,x_4	x_1,x_4	
		x_1,x_6	x_1,x_5	x_1,x_1	x_1
		x_1,x_7	x_1,x_6	x_1,x_5	
过程		x_1,M_4	x_1,x_7	x_1,x_6	
		x_2,M_3	x_1,x_8,x_9	x_1,x_7	
		x_2,x_6	x_2,x_4	x_1,x_8,x_9	
		x_2,x_7	x_2,M_5	x_2,x_4	x_2,x_4
		x_2,M_4	x_2,x_6	x_2,x_1	
		x_3,M_3	x_2,x_7	x_2,x_5	x_2,x_5
		x_3,x_6	x_2,x_8,x_9	x_2,x_6	x_2,x_6
		x_3,x_7	x_3,x_4	x_2,x_7	x_2,x_7
		x_3,M_4	x_3,M_5	x_2,x_8,x_9	x_2,x_8,x_9
过程			x_3,x_6	x_3,x_4	x_3,x_4
			x_3,x_7	x_3,x_1	
			x_3,x_8,x_9	x_3,x_5	x_3,x_5
				x_3,x_6	x_3,x_6
				x_3,x_7	x_3,x_7
				x_3,x_8,x_9	x_3,x_8,x_9

故障树的全部最小割集为

$$C_1 = \{x_1\}$$

$$C_2 = \{x_2,x_4\}$$

$$C_3 = \{x_2,x_5\}$$

$$C_4 = \{x_2,x_6\}$$

$$C_5 = \{x_2,x_7\}$$

$$C_6 = \{x_3,x_4\}$$

$$C_7 = \{x_3, x_5\}$$
$$C_8 = \{x_3, x_6\}$$
$$C_9 = \{x_3, x_7\}$$
$$C_{10} = \{x_2, x_8, x_9\}$$
$$C_{11} = \{x_3, x_8, x_9\}$$

分析可知：底事件 1 为一阶最小割集，底事件 2、3 在二阶最小割集中各出现 4 次，因此，认为底事件 1、2、3 是重要事件，分析中应该重点考虑。底事件 1：主起锁机构卡住；底事件 2：应急放时，舱门作动筒锁打不开；底事件 3：应急放时，应急传动机构卡住。

4. 定量分析

设各底事件在 5 h 的故障概率分别为 $P(x_1)=1\times10^{-3}$，$P(x_2)=3.57\times10^{-5}$，$P(x_3)=1.25\times10^{-5}$，$P(x_4)=1\times10^{-6}$，$P(x_5)=1.25\times10^{-5}$，$P(x_6)=7.15\times10^{-3}$，$P(x_7)=1\times10^{-5}$，$P(x_8)=1.25\times10^{-5}$，$P(x_9)=1.25\times10^{-5}$，则每个最小割集发生的概率为

$$P(C_1) = P(\{x_1\}) = 1\times10^{-3}$$
$$P(C_2) = P(\{x_2, x_4\}) = 3.57\times10^{-11}$$
$$P(C_3) = P(\{x_2, x_5\}) = 4.46\times10^{-10}$$
$$P(C_4) = P(\{x_2, x_6\}) = 2.553\times10^{-7}$$
$$P(C_5) = P(\{x_2, x_7\}) = 3.57\times10^{-10}$$
$$P(C_6) = P(\{x_3, x_4\}) = 1.25\times10^{-11}$$
$$P(C_7) = P(\{x_3, x_5\}) = 1.56\times10^{-10}$$
$$P(C_8) = P(\{x_3, x_6\}) = 8.94\times10^{-8}$$
$$P(C_9) = P(\{x_3, x_7\}) = 1.25\times10^{-10}$$
$$P(C_{10}) = P(\{x_2, x_8, x_9\}) = 5.58\times10^{-15}$$
$$P(C_{11}) = P(\{x_3, x_8, x_9\}) = 1.95\times10^{-15}$$

则有

$$\begin{aligned}
P(T) &= \sum_{i=1}^{11} P(C_i) \\
&= P(x_1) + P(x_2)P(x_4) + P(x_2)P(x_5) + P(x_2)P(x_6) + P(x_2)P(x_7) + \\
&\quad P(x_3)P(x_4) + P(x_3)P(x_5) + P(x_3)P(x_6) + P(x_3)P(x_7) + \\
&\quad P(x_2)P(x_8)P(x_9) + P(x_3)P(x_8)P(x_9) \\
&= 4.53\times10^{-9}
\end{aligned}$$

计算底事件概率重要度：

$$I_{p1}(t) = \frac{\partial F_s(t)}{\partial F_1(t)} = 0.999999996$$
$$I_{p2}(t) = \frac{\partial F_s(t)}{\partial F_2(t)} = 0.999999999$$
$$I_{p3}(t) = \frac{\partial F_s(t)}{\partial F_3(t)} = 0.999999998$$
$$I_{p4}(t) = I_{p5}(t) = I_{p7}(t) = I_{p8}(t) = I_{p9}(t) = I_{p1}(t)$$
$$I_{p6}(t) = I_{p2}(t)$$

分析可知：当主起落架不能放下锁住，故障状态概率不满足适航要求时，应首先考虑改进

舱门作动筒锁(底事件 2、6)的正常和应急开的可靠性,其次,应考虑改进应急传动机构(底事件 3)的可靠性。

习　题

7-1　简单叙述故障树分析的基本步骤。

7-2　设 T 为顶事件,A、B、C、D、E、F、G、H 均为底事件,试建造下列逻辑关系的故障树。

(1) $T=(A\cup B)\cap(C\cup D\cup E)\cap(F\cup G)$;

(2) $T=(A\cap B)\cup(C\cap D\cap E)\cup(F\cap G)$;

(3) $T=A\cup(B\cup C\cup D)\cap(E\cup F\cup G)\cap H$。

7-3　某系统故障树的最小割集为$\{E,D\}$,$\{A,B,E\}$,$\{B,D,C\}$,$\{A,B,C\}$。若已知 $R_A=R_C=0.9$,$R_D=R_E=0.8$,$R_B=0.85$。试用直接化法及递推化法求顶事件发生的概率。

7-4　某系统故障树如图 7-10 所示。

(1) 写出其结构函数;

(2) 分别用上行法和下行法求最小割集。

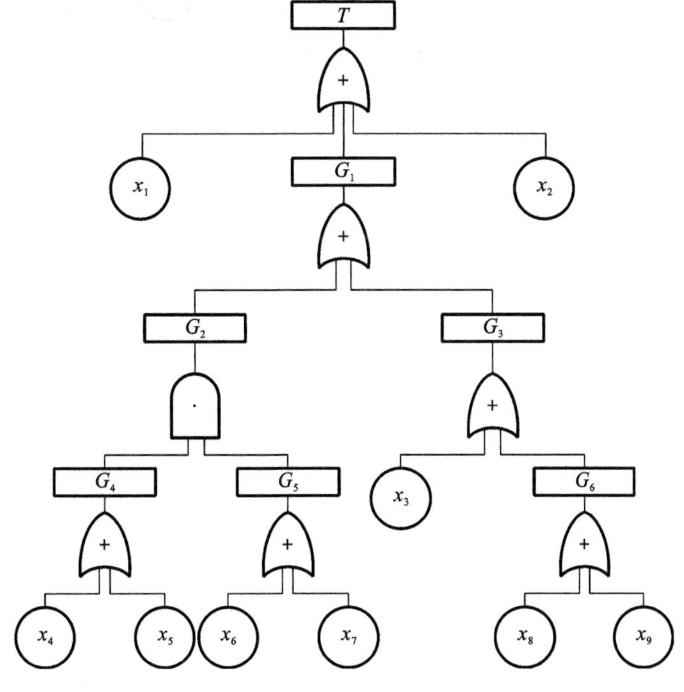

图 7-10　题 7-4 图

7-5　某系统故障树如图 7-11 所示。

(1) 求故障树的最小割集,并进行定性分析;

(2) 设各底事件发生概率分别为 $F_A=0.01$,$F_B=0.02$,$F_C=0.03$,$F_D=0.04$,$F_E=0.05$,$F_F=0.06$。计算顶事件发生的概率。

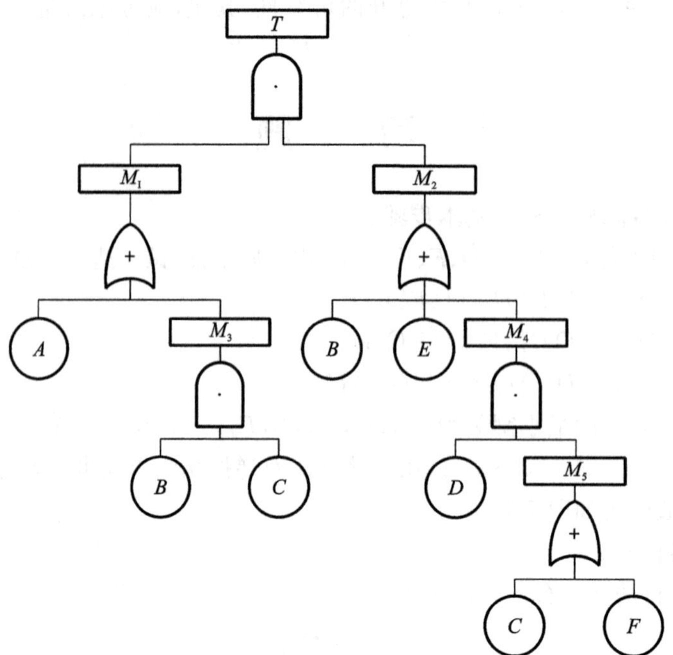

图 7-11　题 7-5 图

第 8 章 Petri 网模型和 GO 法介绍

8.1 系统故障分析 Petri 网模型

8.1.1 概述

系统可靠性定性与定量分析方法包括可靠性框图、故障树分析、故障模式及危害度分析方法等，这些方法在不同领域得到了广泛应用。同时，这些方法在应用上都有局限性，例如，难以用于描述动态复杂关联系统中的动态行为。可靠性框图最基本的形式有串联、并联、备用和表决(冗余)等，但忽略了系统的时间动态特性。故障树分析同样没有很好地考虑故障发生的时序关系，虽然提出了动态故障树的概念，但是在实际中的应用还需要做进一步的探索和验证。而 Petri 网具有动态性质和结构性质，用于系统故障分析更为有效。

Petri 网模型是由德国 Bonn 大学的 Petri 博士于 1962 年提出的，作为网状结构的信息流模型，是一种系统描述、模拟的数学和图形分析工具，可以表达系统的静态结构和动态变化。Petri 网模型是一种网络信息流模型，包括条件和事件两类节点，在以条件和事件为节点的有向二分图的基础上添加了表示状态信息的托肯分布，并按引发规则使事件驱动状态演变，从而反映系统动态运行过程。

通常情况下，用小矩形表示事件(称作变迁)节点，用小圆形表示条件(称作位置)节点。变迁节点之间、位置节点之间不能有有向弧，变迁节点与位置节点连接有向弧，由此构成的有向二分图称作网。网的某些位置节点中标上若干黑点，从而构成 Petri 网。

Petri 网理论已形成系统、独立的学科分支，在计算机科学技术、自动化科学技术、机械设计与制造等许多科学技术领域得到了广泛应用。Petri 网模型作为一种数学和图形的描述分析工具，能够较好地描述复杂系统中常见的同步、分布、冲突、资源共享等现象，可用于分布式系统、信息系统、离散事件系统和柔性制造系统等，是进行离散事件动态系统建模、分析和设计的有效途径。近年来，Petri 网模型广泛地应用于复杂系统的可靠性分析中，各种改进的 Petri 网模型不断被提出，如广义有色随机 Petri 网模型、混合 Petri 网模型、模糊 Petri 网模型及扩展的面向对象 Petri 网模型等。

1. Petri 网模型的特点

(1) 模拟性。从组织结构的角度，模拟系统的控制和管理，不涉及系统实现所依赖的物理和化学原理。

(2) 客观性。精确描述事件(变迁)间的依赖(顺序)关系和不依赖(并发)关系。这种关系客观存在，与观察无关。

(3) 描述性。用统一的语言(网)描述系统结构和系统行为。

（4）流特征。适合描述以有规则的流动行为为行为特征的系统，包括能量流、物质流和信息流。

（5）分析性。网系统具有与应用环境无关的动态行为，是可以独立研究的对象。可按特定方式进行系统性质的分析和验证。

（6）基础性。网系统在各个领域得到不同的解释，是沟通不同领域的桥梁。网论是这些领域的共同理论基础。

2. Petri 网模型的应用

Petri 网模型在系统可靠性分析中的应用主要包括基本行为描述、故障树简化、故障诊断、可靠性指标的解析计算和可靠性仿真分析。

（1）基本行为描述。系统的许多可靠性指标（可用度、任务可靠度等）与系统的动态性质相关。根据 Petri 网模型的一些基本性质描述系统的动态性质，不仅便于防止影响系统可靠性情况的发生，而且可协助设计人员改进系统设计。

（2）故障树简化。故障树分析是一种传统的可靠性分析方法，故障树可以看作系统中故障传播的逻辑关系。一般的单调关联故障树只含有与门和或门。故障树可以很方便地用 Petri 网表示，如与门采用多输入变迁代替，或门采用两个变迁代替。

（3）故障诊断。基本 Petri 网模型是最简单的一种 Petri 网模型，其库所（place）中至多含有一个托肯。利用这种特性，系统根据库所中是否存在托肯来判断相应的状态是否发生，如果故障状态拥有托肯，则表示相应的故障发生。Petri 网模型可以很好地描述系统中可能发生的各种状态变化和变化间的因果关系，所以很容易通过反向推理得到故障发生的原因，从而实现故障诊断过程。

（4）可靠性指标的解析计算。随机 Petri 网（stochastic Petri net，SPN）模型是由 Molloy 首先提出，并在可靠性分析及性能分析中得到广泛应用的。一般的可靠性模型仅给出了计算某些参数的方法，不具备反映中间过程的能力，而随机 Petri 网模型清晰地描述了系统状态之间的动态转移过程。该方法的优点是利用一般随机 Petri 网的有关理论，通过计算机可以自动进行马尔可夫过程的状态分析，通过状态方程得到系统相关的可靠性指标。该方法是复杂系统可靠性分析的有力工具。

（5）可靠性仿真分析。用 Petri 网模型进行建模，能形象地描述系统的动态行为。利用随机 Petri 网模型的分析方法分为解析法和仿真法。解析法将 SPN 的可达树图映射成最小割集（minimal cut sets，MCS）的状态转移矩阵，然后用经典的 MCS 方法分析。Petri 网动态仿真可以处理各种可能分布的随机事件。两者结合可以为解决系统可靠性问题提供一种新的思路和方法。

8.1.2 Petri 网模型

在 Petri 网中，系统的状态用库所表示，改变状态的事件用变迁表示。在 Petri 网图形描述中，使用“○”代表库所，使用“|”代表变迁，使用有向弧“→”表示有序偶，使用“●”表示托肯。

如果一个 Petri 网的所有有向弧的权值均为 1，则这个网称为规范网。这里只考虑规范网的情况。

Petri 网的定义：六元组 $N=(P,T,I,O,M,M_0)$ 若满足以下条件，则称为 Petri 网。

（1）$P=\{p_1,p_2,\cdots,p_n\}$ 是库所的有限集合，n 为库所的个数，$n>0$。

(2) $T=\{t_1,t_2,\cdots,t_m\}$是变迁的有限集合，m 为变迁的个数，$m>0$，$P\cap T=\varnothing$。

(3) $I:P\times T\rightarrow N$ 是输入函数，它定义了从 P 到 T 的有向弧的重复数或权的集合，这里 $N=\{0,1,\cdots\}$为非负整数集。

(4) $O:T\times P\rightarrow N$ 是输出函数，它定义了从 T 到 P 的有向弧的重复数或权的集合。

(5) $M:P\rightarrow N$ 是各库所中的标识分布。

(6) $M_0:P\rightarrow N$ 是各库所中的初始标识分布。

作为一种系统模型，Petri 网模型不仅可以刻画系统的结构，而且可以描述系统的动态行为，如系统的状态变化等。网的状态用托肯数来表示，称为标识，用 M 表示。Petri 网模型既有直观的图形表示，又可以引入许多数学方法进行分析。对于复杂的系统，Petri 网模型可以对其进行分层描述，逐步求精，便于同面向对象的思想方法相沟通。

8.1.3　Petri 网模型故障分析方法

1. 故障树的 Petri 网模型表示

根据故障树分析可知，对大型复杂系统的故障树求最小割集时，会产生“组合爆炸”，导致计算困难。Petri 网作为一种特殊的有向网，既有静态的部分，又同时具有动态特性，能反映系统的状态变化和事件发展，被认为是一种可以取代故障树分析的方法。静态部分由库所、变迁和弧三个基本图元构成，而动态部分则由图元的标识(托肯)和各种有效变迁的点火来表示，通过托肯在 Petri 网中的流动来反映系统中可能发生的各种状态变化及变化间的因果关系。

应用 Petri 网模型分析系统故障，是将系统所不希望发生的事件作为顶库所，逐级找出导致这一事件发生的所有可能因素，作为中间库所和底库所。图 8-1 所示为故障树逻辑门与对应的 Petri 网模型。可以看出，用 Petri 网的基本元素库所和变迁的不同连接可以表示故障树的逻辑关系，可以充分利用图论的方法来解决故障的诊断推理问题。将故障树中的顶事件、中间事件、底事件用 Petri 网中的库所来表示，故障树中的与门、或门应用 Petri 网中的库所、变迁、弧表示。

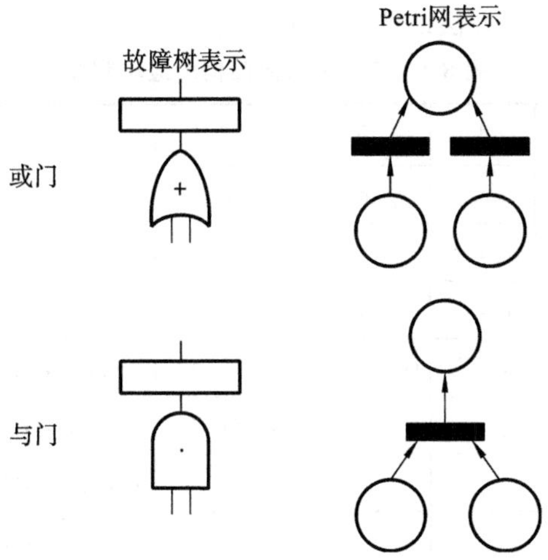

图 8-1　故障树逻辑门与对应的 Petri 网模型

2. Petri 网定性分析

1）最小割集的 Petri 网求法

Petri 网模型将故障树的各种逻辑连接关系简化为只由库所和变迁组成、以有向弧为连接边的网络，使得系统的故障模型简洁易懂。可以采用 Petri 网的方法来处理基于该 Petri 网模型的诊断问题。常用的基于 Petri 网的最小割集求解方法主要有路径搜索法和库所矩阵法。

（1）路径搜索法。

路径搜索是指在路径范围内对事件进行遍历搜索。若 $G=(V,E)$ 的一个顶点和有向边在同一方向的交替序列为 $u=v_0e_1v_1\cdots v_{\mathrm{k}-1}e_{\mathrm{k}}v_{\mathrm{k}}$，且边 e_i 的端点为 v_{i-1} 和 $v_i(i=1,2,\cdots,k)$，则称 u 为一条道路，其中 v_0 和 v_k 分别被称为道路 u 的起点和终点。

路径搜索步骤如下。

①确定道路。以基本库所为道路起点，取顶库所为道路终点。

②考察每条道路，若有多条道路重合，则它们的基本库所水平排列。

③在每条道路上，考察其经过的所有 n 个转移，如果对于每个 $t_i(i=1,2,\cdots,n)$，均有 $\sum_j w(p_j,t_i)=1$，则该基本库所为一个最小割集。

④如果 $\exists t_i(i=1,2,\cdots,n)$ 使 $\sum_j w(p_j,t_i)>1$，则将该基本库所和 $\{t_i\}$ 的所有除道路上的库所以外的输入库所一起水平排列。

⑤考察水平排列中的非基本库所，若它对应的输入库所都为基本库所，则将其用基本库所代替，否则以该库所为道路终点（标以下划线），截取它所在的所有道路为考察对象，重复第②～⑤步，直至都能被基本库所取代为止。

⑥剔去所有超集，即可得到所有的最小割集。

图 8-2 所示为故障树模型与对应的 Petri 网模型。采用下行法求故障树的所有最小割集的分析过程如表 8-1 所示。采用路径搜索方法求解 Petri 网模型的最小割集的分析过程如表 8-2 所示。两种方法得到的最小割集结果相同，为 $\{P_1\}$，$\{P_2,P_3\}$，$\{P_2,P_4\}$，$\{P_5,P_7,P_8,P_9\}$，$\{P_6,P_7,P_8,P_9\}$，$\{P_5,P_7,P_8,P_{10}\}$，$\{P_6,P_7,P_8,P_{10}\}$。但道路搜索法的计算量少于下行法的，当故障树模型很复杂时，该方法的优势更为明显。

表 8-1　下行法求故障树的最小割集

步骤	1	2	3	4	5	6	7	8	最小割集
过程	x_1	x_1	x_1	x_1	x_1	x_1	x_1	x_1	x_1
	G_1	x_2,G_3	x_2,x_3	x_2,x_3	x_2,x_3	x_2,x_3	x_2,x_3	x_2,x_3	x_2,x_3
	G_2	G_2	x_2,x_4	x_2,x_4	x_2,x_4	x_2,x_4	x_2,x_4	x_2,x_4	x_2,x_4
			G_2	G_4,G_5	G_6,G_7,G_5	x_5,G_7,G_5	x_5,G_7,G_5	x_5,G_7,G_5	
						x_6,G_7,G_5	x_6,G_7,G_5	x_6,G_7,G_5	
							x_5,x_7,x_8,G_5	x_5,x_7,x_8,x_9	x_5,x_7,x_8,x_9
							x_6,x_7,x_8,G_5	x_5,x_7,x_8,x_{10}	x_5,x_7,x_8,x_{10}
								x_6,x_7,x_8,x_9	x_6,x_7,x_8,x_9
								x_6,x_7,x_8,x_{10}	x_6,x_7,x_8,x_{10}

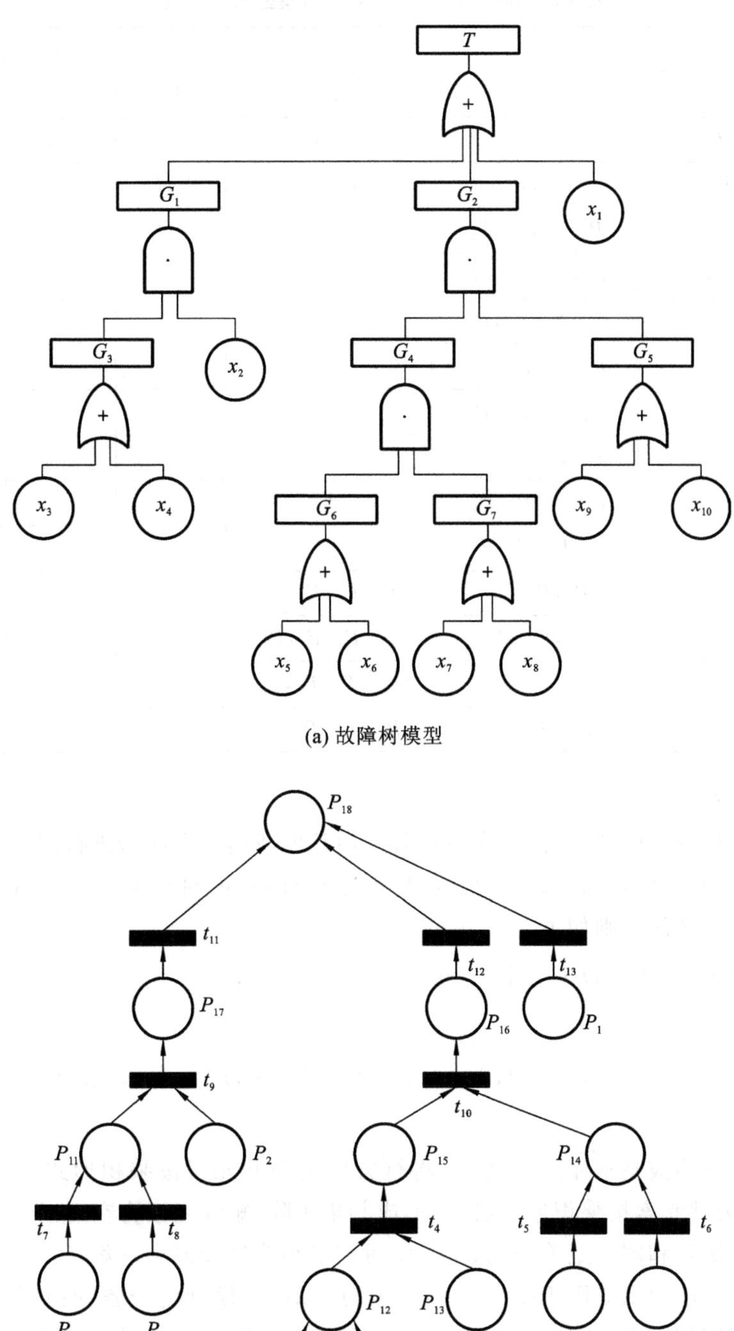

(a) 故障树模型

(b) Petri网模型

图 8-2　故障树模型与对应的 Petri 网模型

表 8-2　路径搜索法求 Petri 网模型的最小割集

步骤	1	2	3	4	5	最小割集
过程	P_1	P_1	P_1	P_1	P_1	P_1
	P_2,P_3	P_2,P_3	P_2,P_3	P_2,P_3	P_2,P_3	P_2,P_3
	P_2,P_4	P_2,P_4	P_2,P_4	P_2,P_4	P_2,P_4	P_2,P_4
	P_5,P_{13},P_{14}	P_5,P_7,P_8,P_9				
	P_6,P_{13},P_{14}	P_5,P_7,P_8,P_{10}				
	P_7,P_8,P_{12},P_{14}	P_6,P_7,P_8,P_9				
	P_9,P_{15}	P_6,P_7,P_8,P_{10}				
	P_{10},P_{15}	P_7,P_8,P_5,P_9				
		P_7,P_8,P_6,P_9				
		P_7,P_8,P_5,P_{10}				
		P_7,P_8,P_6,P_{10}				
		P_9,P_5,P_{13}	P_9,P_5,P_7,P_8			P_5,P_7,P_8,P_9
		P_9,P_6,P_{13}	P_9,P_6,P_7,P_8			P_6,P_7,P_8,P_9
		P_{10},P_5,P_{13}	P_{10},P_5,P_7,P_8			P_5,P_7,P_8,P_{10}
		P_{10},P_6,P_{13}	P_{10},P_6,P_7,P_8			P_6,P_7,P_8,P_{10}

（2）库所矩阵法。

类似于故障树分析中的下行法，库所矩阵法由顶库所向基本库所进行层次分析，将库所标记为矩阵中的一个元素，根据一定的算法将库所进行排列，可同时求取最小割集和最小路集。该分析方法遵循的算法规则如下。

①对于输出库所 P_o，$\exists t_i(i=1,2,\cdots,n)$，使 $\sum w(t_i,P_o)>1$，则$\{t_i\}$的所有输入库所$\{P_{in}\}$水平排列。

②对于输出库所 P_o，$\exists t_i(i=1,2,\cdots,n)$，使 $\sum w(t_i,P_o)=1$，则$\{t_i\}$的所有输入库所$\{P_{in}\}$垂直排列。

③当所有库所均被基本库所取代时，将行方向的公共元素按乘积形式展开，形成路集矩阵；将列方向的公共元素按乘积形式展开，形成割集矩阵；矩阵元素为空时以∅代替。

④剔除路集矩阵和割集矩阵中的超集，便得到最小路集和最小割集。

将库所矩阵算法规则应用于图 8-2(b)所示的 Petri 网模型的步骤为：首先取顶库所为第一个输入库所，然后逐层向下直到建立基本库所为止，具体过程如图 8-3 所示，最后得到最小割集。最小割集为：$\{P_1\}$，$\{P_2,P_3\}$，$\{P_2,P_4\}$，$\{P_5,P_7,P_8,P_9\}$，$\{P_6,P_7,P_8,P_9\}$，$\{P_5,P_7,P_8,P_{10}\}$，$\{P_6,P_7,P_8,P_{10}\}$。

路径搜索法根据 Petri 网的图形表示及有向弧箭头方向和门关系，以底库所为起点、顶库所为终点，自下而上搜索，直到所有库所均为底库所，然后剔去超集，得到最小割集。库所矩阵法类似故障树分析中的下行法，由顶库所向底库所逐层进行分析，根据一定方法将库所进行排列，可求得最小割集。这两种方法均类似于故障树分析中求割集的方法。此外，在路径搜索法中，对每条路径进行搜索，对于大型的 Petri 网模型会造成“组合爆炸”困难。

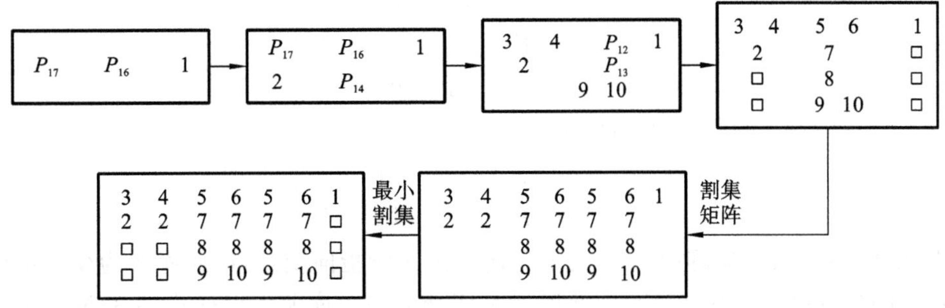

图 8-3　库所矩阵法求最小割集

2）最小割集的关联矩阵法

关联矩阵法是 Petri 网模型的主要分析方法之一。Petri 网的结构可以用一个矩阵来表示。若从库所 P 到变迁 t 的输入函数取值为非负整数 w，记为 $I(P,t)=w$，则用从 P 到 t 的一有向弧并旁注 w 表示；若从变迁 t 到库所 P 的输出函数取值为非负整数 w，记为 $O(P,t)=w$，则用从 t 到 P 的一有向弧并旁注 w 表示。若 $w=1$，则不必标注；若 $I(P,t)=0$ 或 $O(P,t)=0$，则不必画弧。$\boldsymbol{I}$ 与 $\boldsymbol{O}$ 均可表示为 $n\times m$ 非负整数矩阵，$\boldsymbol{O}$ 与 $\boldsymbol{I}$ 之差 $\mathbf{A}=\boldsymbol{O}-\boldsymbol{I}$ 称为关联矩阵。对于规范网，$w=1$。

以图 8-4 为例说明关联矩阵的求解。

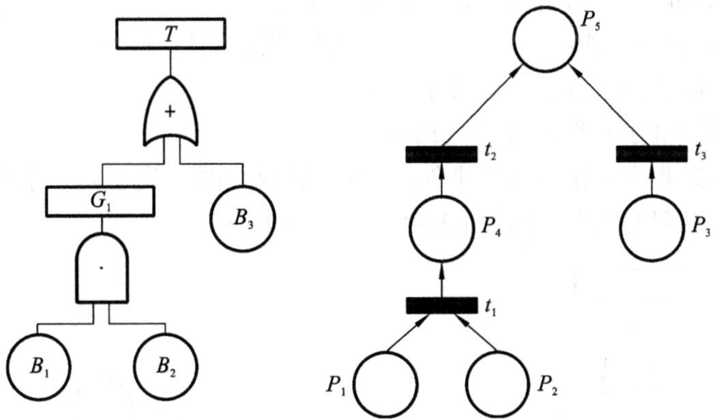

图 8-4　某系统 Petri 网模型

$$\boldsymbol{I}=\begin{bmatrix}1&0&0\\1&0&0\\0&0&1\\0&1&0\\0&0&0\end{bmatrix}\tag{8-1}$$

$$\boldsymbol{O}=\begin{bmatrix}0&0&0\\0&0&0\\0&0&0\\1&0&0\\0&1&1\end{bmatrix}\tag{8-2}$$

由式(8-1)和式(8-2)可得关联矩阵为

$$
\boldsymbol{A}=\boldsymbol{O}-\boldsymbol{I}=\begin{array}{c} \\ P_1 \\ P_2 \\ P_3 \\ P_4 \\ P_5 \end{array}\begin{array}{c} \begin{array}{ccc} t_1 & t_2 & t_3 \end{array} \\ \begin{bmatrix} -1 & 0 & 0 \\ -1 & 0 & 0 \\ 0 & 0 & -1 \\ 1 & -1 & 0 \\ 0 & 1 & 1 \end{bmatrix} \end{array} \tag{8-3}
$$

可以看出，在此关联矩阵中，−1 表示有向弧由库所指向变迁，即此库所为变迁的输入库所；1 表示有向弧由变迁指向库所，即此库所是变迁的输出库所。根据式(8-3)所示的关联矩阵，求 Petri 网的最小割集的步骤如下：

①找出关联矩阵中只有 1 和 0，没有 −1 的行，则该行对应为顶库所（只有输入库所，没有输出库所），由此库所开始寻找（在此关联矩阵中为最后一行）。

②由顶库所对应行的 1 出发按列寻找到 −1，此 −1 所对应行代表的库所为顶库所的一个输入库所，如果该列有多个 −1，则说明对应同一变迁有多个输入库所，并且输入的库所为“相与”关系。

③由步骤②中找到的 −1 按行寻找 1，如果有 1 说明该库所为中间库所，则按步骤②循环查找，直到所在行没有 1 为止；如果没有 1，则说明该库所是一个底库所；如果该行有多个 1，则这些 1 对应的库所应为“相或”关系。

④按步骤②、③继续查找，直到查找到最底层库所。

⑤按照前面的“相与”“相或”关系将底库所展开，则得到所有割集。

⑥按照布尔吸收律或素数法得到最小割集。

由上述步骤可知最小割集为$\{P_3\}$，$\{P_1,P_2\}$。

在故障树分析过程中会出现重复事件，即树中的两个图元代表同一事件。这样的重复事件应用 Petri 网模型可以用同一个库所表示，如图 8-5 所示。

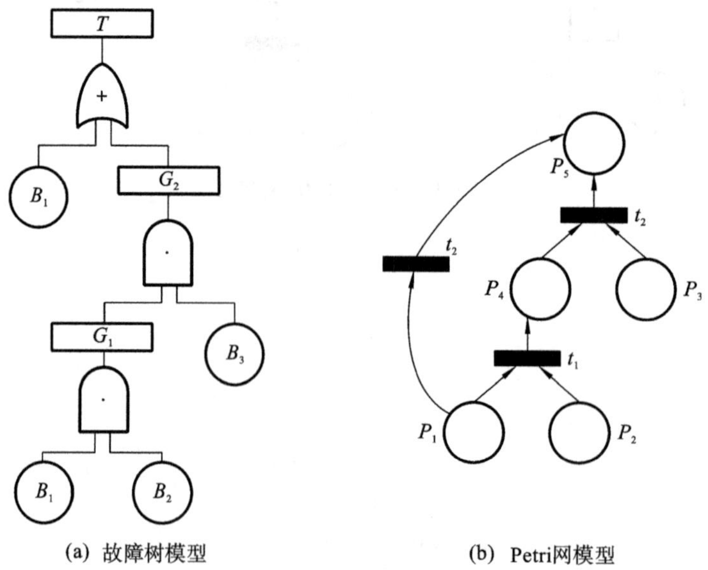

图 8-5　某系统 Petri 网模型

从图 8-5(a)中可以看出 B_1 为重复事件，在对应的 Petri 网模型中 P_1 为与 B_1 相对应的重复事件，可见用 Petri 网表达不但图形简单明了，而且算法简便，没有相同序号的图形出现。图 8-5(b)所示 Petri 网模型的关联矩阵为

$$\mathbf{A}=\begin{array}{c} \\ P_1 \\ P_2 \\ P_3 \\ P_4 \\ P_5 \end{array}\begin{array}{c} \begin{array}{ccc} t_1 & t_2 & t_3 \end{array} \\ \begin{bmatrix} -1 & 0 & -1 \\ -1 & 0 & 0 \\ 0 & -1 & 0 \\ 1 & -1 & 0 \\ 0 & 1 & 1 \end{bmatrix} \end{array} \tag{8-4}$$

应用关联矩阵法按步骤查找，可得：顶库所为 P_5，由第 5 行中的 1 向上查找可知 P_3、P_4 为“相与”事件，二者同时与 P_1 为“相或”事件，而 P_4 又为 P_1、P_2 的“相与”事件，因此最小割集为 P_1。

分析简单系统的故障，可以通过手工的方式建立故障树，得出故障树的定性、定量分析结果。但随着系统复杂性的增加，系统所含部件越来越多，计算量随故障树规模变大而呈指数增长，会造成“组合爆炸”问题。造成顶事件故障的事件可能会非常多，故障类型非常复杂，若要进行故障分析，不可避免地要进行烦琐的建树工作和复杂的分析计算，工作量极大。随着计算技术的快速发展，研究一种计算机辅助分析系统故障的方法就显得尤为重要。根据 Petri 网关联矩阵的分析过程，一般的程序分析流程图如图 8-6 所示。

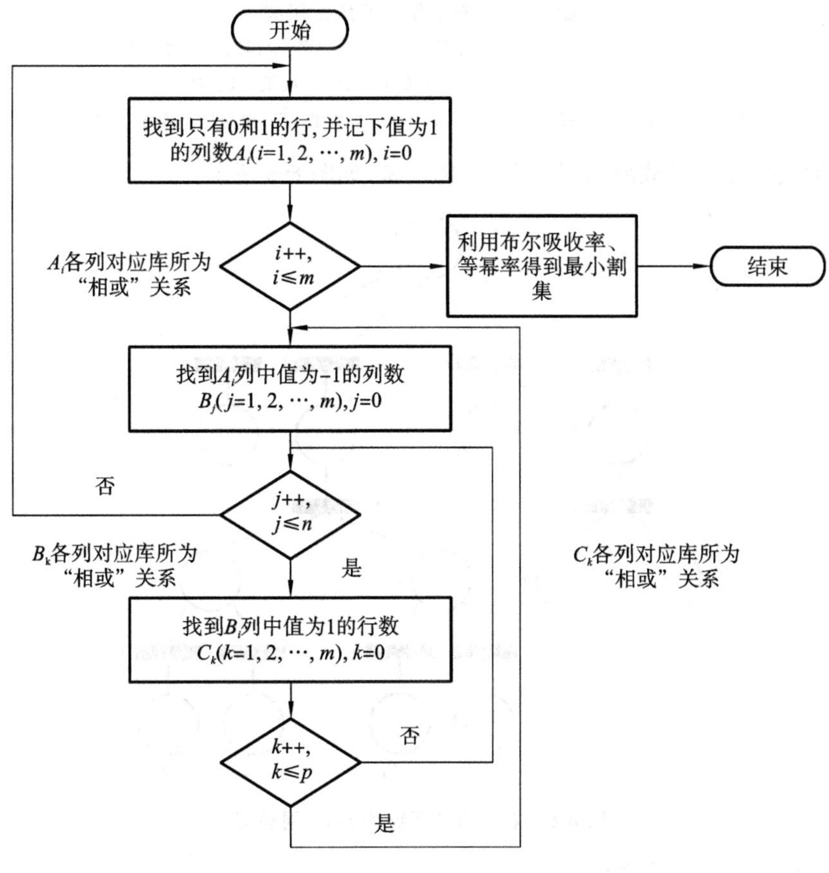

图 8-6 一般的程序分析流程图

8.1.4　Petri 网模型应用实例分析

某舰艇防空系统的故障树如图 8-7 所示，应用关联矩阵法求该系统故障的最小割集。

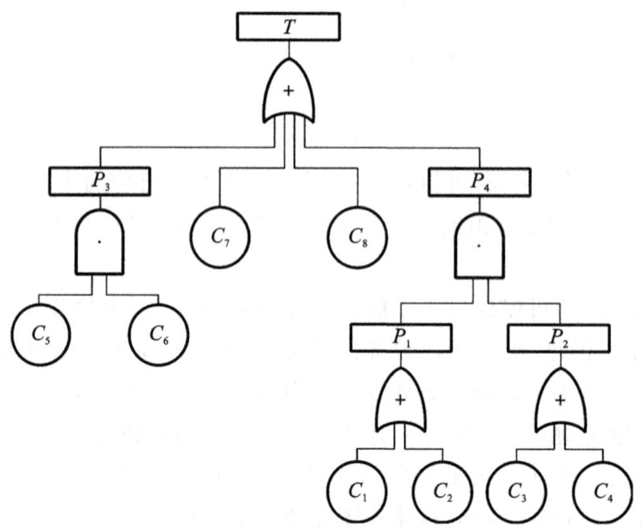

图 8-7　某舰艇防空系统故障树

C_1—导弹指挥仪故障；C_2—发射控制故障；C_3—控制系统故障；C_4—指挥仪故障；C_5—预警机失效；C_6—警戒雷达故障；C_7—通信故障；C_8—决策失误；P_1—导弹防空失败；P_2—舰艇防空失败；P_3—预警失效；P_4—防御失败；T—舰艇防空系统失败

根据舰艇防空系统的故障树建立 Petri 网模型，如图 8-8 所示。

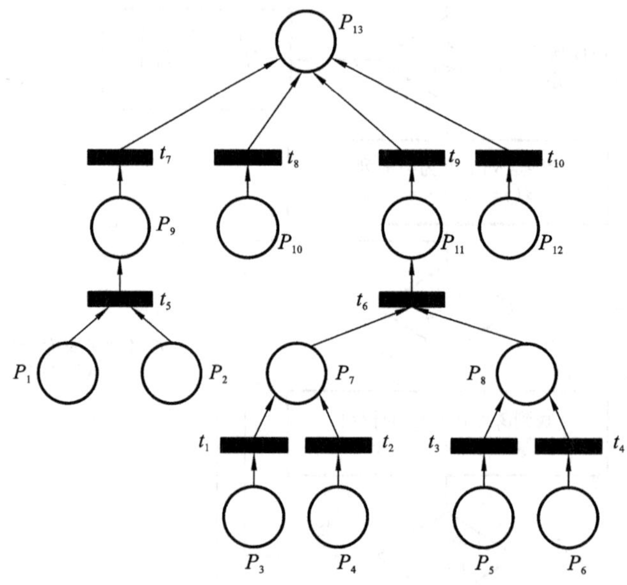

图 8-8　舰艇防空系统的 Petri 网模型

由图 8-8 可以得到其关联矩阵为

$$\mathbf{A}=\begin{array}{c}P_1\\P_2\\P_3\\P_4\\P_5\\P_6\\P_7\\P_8\\P_9\\P_{10}\\P_{11}\\P_{12}\\P_{13}\end{array}\overset{\begin{array}{cccccccccc}t_1&t_2&t_3&t_4&t_5&t_6&t_7&t_8&t_9&t_{10}\end{array}}{\begin{bmatrix}0&0&0&0&-1&0&0&0&0&0\\0&0&0&0&-1&0&0&0&0&0\\-1&0&0&0&0&0&0&0&0&0\\0&-1&0&0&0&0&0&0&0&0\\0&0&-1&0&0&0&0&0&0&0\\0&0&0&-1&0&0&0&0&0&0\\1&1&0&0&0&-1&0&0&0&0\\0&0&1&1&0&-1&0&0&0&0\\0&0&0&0&1&0&-1&0&0&0\\0&0&0&0&0&0&0&-1&0&0\\0&0&0&0&0&1&0&0&-1&0\\0&0&0&0&0&0&0&0&0&-1\\0&0&0&0&0&0&1&1&1&1\end{bmatrix}}$$

①搜索关联矩阵，找出没有－1 所在的行，即顶库所所在行第 13 行，记录下每个 1 所在的列，分别为第 7、8、9、10 列。

②从第 7 列出发，搜索此列并记录下这一列中－1 所在的行，即第 9 行。

③继续搜索第 9 行，记录下这一行中 1 所在的列，即第 5 列，并且第 5 列中有两个－1，则说明这两个－1 所对应的库所 P_1、P_2 同为 P_9 的输入库所，则 P_1、P_2 为“相与”关系，即 $P_9=P_1\times P_2$。

④从第 8 列出发，重复步骤②、③，即搜索第 10 行，得出只有一个底库所为 P_{10}。

⑤从第 9 列出发，重复步骤②、③，即搜索第 11 行，可得 $P_{11}=P_7\times P_8=(P_3+P_4)\times(P_5+P_6)$。

⑥从第 10 列出发，重复步骤②、③，即搜索第 12 行，得出只有一个底库所为 P_{12}。

⑦根据上述步骤，得出 $P_{13}=P_9+P_{10}+P_{11}+P_{12}=P_1\times P_2+P_{10}+(P_3+P_4)\times(P_5+P_6)+P_{12}$。

⑧再应用布尔吸收率或素数法求得最小割集，为：$\{P_1,P_2\}$，$\{P_{10}\}$，$\{P_{12}\}$，$\{P_3,P_5\}$，$\{P_4,P_5\}$，$\{P_3,P_6\}$，$\{P_4,P_6\}$。

8.2　GO 法简介

8.2.1　概述

GO 法是由美国 Kaman 科学公司于 20 世纪 60 年代中期针对武器和导弹系统的安全性和可靠性分析研发的，是一种图形化的系统可靠性建模和分析方法，与可靠性框图和故障树分析等方法相似。该方法首先通过对系统的分析来构造相应的可视化模型，这个模型称为 GO 图；然后通过 GO 图对系统进行定性和定量分析，寻找系统的薄弱环节，计算系统的各种可靠性指标。与故障树分析方法不同，GO 法能够直接依靠系统原理图、工程图或流程图，把它们按照一定的规则“翻译”成 GO 图。GO 图用 GO 符号来表示具体的部件或逻辑关系，用信号流连接 GO 符号，表示具体的物流或逻辑上的进程。GO 图的连接逻辑采用正常的工作路径，也就是“面向成功”的建模方法。这样得到的系统 GO 图可以反映出系统的原貌，表达出系统中各部件之间的物理关系和逻辑关系。因此，GO 法的模型建立和错误检查相对容易，尤其是在系统比较复杂的情况下，GO 法的优势更加明显。

1. GO 法的主要特点

(1) GO 图比故障树直观，比可靠性框图的表现力强。GO 图是对系统功能原理的直接模拟，用操作符直接表示系统中部件的功能，操作符的输入、输出信号表示部件之间的关系和相互作用，操作符和系统的实际部件有较好的对应关系。

(2) GO 图是系统和部件及部件之间的相互作用和相关性的直接表示。GO 图的图形简洁，易于错误检查、变换和修改，有利于在进行性能设计分析的同时开展可靠性分析。

(3) 一般工程技术人员易于理解和接受 GO 图。GO 法以成功为导向，直接通过系统组成和功能原理进行分析。

(4) GO 法定性分析可以分别确定系统成功和系统故障的事件集合。GO 法不只是评价导致系统故障的事件组合，还要分析系统所有可能状态的事件组合。

(5) GO 操作符和信号流都可以表示系统的多个状态。GO 法可用于有多状态的系统概率分析，GO 法定量分析可以非常精确地计算系统的成功状态概率和故障状态概率。

(6) GO 法既描述某一特定时刻的系统状态，又分析事件序列过程。GO 法可以描述系统和部件在各个时间点的状态和状态的变化，可用于有时序的系统概率分析。

同时，GO 法存在着操作符类型多、使用复杂的缺点。对系统图建立 GO 图时，要求分析人员不仅对系统非常熟悉，而且对 GO 法应有足够的理解。GO 法的算法实现也非常复杂。但 GO 法适用于多状态、有时序的系统，对于有实际物流、信息流和能量流动过程系统的可靠性分析，具有其他方法不可代替的特点和作用，因此，在概率风险评价、有时序和阶段任务的系统分析、不确定性分析和动态系统可靠性分析方面具有独特的优点。

2. GO 法的主要应用

(1) 在产品的设计过程中，通过分析导致系统成功和系统故障的部件事件的集合，发现潜在的系统故障，验证系统可靠性设计。

(2) 用于系统可靠度和可用度的精确定量计算，其计算结果可评价系统的可靠性或可用性，也可在概率风险评价中用于分析系统的安全性。

(3) 通过计算系统的重要度，确定组成部件对系统故障的贡献，评价系统的组成部分和外部事件对系统可靠性的影响，鉴别系统的关键部件。

(4) 进行系统的不确定性分析和共因故障分析，用于评价系统设计参数对系统可靠性的影响，评价系统内部部件的共因故障对系统运行的影响，确定冗余系统的安全设计准则。

3. GO 法的基本概念

GO 法的基本概念包括操作符、信号流、GO 图和 GO 法运算等。

(1) 操作符。

GO 法操作符是代表产品单元功能和单元输入、输出信号之间的各类关系的符合集合。操作符的属性有类型、数据和运算规则。类型是操作符的主要属性，它反映了操作符所代表的单元功能和特征。GO 法的操作符是可扩展的集成，常用的操作符是预定义的 17 种标准操作符，以类型 1～17 表示，如表 8-3 所示，其中 2、10、11 为逻辑操作符，S 表示输入信号，R 表示输出信号。

表 8-3　GO 法操作符

类型	符　号	说　明	备　注
1	S → ① → R	两状态单元。最常用的操作符，所模拟的单元只有两个状态：成功——信号能通过，故障——信号不能通过。该操作符可以模拟具有物质或能量导通功能的部件，如电阻、开关、放大器、阀门和管道等	最常见的操作符，可模拟两状态部件，即成功状态和故障状态
2	S_1 … S_2 → ② → R	或门。有多个输入，一个输出，表示输出是输入的“或”逻辑关系，或门输出信号状态值取决于多个输入信号中的最小状态值。在处理时序问题时，表示在输入信号中最早到达的时间点就有输出信号；在两状态问题中表示输入中只要有一个成功，输出就成功	第 2 类操作符是逻辑操作符，不需要概率数据
3	S → ③ → R	触发发生器。可用于模拟继电器线圈、螺线管、激励传感器、加速度仪、马达、气动执行器件等	比第 1 类操作符更通用，可模拟三状态部件，即成功状态、故障状态和提前动作状态
4	▷4 → R_1, R_2, R_3	多信号发生器。可产生多个相关信号，作为 GO 模型的输入信号	描述相关事件
5	▷5 → R	信号发生器。最常用的输入操作符，它没有输入，是独立于系统的外部事件或另一系统发生的信号，作为系统的输入。信号发生器操作符可以模拟发生器、电源、电池、水源等，还可表示环境的影响，如温度、振动、光辐射等的影响，也包括人为因素对系统的作用	在一个模型中出现两个或者多个第 5 类操作符时，它们表示的信号必须相互独立
6	S_1 → ⑥ → R（S_2 ↓）	有信号导通元件。可用于模拟控制开关、电动阀、汽轮驱动泵、电机驱动泵等	第 6 类操作符表示经过激励后才能让输入通过的部件
7	S_1 → ⑦ → R（S_2 ↓）	有信号关断元件。可用于模拟在激励之前一直让输入通过、经过激励后结束输入通过的部件，如常开阀、常闭触点等	第 7 类操作符表示经过激励后输入不能通过的部件
8	S → ⑧ → R	延迟发生器。可用于模拟部件的延迟响应，如操作员行为、机械延迟响应、电子系统延迟响应、计时器和时钟等	延迟的时间数值不是自然时间，而是根据系统的特性，人为确定的状态改变或者时间点的改变

续表

类型	符　号	说　明	备　注
9	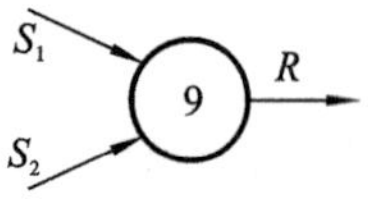	功能操作器。此操作符是逻辑门，它将两个输入信号结合起来，而输出信号是用户定义的两个输入信号的函数，可用来模拟视差器	
10	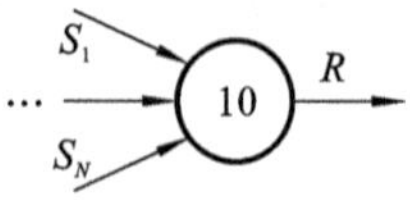	与门。有多个输入信号，一个输出信号，表示输入输出的逻辑关系，与门输出信号状态值取决于多个输入信号中的最大值。在时序问题中，表示在输入信号中最晚到达的时间点才有输出信号；在两状态问题中表示 N 个输入信号都是成功状态，输出信号才是成功状态	第 10 类操作符是逻辑操作符，不需要概率数据
11	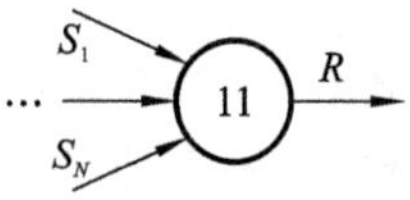	N 取 K 门。有 N 个输入信号，一个输出信号，表示输入输出的逻辑关系，N 个输入信号状态值按增序排列，输出信号状态值就取序列中第 K 个状态值。在时序问题中，表示第 K 个信号到达时，有输出信号；在两状态问题中，表示 N 个输入中至少有 K 个成功，输出才成功	第 11 类操作符是逻辑操作符，不需要概率数据
12	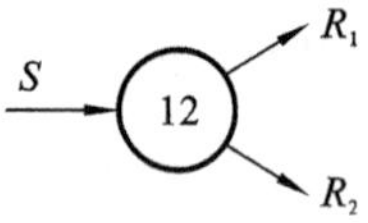	路径分离器。在输入信号到达后，此操作符可以选择某一条路径作为它的输出，其他路径将被关闭，可用于模拟多向接头开关等	第 12 类操作符的输出信号具有互不相容性
13	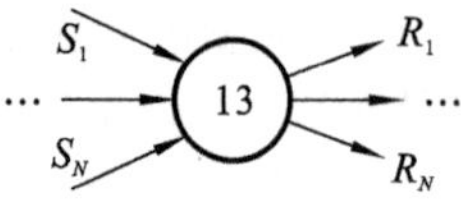	多路输入输出器。多输入、多输出的逻辑结构，可用于模拟需要多个输入和输出的部件	从理论上讲，所有其他的操作符的功能都可以用第 13 类操作符等效替代，但是该操作符的输入方式很复杂
14	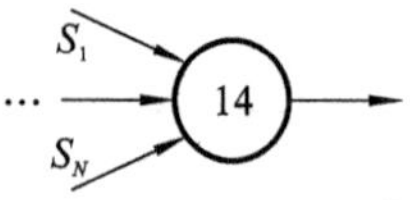	线性组合发生器。一种逻辑结构，其输出值是输入值的线性组合，可用于模拟逻辑运算器等	
15	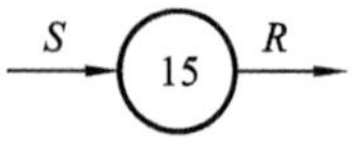	限值概率门。可用于模拟根据自己的输入情况控制自己的输出情况的设备，如模拟控制旁路或者报警装置的控制器等；该操作符也可以作为“非门”来使用	
16	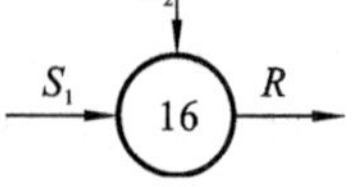	恢复已导通元件。可以用来模拟已被激励但需要解除激励，目的是终止输入信号向输出方向流动的部件，如对已被激励的继电器解除激励，终止电流流过触点，关闭已打开的电磁气动阀，停止流体的流动，或者对某些报警系统部件断电等	第 16 类操作符不仅仅应用于这种情况，即部件的成功状态被定义为解除部件的激励后，它的输出同时终止

续表

类型	符　号	说　明	备　注
17	S_2 ↓ ，S_1 → (17) → R	恢复已关断元件。可用于模拟已被激励但需要解除激励，目的是使输入信号向输出方向流动的部件，如对已被激励的常闭电磁阀解除激励，让气体流过	第 17 类操作符输入仅和输出的状态逻辑是相反的，应用时可以同时加上第 15 类操作符模拟这种逻辑反向，使系统模型的所有成功状态都有相同的状态值表示

(2) 信号流。

信号流是构成 GO 图的另一种重要符号。信号流表示系统单元的输入和输出及操作符之间的关联。信号流的属性包括状态值和状态概率。GO 法的信号流能够代表单元的多种状态，这里用 $0,1,\cdots,N$ 代表单元的 $(N+1)$ 种状态。状态值 0 代表一种提前状态，如过早发出的信号、信号来到前发生的动作等；状态值 $1,2,\cdots,N-1$ 表示单元的多种成功状态；最大的状态值 N 表示故障状态，相应状态值的概率为 $P(0),P(1),\cdots,P(N)$，满足 $\sum_{i=0}^{N}P(i)=1$。$0\sim N$ 状态值是系统状态的代表，如不同的流量值、不同的浓度值等。对于有时序的系统，$0\sim N$ 状态值可用于表示一系列给定的具体的时间值。

(3) GO 图。

GO 法通过系统分析直接从系统原理图、流程图或者工程图建立 GO 图，GO 图中的操作符代表系统的单元，GO 图中的信号流代表系统单元的输入和输出及单元之间的关联。GO 图是由操作符和连接操作符的信号流组成的，正确的 GO 图必须满足以下几点要求。

①GO 图中操作符必须标明类型号和编号，编号是唯一的。

②GO 图中至少要有一个输入操作符。

③GO 图中操作符的输入信号必须是另一种操作符的输出信号，所有信号流必须标明编号，编号是唯一的。

④GO 图中的信号流从输入操作符开始应通到代表系统输出的信号流，形成信号流序列，不允许有循环。

(4) GO 法运算。

GO 图建立后，输入所有操作符的数据，然后进行 GO 法运算，从 GO 图的输入操作符的输出信号开始，根据下一个操作符的运算规则进行运算，得到输出信号的状态和概率，按信号流序列逐个操作符进行运算，直至系统的一组输出信号。

GO 法运算分为定性运算和定量运算。定性运算按操作符运算规则，逐个分析输入信号状态和单元状态的组合，得到输出信号状态，最后得到代表系统的输出信号的状态，分析系统各状态的所有可能的单元状态的组合，求出路集和割集。定量运算在分析每一个操作符的输入信号状态和单元状态组合得到输出信号状态时，同时计算输出信号的状态概率，逐步计算得到代表系统的输出信号的状态概率。

8.2.2　GO 图的建模过程

(1) 定义系统结构。给出系统的分析范围，分析系统的结构和功能原理，绘制结构图和功能原理图。

(2) 确定系统边界。确定系统与其他系统的接口关系，即确定系统的输入和输出。

(3) 给出成功准则。明确系统正常运行状态的判别条件，确定系统正常运行所要求的最小输出信号处于成功状态的集合。

(4) 绘制 GO 图模型。从系统的原理图、结构图、工程图或流程图中模拟建立。

①用操作符代表系统图中的元件、部件或子系统，并按单元的功能确定操作符的类型。

②根据系统组成单元之间的功能关系和逻辑关系，用信号流连接操作符。

③根据 GO 图的建立规则进行检查。

(5) 确定单元数据。确定系统中所有组成单元的状态概率数据，然后按操作符编号输入数据。

8.2.3 GO 法分析

1. 状态组合算法

GO 法定性分析的任务是分析系统处于各种可能状态的因素，特别是故障状态的因素。GO 法描述的系统和部件可能有多种状态，其定性分析要查找系统处于各个状态的相应的全部部件状态组合，即状态组合集。GO 法中信号流的状态由该信号流前的所有部件状态组合决定，信号流代表该信号流前的部件组成的子系统。定性分析同时也得到以各信号流代表的子系统处于其可能状态时的部件状态组合集。

GO 法定量分析的任务是通过定量运算得到 GO 图中所有信号流处于其可能状态的状态概率，以代表系统的一个或多个输出信号流的状态概率对系统可靠性做出定量评价。

1) 状态组合算法步骤

(1) 确定和输入操作符的可靠性数据。GO 图中所有操作符应按操作符的类型给出所需要的可靠性数据。类型包括功能操作符、逻辑操作符和输入操作符，其中最主要的是代表系统各单元的功能操作符，一般可能有三种状态，即提前状态、成功状态和故障状态，可分别用状态值 $V_c=0,1,2$ 来代表。操作符的可靠性数据就是操作符所代表的单元处于相应状态时的状态概率 $P_c(0)$，$P_c(1)$，$P_c(2)$，并且满足 $P_c(0)+P_c(1)+P_c(2)=1$。逻辑操作符代表单元之间的逻辑关系，不需要给出可靠性数据。输入操作符代表独立于系统的外部事件或前级系统，它的输出是本系统的输入信号流，因此应给出和信号流一致的状态概率。

(2) 状态组合算法的定性与定量 GO 运算。状态组合算法的基本运算是操作符的 GO 运算，由操作符输入信号的状态值和操作符的状态值可确定操作符输出信号的状态值，如果输入信号有 I_s 个状态，操作符有 I_c 个状态，它们有 $I_s \times I_c$ 个状态组合。通过状态组合中输入信号的状态概率和操作符的状态概率的联合概率，就可求得状态组合的状态概率。由于信号流不允许有循环，因此沿着信号流序列，逐个操作符进行 GO 运算，最后就可以得到代表系统的输出信号流的状态组合集合和状态概率，即完成了系统的定性与定量 GO 运算。

(3) 系统可靠性的评价。系统输出信号的状态组合集合用以对系统进行定性分析和评价，可以分析系统处于各种可能状态的原因，特别是系统故障的原因。系统故障集中的状态组合是互相独立的，可直接计算各状态组合的概率，以定量分析和评价它们对系统故障的影响。

2) 有共有信号的状态组合算法

GO 图中一个信号流同时输入到两个或多个操作符，这个信号流称为共有信号。

图 8-9 所示为某发动机的供油系统原理图。该供油系统由一个油箱和两路油路构成，每个油路由一个供油泵和一个控制阀构成，两路的控制阀由同一控制信号控制其打开或关闭。系统只要有一条油路可以供油，即认为系统正常工作。该供油系统的 GO 图如图 8-10 所示，图中信号流 1 同时输入到操作符 2 和 3，因此信号流 1 是共有信号，操作符 1-2 和 1-3 的输出信号 2 和 3 包含共有信号 1。图中输入信号 5 和输入信号 6 的状态值中保留了共有信号的状态，如果它们包含了相同的共有信号状态，它们就不是独立的。计算它们的联合概率时，不能直接相乘，而是要用条件概率计算，在它们的状态概率相乘后再除以相同的共有信号状态的概率，即可得到正确的输出信号 7 的状态概率。

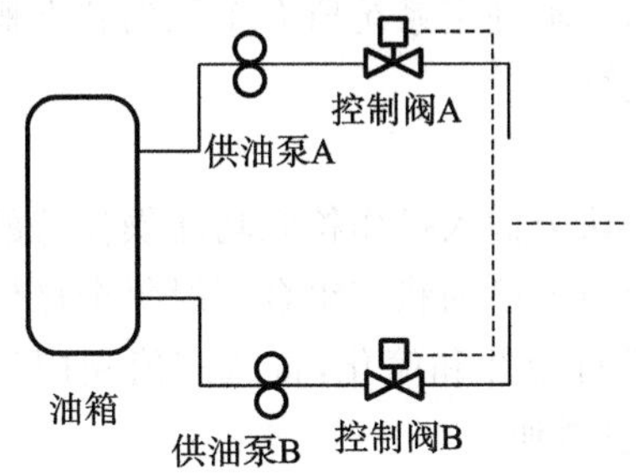

图 8-9　某发动机的供油系统原理图

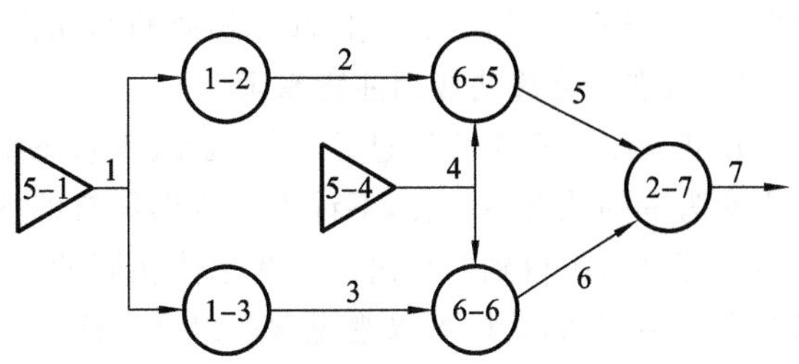

图 8-10　某发动机供油系统的 GO 图

2. 概率公式算法

1）操作符状态累积概率定量计算公式

根据标准操作符类型的定义和运算规则，应用状态累积概率，对常用操作符给出操作符输出信号状态累积概率定量计算公式。分析过程中，假设系统的操作符代表的单元和输入输出信号代表的子系统都是互相独立的，因此操作符状态和输入信号状态的联合概率可以直接用它们的概率相乘来计算。

2）有共有信号的状态概率定量算法

系统 GO 图中某操作符的输出信号连接到两个或多个操作符，作为它们的输入信号，则该输入信号定义为共有信号。包含同一共有信号流的信号流不是完全独立的，在定量计算时要进行修正计算。

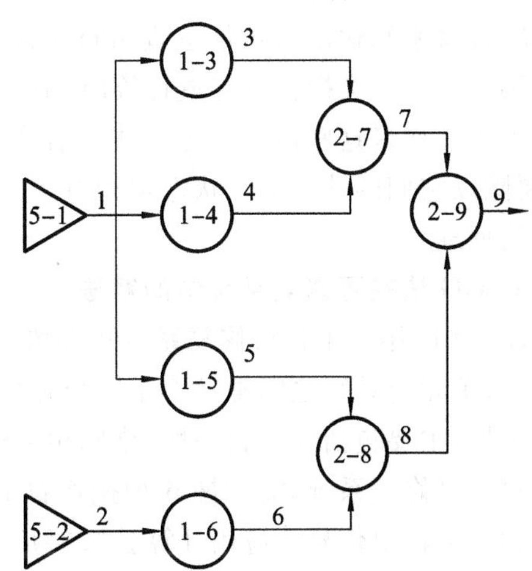

图 8-11　有共有信号的 GO 图

通过一个有共有信号的系统 GO 图（见图 8-11）来说明共有信号的定义和修正算法。该系统有 9 个操作符，操作符 5-1 与 5-2 为输入操作符，操作符 1-3 和 1-6 为两状态单元操作符，操作符 2-7、2-8、2-9 为或门操作符。操作符 5-1 的输出信号 1 连接到操作符 1-3、1-4 和 1-5，作为它们的输入信号，因此信号流 1 是共有信号。按共有信号传递规则，共有信号 1 有 3 个信号流序列，它的后续信号 3、4、5 和 7、8、9 都是包含共有信号 1 的。

8.2.4 GO 法分析的注意事项

GO 法分析时，第一步是系统分析，规定系统范围，明确系统可靠性指标，确定边界，明确系统的正常运行状态和故障状态。因此，要求可靠性分析人员必须对该系统有清晰的认识。第二步是建立 GO 图。GO 图是从系统原理图、结构图、工程图或流程图中直接模拟建立的，因此，必须给出系统的原理图、结构图、工程图或流程图，同时要求可靠性分析人员对 GO 法的操作符有足够的认识，用操作符来代表系统图中的零部件或子系统，对 GO 图中的操作符和信号流进行编号，编号必须唯一。第三步是系统可靠性分析，要求确定系统所有单元的状态概率数据，按操作符编号输入数据，选择相应的 GO 算法进行运算。

1. 状态组合算法应用注意事项

在状态组合算法应用过程中，为了减少状态组合总数，认为输入操作符和功能操作符的状态概率为零的状态不存在，不计入相应操作符的状态数，因而不参加状态组合。对每个操作符基本运算过程中得到的输出信号状态值相同的状态组合进行合并和简化，将状态值相同的状态概率直接相加，这样可以避免状态组合爆炸导致的计算量增加。

如果存在共有信号，状态组合和状态概率运算过程中，要保留共有信号状态。状态值相同但包含的共有信号状态组合不同的状态组合不能合并，状态组合要区分，状态概率也不能相加。包含共有信号组合的多个信号再组合时，要考虑它们所包含的共有信号状态的关系。如果包含的共有信号状态是相斥的，这样的状态组合不存在，可以删去。如果包含的共有信号状态是相关的，状态组合的联合概率计算要采用条件概率方法计算，才能得到正确的结果。

2. 概率公式算法

运用概率公式算法进行 GO 运算时，要掌握操作符状态累积概率定量计算公式，最常用的有 10 种操作符。操作符定量计算时，不必再列出状态组合，状态概率公式中已包含了状态组合的联合概率和输出信号状态值相同的状态概率合并计算。

第 2、10、11 类操作符定量计算时，概率计算公式展开式中会出现多个信号流的状态累积概率乘积。如果这些信号流包含共有信号，要进行修正处理。两个信号流状态累积概率相乘时，要除以它们的共有信号状态累积概率。多个相乘时，将其中两个相乘处理成一个，其余的再继续处理。

3. GO 法在可修复系统中的算法

GO 法应用于工程可修复系统可靠性分析时，操作符代表系统的可修复单元。系统的单元之间、单元与系统之间常常不是完全独立的，在停工、维修、冗余和备用等方面可能存在一定的相关性，主要包括停工相关性、维修相关性和备用相关性三种。

对于可修复系统，需掌握 6 种操作符的计算公式，其中第 2、10、11 类操作符有 N 个输入信号和 1 个输出信号。应用计算公式时应注意 N 个输入信号是否有共有信号，如果 N 个输入信号来自同一个前级输入信号，这个前级输入信号就是它们的共有信号。如果有共有信号，应将 N 个输入信号的可靠性特征量包含的共有信号的可靠性特征量分离出去，将分离后的输入信号可靠性特征量代入公式计算输出信号可靠性特征量，再将分离出去的共有信号可靠性特征量和分离后计算的输出信号可靠性特征量进行合并计算。

习　题

8-1　简单叙述 Petri 网模型的特点。

8-2　对比分析故障树分析与 Petri 网模型分析的关系。

8-3　简述 GO 法的特点和分析步骤。

8-4　根据图 8-12 所示的故障树模型，建立相应的 Petri 网模型。

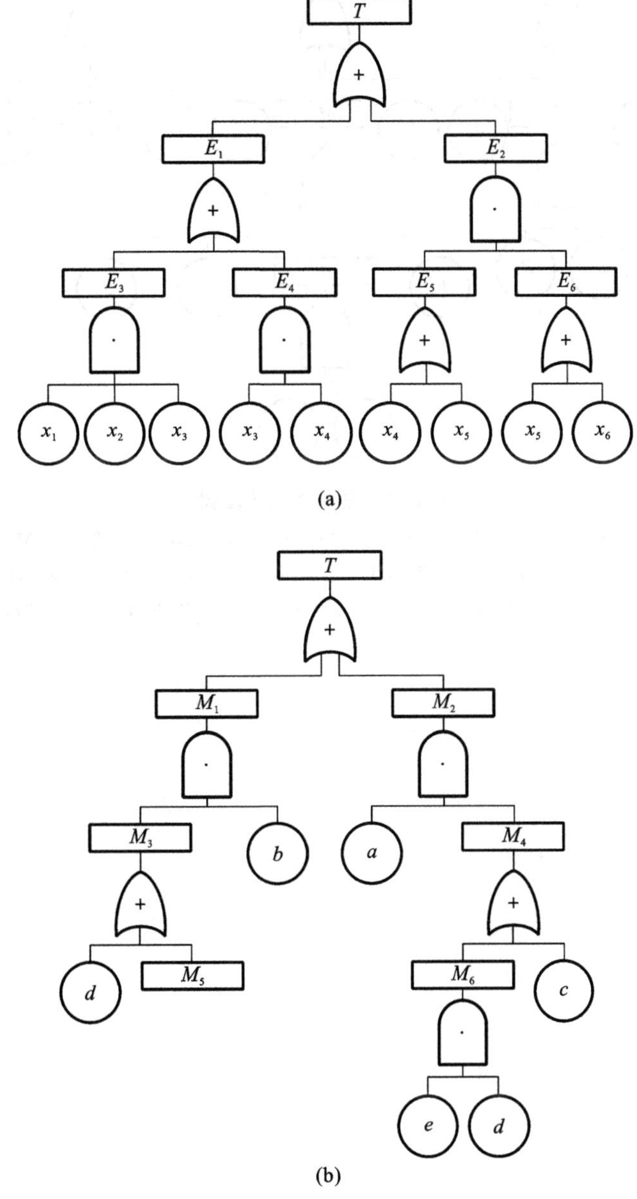

图 8-12　故障树模型

8-5　某内燃机故障树如图 8-13 所示。

（1）建立 Petri 网模型；

(2) 写出关联矩阵；

(3) 求出最小割集。

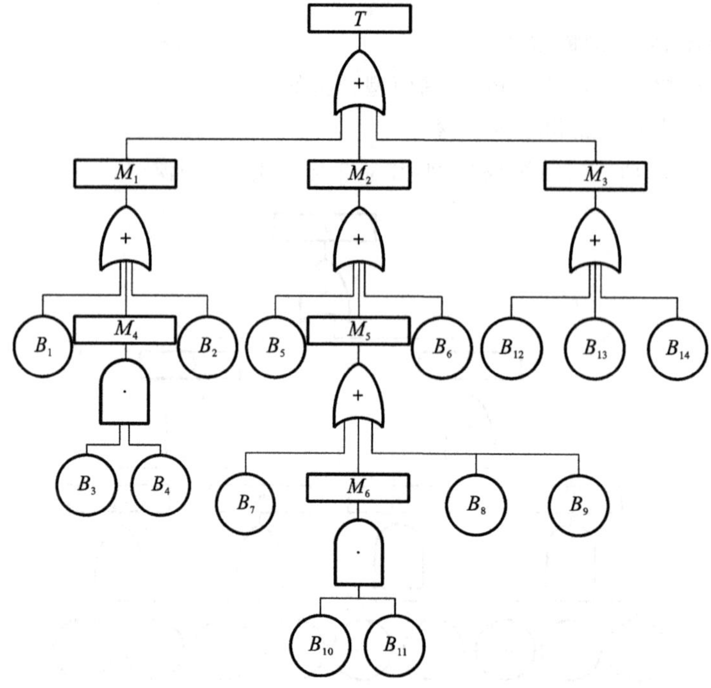

图 8-13　某内燃机故障树

M_1—油箱缺油；M_2—活塞不能压缩；M_3—无火花；M_4—油箱空；M_5—活塞不动；M_6—无能源；B_1—化油器失效；B_2—油管堵；B_3—油箱漏；B_4—忘加油；B_5—漏气；B_6—活塞环损坏；B_7—活塞卡住；B_8—连杆断裂；B_9—轴承卡住；B_{10}—电池用完；B_{11}—拉索断裂；B_{12}—火花塞失效；B_{13}—线路故障；B_{14}—磁电机故障

附　　录

附表 1　标准正态分布表

$$R=\Phi(Z_R)=\frac{1}{\sqrt{2\pi}}\int_{-\infty}^{Z_R}\mathrm{e}^{-\frac{x^2}{2}}\mathrm{d}x \quad (Z_R\leqslant 0)$$

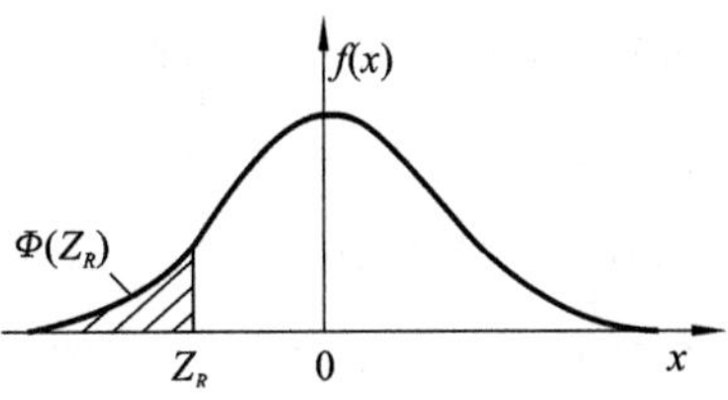

(a)

Z_R	0.00	0.01	0.02	0.03	0.04	0.05	0.06	0.07	0.08	0.09
−0.0	0.5000	0.4960	0.4920	0.4880	0.4840	0.4801	0.4761	0.4721	0.4681	0.4641
−0.1	0.4602	0.4562	0.4522	0.4483	0.4443	0.4404	0.4364	0.4325	0.4286	0.4247
−0.2	0.4207	0.4168	0.4129	0.4090	0.4052	0.4013	0.3974	0.3936	0.3897	0.3859
−0.3	0.3821	0.3783	0.3745	0.3707	0.3669	0.3632	0.3594	0.3557	0.3520	0.3483
−0.4	0.3446	0.3409	0.3372	0.3336	0.3300	0.3264	0.3228	0.3192	0.3156	0.3121
−0.5	0.3085	0.3050	0.3015	0.2981	0.2946	0.2912	0.2877	0.2843	0.2810	0.2776
−0.6	0.2743	0.2709	0.2676	0.2643	0.2611	0.2578	0.2546	0.2514	0.2483	0.2451
−0.7	0.2420	0.2389	0.2358	0.2327	0.2296	0.2266	0.2236	0.2206	0.2177	0.2148
−0.8	0.2119	0.2090	0.2061	0.2033	0.2005	0.1977	0.1949	0.1922	0.1894	0.1867
−0.9	0.1841	0.1814	0.1788	0.1762	0.1736	0.1711	0.1685	0.1660	0.1635	0.1611
−1.0	0.1587	0.1562	0.1539	0.1515	0.1492	0.1469	0.1446	0.1423	0.1401	0.1379
−1.1	0.1357	0.1335	0.1314	0.1292	0.1271	0.1251	0.1230	0.1210	0.1190	0.1170
−1.2	0.1151	0.1131	0.1112	0.1093	0.1075	0.1056	0.1038	0.1020	0.1003	0.0985
−1.3	0.09680	0.09510	0.09342	0.09176	0.09012	0.08851	0.08691	0.08534	0.08379	0.08226
−1.4	0.08076	0.07927	0.0778	0.07636	0.07493	0.07353	0.07215	0.07078	0.06944	0.06811
−1.5	0.06681	0.06552	0.06426	0.06301	0.06178	0.06057	0.05938	0.05821	0.05705	0.05592
−1.6	0.05480	0.05370	0.05262	0.05155	0.05050	0.04947	0.04846	0.04746	0.04648	0.04551
−1.7	0.04457	0.04363	0.04272	0.04182	0.04093	0.04006	0.03920	0.03836	0.03754	0.03673
−1.8	0.03593	0.03515	0.03438	0.03362	0.03288	0.03216	0.03144	0.03074	0.03005	0.02938
−1.9	0.02872	0.02807	0.02743	0.02680	0.02619	0.02559	0.02500	0.02442	0.02385	0.02330

续表

Z_R	0.00	0.01	0.02	0.03	0.04	0.05	0.06	0.07	0.08	0.09
−2.0	0.02275	0.02222	0.02169	0.02118	0.02068	0.02018	0.01970	0.01923	0.01876	0.01831
−2.1	0.01786	0.01743	0.01700	0.01659	0.01618	0.01578	0.01539	0.01500	0.01463	0.01426
−2.2	0.01390	0.01355	0.01321	0.01287	0.01255	0.01222	0.01191	0.01160	0.01130	0.01101
−2.3	0.01072	0.01044	0.01017	$0.0^{2}9903$	$0.0^{2}9642$	$0.0^{2}9387$	$0.0^{2}9137$	$0.0^{2}8894$	$0.0^{2}8656$	$0.0^{2}8424$
−2.4	$0.0^{2}8198$	$0.0^{2}7976$	$0.0^{2}776$	$0.0^{2}7549$	$0.0^{2}7344$	$0.0^{2}7143$	$0.0^{2}6947$	$0.0^{2}6756$	$0.0^{2}6569$	$0.0^{2}6387$
−2.5	$0.0^{2}6210$	$0.0^{2}6037$	$0.0^{2}5868$	$0.0^{2}5703$	$0.0^{2}5543$	$0.0^{2}5386$	$0.0^{2}5234$	$0.0^{2}5085$	$0.0^{2}4940$	$0.0^{2}4799$
−2.6	$0.0^{2}4661$	$0.0^{2}4527$	$0.0^{2}4396$	$0.0^{2}4269$	$0.0^{2}4145$	$0.0^{2}4025$	$0.0^{2}3907$	$0.0^{2}3793$	$0.0^{2}3681$	$0.0^{2}3573$
−2.7	$0.0^{2}3467$	$0.0^{2}3364$	$0.0^{2}3264$	$0.0^{2}3167$	$0.0^{2}3072$	$0.0^{2}2980$	$0.0^{2}289$	$0.0^{2}2803$	$0.0^{2}2718$	$0.0^{2}2635$
−2.8	$0.0^{2}2555$	$0.0^{2}2477$	$0.0^{2}2401$	$0.0^{2}2327$	$0.0^{2}2256$	$0.0^{2}2186$	$0.0^{2}2118$	$0.0^{2}2052$	$0.0^{2}1988$	$0.0^{2}1926$
−2.9	$0.0^{2}1866$	$0.0^{2}1807$	$0.0^{2}1750$	$0.0^{2}1695$	$0.0^{2}1641$	$0.0^{2}1589$	$0.0^{2}1538$	$0.0^{2}1489$	$0.0^{2}1441$	$0.0^{2}1395$
−3.0	$0.0^{2}1350$	$0.0^{2}1306$	$0.0^{2}1264$	$0.0^{2}1223$	$0.0^{2}1183$	$0.0^{2}1144$	$0.0^{2}1107$	$0.0^{2}1070$	$0.0^{2}1035$	$0.0^{2}1001$
−3.1	$0.0^{3}9676$	$0.0^{3}9354$	$0.0^{3}9043$	$0.0^{3}8740$	$0.0^{3}8447$	$0.0^{3}8164$	$0.0^{3}7888$	$0.0^{3}7622$	$0.0^{3}7364$	$0.0^{3}7114$
−3.2	$0.0^{3}6871$	$0.0^{3}6637$	$0.0^{3}6410$	$0.0^{3}619$	$0.0^{3}5976$	$0.0^{3}5770$	$0.0^{3}5571$	$0.0^{3}5377$	$0.0^{3}5190$	$0.0^{3}5009$
−3.3	$0.0^{3}4834$	$0.0^{3}4665$	$0.0^{3}4501$	$0.0^{3}4342$	$0.0^{3}4189$	$0.0^{3}4041$	$0.0^{3}3897$	$0.0^{3}3758$	$0.0^{3}3624$	$0.0^{3}3495$
−3.4	$0.0^{3}3369$	$0.0^{3}3248$	$0.0^{3}3131$	$0.0^{3}3018$	$0.0^{3}2909$	$0.0^{3}2803$	$0.0^{3}2701$	$0.0^{3}2602$	$0.0^{3}2507$	$0.0^{3}2415$
−3.5	$0.0^{3}2326$	$0.0^{3}2241$	$0.0^{3}2158$	$0.0^{3}2078$	$0.0^{3}2001$	$0.0^{3}1926$	$0.0^{3}1854$	$0.0^{3}1785$	$0.0^{3}1718$	$0.0^{3}1653$
−3.6	$0.0^{3}1591$	$0.0^{3}1531$	$0.0^{3}1473$	$0.0^{3}1417$	$0.0^{3}1363$	$0.0^{3}1311$	$0.0^{3}1261$	$0.0^{3}1213$	$0.0^{3}1166$	$0.0^{3}1121$
−3.7	$0.0^{3}1078$	$0.0^{3}1036$	$0.0^{4}9961$	$0.0^{4}9574$	$0.0^{4}9201$	$0.0^{4}8842$	$0.0^{4}8496$	$0.0^{4}8162$	$0.0^{4}7841$	$0.0^{4}7532$
−3.8	$0.0^{4}7235$	$0.0^{4}6948$	$0.0^{4}6673$	$0.0^{4}6407$	$0.0^{4}6152$	$0.0^{4}5906$	$0.0^{4}5669$	$0.0^{4}5442$	$0.0^{4}5223$	$0.0^{4}5012$
−3.9	$0.0^{4}4810$	$0.0^{4}4615$	$0.0^{4}4427$	$0.0^{4}4247$	$0.0^{4}4074$	$0.0^{4}3908$	$0.0^{4}3747$	$0.0^{4}3594$	$0.0^{4}3446$	$0.0^{4}3304$
−4.0	$0.0^{4}3167$	$0.0^{4}3036$	$0.0^{4}2910$	$0.0^{4}2789$	$0.0^{4}2673$	$0.0^{4}2561$	$0.0^{4}2454$	$0.0^{4}2351$	$0.0^{4}2252$	$0.0^{4}2157$
−4.1	$0.0^{4}2066$	$0.0^{4}1978$	$0.0^{4}1894$	$0.0^{4}1814$	$0.0^{4}1737$	$0.0^{4}1662$	$0.0^{4}1591$	$0.0^{4}1523$	$0.0^{4}1458$	$0.0^{4}1395$
−4.2	$0.0^{4}1335$	$0.0^{4}1277$	$0.0^{4}1222$	$0.0^{4}1168$	$0.0^{4}1118$	$0.0^{4}1069$	$0.0^{4}1022$	$0.0^{4}9770$	$0.0^{4}9340$	$0.0^{4}8930$
−4.3	$0.0^{5}8540$	$0.0^{5}8163$	$0.0^{5}7801$	$0.0^{5}7455$	$0.0^{5}7124$	$0.0^{5}6807$	$0.0^{5}6503$	$0.0^{5}6212$	$0.0^{5}5934$	$0.0^{5}5668$
−4.4	$0.0^{5}5413$	$0.0^{5}5169$	$0.0^{5}4935$	$0.0^{5}4712$	$0.0^{5}4498$	$0.0^{5}4294$	$0.0^{5}4098$	$0.0^{5}3911$	$0.0^{5}3732$	$0.0^{5}3561$
−4.5	$0.0^{5}3398$	$0.0^{5}3241$	$0.0^{5}3092$	$0.0^{5}2949$	$0.0^{5}2813$	$0.0^{5}2682$	$0.0^{5}2558$	$0.0^{5}2439$	$0.0^{5}2325$	$0.0^{5}2216$
−4.6	$0.0^{5}2112$	$0.0^{5}2013$	$0.0^{5}1919$	$0.0^{5}1828$	$0.0^{5}1742$	$0.0^{5}1660$	$0.0^{5}1581$	$0.0^{5}1506$	$0.0^{5}1434$	$0.0^{5}1366$
−4.7	$0.0^{5}1301$	$0.0^{5}1239$	$0.0^{5}1179$	$0.0^{5}1123$	$0.0^{5}1069$	$0.0^{5}1017$	$0.0^{5}9680$	$0.0^{5}9211$	$0.0^{5}8765$	$0.0^{5}8339$
−4.8	$0.0^{6}7933$	$0.0^{6}7547$	$0.0^{6}7178$	$0.0^{6}6827$	$0.0^{6}6492$	$0.0^{6}6173$	$0.0^{6}5869$	$0.0^{6}5580$	$0.0^{6}5304$	$0.0^{6}5042$
−4.9	$0.0^{6}4792$	$0.0^{6}4554$	$0.0^{6}4327$	$0.0^{6}4111$	$0.0^{6}3996$	$0.0^{6}3711$	$0.0^{6}3525$	$0.0^{6}3348$	$0.0^{6}3179$	$0.0^{6}3019$

续表

$$R=\Phi(Z_R)=\frac{1}{\sqrt{2\pi}}\int_{-\infty}^{Z_R}\mathrm{e}^{-\frac{x^2}{2}}\mathrm{d}x\quad (Z_R\geqslant 0)$$

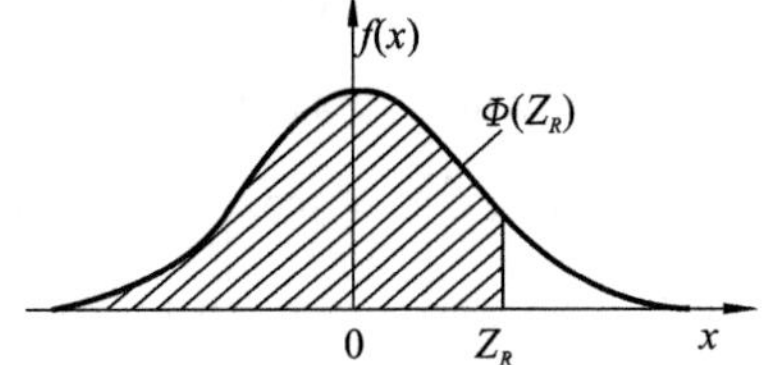

(b)

Z_R	0.00	0.01	0.02	0.03	0.04	0.05	0.06	0.07	0.08	0.09
0.0	0.5000	0.5040	0.5080	0.5120	0.5160	0.5199	0.5239	0.5279	0.5319	0.5359
0.1	0.5398	0.5438	0.5478	0.5517	0.5557	0.5596	0.5636	0.5675	0.5714	0.5753
0.2	0.5793	0.5832	0.5871	0.5910	0.5948	0.5987	0.6026	0.6064	0.6103	0.6141
0.3	0.6179	0.6217	0.6255	0.6293	0.6331	0.6368	0.6406	0.6443	0.6480	0.6517
0.4	0.6554	0.6591	0.6628	0.6664	0.6700	0.6736	0.6772	0.6808	0.6844	0.6879
0.5	0.6915	0.6950	0.6985	0.7019	0.7054	0.7088	0.7123	0.7157	0.7190	0.7224
0.6	0.7257	0.7291	0.7324	0.7357	0.7389	0.7422	0.7454	0.7486	0.7517	0.7549
0.7	0.7580	0.7611	0.7642	0.7673	0.7704	0.7734	0.7764	0.7794	0.7823	0.7852
0.8	0.7881	0.7910	0.7939	0.7967	0.7995	0.8023	0.8051	0.8078	0.8106	0.8133
0.9	0.8159	0.8186	0.8212	0.8238	0.8264	0.8289	0.8315	0.8340	0.8365	0.8389
1.0	0.8413	0.8438	0.8461	0.8485	0.8508	0.8531	0.8554	0.8577	0.8599	0.8621
1.1	0.8643	0.8665	0.8686	0.8708	0.8729	0.8749	0.8770	0.8790	0.8810	0.8830
1.2	0.8849	0.8869	0.8888	0.8907	0.8925	0.8944	0.8962	0.8980	0.8997	0.90147
1.3	0.90320	0.90490	0.90658	0.90824	0.90988	0.91149	0.91309	0.91466	0.91621	0.91774
1.4	0.91924	0.92073	0.92220	0.92364	0.92507	0.92647	0.92785	0.92922	0.93056	0.93189
1.5	0.93319	0.93448	0.93574	0.93699	0.93822	0.93943	0.94062	0.94179	0.94295	0.94408
1.6	0.94520	0.94630	0.94738	0.94845	0.94950	0.95053	0.95154	0.95254	0.95352	0.95449
1.7	0.95543	0.95637	0.95728	0.95818	0.95907	0.95994	0.96080	0.96164	0.96246	0.96327
1.8	0.96407	0.96485	0.96562	0.96638	0.96712	0.96784	0.96856	0.96926	0.96995	0.97062
1.9	0.97128	0.97193	0.97257	0.97320	0.97381	0.97441	0.97500	0.97558	0.97615	0.97670
2.0	0.97725	0.97778	0.97831	0.97882	0.97932	0.97982	0.98030	0.98077	0.98124	0.98169
2.1	0.98214	0.98257	0.98300	0.98341	0.98382	0.98422	0.98461	0.98500	0.98537	0.98574
2.2	0.98610	0.98645	0.98679	0.98713	0.98745	0.98778	0.98809	0.98840	0.98870	0.98899
2.3	0.98928	0.98956	0.98983	$0.9^{2}0097$	$0.9^{2}0358$	$0.9^{2}0613$	$0.9^{2}0863$	$0.9^{2}1106$	$0.9^{2}1344$	$0.9^{2}1576$
2.4	$0.9^{2}1802$	$0.9^{2}2024$	$0.9^{2}2240$	$0.9^{2}2451$	$0.9^{2}2656$	$0.9^{2}2857$	$0.9^{2}3053$	$0.9^{2}3244$	$0.9^{2}3431$	$0.9^{2}3613$

续表

Z_R	0.00	0.01	0.02	0.03	0.04	0.05	0.06	0.07	0.08	0.09
2.5	$0.9^{2}3790$	$0.9^{2}3963$	$0.9^{2}4132$	$0.9^{2}4297$	$0.9^{2}4457$	$0.9^{2}4614$	$0.9^{2}4766$	$0.9^{2}4915$	$0.9^{2}5060$	$0.9^{2}5201$
2.6	$0.9^{2}5339$	$0.9^{2}5473$	$0.9^{2}5604$	$0.9^{2}5731$	$0.9^{2}5855$	$0.9^{2}5975$	$0.9^{2}6093$	$0.9^{2}6207$	$0.9^{2}6319$	$0.9^{2}6427$
2.7	$0.9^{2}6533$	$0.9^{2}6636$	$0.9^{2}6736$	$0.9^{2}6833$	$0.9^{2}6928$	$0.9^{2}7020$	$0.9^{2}7110$	$0.9^{2}7197$	$0.9^{2}7282$	$0.9^{2}7365$
2.8	$0.9^{2}7445$	$0.9^{2}7523$	$0.9^{2}7599$	$0.9^{2}7673$	$0.9^{2}7744$	$0.9^{2}7814$	$0.9^{2}7882$	$0.9^{2}7948$	$0.9^{2}8012$	$0.9^{2}8074$
2.9	$0.9^{2}8134$	$0.9^{2}8193$	$0.9^{2}8250$	$0.9^{2}8305$	$0.9^{2}8359$	$0.9^{2}8411$	$0.9^{2}8462$	$0.9^{2}8511$	$0.9^{2}8559$	$0.9^{2}8605$
3.0	$0.9^{2}8650$	$0.9^{2}8694$	$0.9^{2}8736$	$0.9^{2}8777$	$0.9^{2}8817$	$0.9^{2}8856$	$0.9^{2}8893$	$0.9^{2}8930$	$0.9^{2}8965$	$0.9^{2}8999$
3.1	$0.9^{3}0324$	$0.9^{3}0646$	$0.9^{3}0957$	$0.9^{3}1260$	$0.9^{3}1553$	$0.9^{3}1836$	$0.9^{3}2112$	$0.9^{3}2378$	$0.9^{3}2636$	$0.9^{3}2886$
3.2	$0.9^{3}3129$	$0.9^{3}3363$	$0.9^{3}3590$	$0.9^{3}3810$	$0.9^{3}4024$	$0.9^{3}4230$	$0.9^{3}4429$	$0.9^{3}4623$	$0.9^{3}4810$	$0.9^{3}4991$
3.3	$0.9^{3}5166$	$0.9^{3}5335$	$0.9^{3}5499$	$0.9^{3}5658$	$0.9^{3}5811$	$0.9^{3}5959$	$0.9^{3}6103$	$0.9^{3}6242$	$0.9^{3}6376$	$0.9^{3}6505$
3.4	$0.9^{3}6631$	$0.9^{3}6752$	$0.9^{3}6869$	$0.9^{3}6982$	$0.9^{3}7091$	$0.9^{3}7197$	$0.9^{3}7299$	$0.9^{3}7398$	$0.9^{3}7493$	$0.9^{3}7585$
3.5	$0.9^{3}7674$	$0.9^{3}7759$	$0.9^{3}7842$	$0.9^{3}7922$	$0.9^{3}7999$	$0.9^{3}8074$	$0.9^{3}8146$	$0.9^{3}8215$	$0.9^{3}8282$	$0.9^{3}8347$
3.6	$0.9^{3}8409$	$0.9^{3}8469$	$0.9^{3}8527$	$0.9^{3}8583$	$0.9^{3}8637$	$0.9^{3}8689$	$0.9^{3}8739$	$0.9^{3}8787$	$0.9^{3}8834$	$0.9^{3}8879$
3.7	$0.9^{3}8922$	$0.9^{3}8964$	$0.9^{4}0039$	$0.9^{4}0426$	$0.9^{4}0799$	$0.9^{4}1158$	$0.9^{4}1504$	$0.9^{4}1838$	$0.9^{4}2159$	$0.9^{4}2468$
3.8	$0.9^{4}2765$	$0.9^{4}3052$	$0.9^{4}3327$	$0.9^{4}3593$	$0.9^{4}3848$	$0.9^{4}4094$	$0.9^{4}4331$	$0.9^{4}4558$	$0.9^{4}4777$	$0.9^{4}4988$
3.9	$0.9^{4}5190$	$0.9^{4}5385$	$0.9^{4}5573$	$0.9^{4}5753$	$0.9^{4}5926$	$0.9^{4}6092$	$0.9^{4}6253$	$0.9^{4}6406$	$0.9^{4}6554$	$0.9^{4}6696$
4.0	$0.9^{4}6833$	$0.9^{4}6964$	$0.9^{4}7090$	$0.9^{4}7211$	$0.9^{4}7327$	$0.9^{4}7439$	$0.9^{4}7546$	$0.9^{4}7649$	$0.9^{4}7748$	$0.9^{4}7843$
4.1	$0.9^{4}7934$	$0.9^{4}8022$	$0.9^{4}8106$	$0.9^{4}8186$	$0.9^{4}8263$	$0.9^{4}8338$	$0.9^{4}8409$	$0.9^{4}8477$	$0.9^{4}8542$	$0.9^{4}8605$
4.2	$0.9^{4}8665$	$0.9^{4}8723$	$0.9^{4}8778$	$0.9^{4}8832$	$0.9^{4}8882$	$0.9^{4}8931$	$0.9^{4}8978$	$0.9^{5}0226$	$0.9^{5}0655$	$0.9^{5}1066$
4.3	$0.9^{5}1460$	$0.9^{5}1837$	$0.9^{5}2199$	$0.9^{5}2545$	$0.9^{5}2876$	$0.9^{5}3193$	$0.9^{5}3497$	$0.9^{5}3788$	$0.9^{5}4066$	$0.9^{5}4332$
4.4	$0.9^{5}4587$	$0.9^{5}4831$	$0.9^{5}5065$	$0.9^{5}5288$	$0.9^{5}5502$	$0.9^{5}5706$	$0.9^{5}5902$	$0.9^{5}6089$	$0.9^{5}6268$	$0.9^{5}6439$
4.5	$0.9^{5}6602$	$0.9^{5}6759$	$0.9^{5}6908$	$0.9^{5}7051$	$0.9^{5}7187$	$0.9^{5}7318$	$0.9^{5}7442$	$0.9^{5}7561$	$0.9^{5}7675$	$0.9^{5}7784$
4.6	$0.9^{5}7888$	$0.9^{5}7987$	$0.9^{5}8081$	$0.9^{5}8172$	$0.9^{5}8258$	$0.9^{5}8340$	$0.9^{5}8419$	$0.9^{5}8494$	$0.9^{5}8566$	$0.9^{5}8634$
4.7	$0.9^{5}8699$	$0.9^{5}8761$	$0.9^{5}8821$	$0.9^{5}8877$	$0.9^{5}8931$	$0.9^{5}8983$	$0.9^{6}0320$	$0.9^{6}0789$	$0.9^{6}1235$	$0.9^{6}1661$
4.8	$0.9^{6}2067$	$0.9^{6}2453$	$0.9^{6}2822$	$0.9^{6}3173$	$0.9^{6}3508$	$0.9^{6}3827$	$0.9^{6}4131$	$0.9^{6}4420$	$0.9^{6}4696$	$0.9^{6}4958$
4.9	$0.9^{6}5608$	$0.9^{6}5446$	$0.9^{6}5673$	$0.9^{6}5889$	$0.9^{6}6094$	$0.9^{6}6289$	$0.9^{6}6475$	$0.9^{6}6652$	$0.9^{6}6821$	$0.9^{6}6981$

注：①$0.9^{2}0$ 表示 0.990，$0.9^{3}0$ 表示 0.9990，其余类推；

②$0.0^{2}1$ 表示 0.001，$0.0^{3}1$ 表示 0.0001，其余类推。

附表 2　Γ 函数表

	Γ(x)									
x	0.000	0.001	0.002	0.003	0.004	0.005	0.006	0.007	0.008	0.009
1.00	1.0000	0.9994	0.9988	0.9983	0.9977	0.9971	0.9966	0.9960	0.9954	0.9949
1.01	0.9943	0.9938	0.9932	0.9927	0.9921	0.9916	0.9910	0.9905	0.9899	0.9894
1.02	0.9888	0.9883	0.9878	0.9872	0.9867	0.9862	0.9856	0.9851	0.9846	0.9841
1.03	0.9835	0.9830	0.9825	0.9820	0.9815	0.9810	0.9805	0.9800	0.9794	0.9789
1.04	0.9784	0.9779	0.9774	0.9769	0.9764	0.9759	0.9755	0.9750	0.9745	0.9740
1.05	0.9735	0.9730	0.9725	0.9721	0.9716	0.9711	0.9706	0.9702	0.9697	0.9692
1.06	0.9687	0.9683	0.9678	0.9673	0.9669	0.9664	0.9660	0.9655	0.9651	0.9646
1.07	0.9642	0.9637	0.9633	0.9628	0.9624	0.9619	0.9615	0.9610	0.9606	0.9602
1.08	0.9597	0.9593	0.9589	0.9584	0.9580	0.9576	0.9571	0.9567	0.9563	0.9559
1.09	0.9555	0.9550	0.9546	0.9542	0.9538	0.9534	0.9530	0.9526	0.9522	0.9518
1.10	0.9514	0.9509	0.9505	0.9501	0.9498	0.9494	0.9490	0.9486	0.9482	0.9478
1.11	0.9474	0.9470	0.9466	0.9462	0.9459	0.9455	0.9451	0.9447	0.9443	0.9440
1.12	0.9436	0.9432	0.9428	0.9425	0.9421	0.9417	0.9414	0.9410	0.9407	0.9403
1.13	0.9399	0.9396	0.9392	0.9389	0.9385	0.9382	0.9378	0.9375	0.9371	0.9368
1.14	0.9364	0.9361	0.9357	0.9354	0.9350	0.9347	0.9344	0.9340	0.9337	0.9334
1.15	0.9330	0.9327	0.9324	0.9321	0.9317	0.9314	0.9311	0.9308	0.9304	0.9301
1.16	0.9298	0.9295	0.9292	0.9289	0.9285	0.9282	0.9279	0.9276	0.9273	0.9270
1.17	0.9267	0.9264	0.9261	0.9258	0.9255	0.9252	0.9249	0.9246	0.9243	0.9240
1.18	0.9237	0.9234	0.9231	0.9229	0.9226	0.9223	0.9220	0.9217	0.9214	0.9212
1.19	0.9209	0.9206	0.9203	0.9201	0.9198	0.9195	0.9192	0.9190	0.9187	0.9184
1.20	0.9182	0.9179	0.9176	0.9174	0.9171	0.9169	0.9166	0.9163	0.9161	0.9158
1.21	0.9156	0.9153	0.9151	0.9148	0.9146	0.9143	0.9141	0.9138	0.9136	0.9133
1.22	0.9131	0.9129	0.9126	0.9124	0.9122	0.9119	0.9117	0.9114	0.9112	0.9110
1.23	0.9108	0.9105	0.9103	0.9101	0.9098	0.9096	0.9094	0.9092	0.9090	0.9087
1.24	0.9085	0.9083	0.9081	0.9079	0.9077	0.9074	0.9072	0.9070	0.9068	0.9066
1.25	0.9064	0.9062	0.9060	0.9058	0.9056	0.9054	0.9052	0.9050	0.9048	0.9046
1.26	0.9044	0.9042	0.9040	0.9038	0.9036	0.9034	0.9032	0.9031	0.9029	0.9027
1.27	0.9025	0.9023	0.9021	0.9020	0.9018	0.9016	0.9014	0.9012	0.9011	0.9009
1.28	0.9007	0.9005	0.9004	0.9002	0.9000	0.8999	0.8997	0.8995	0.8994	0.8992
1.29	0.8990	0.8989	0.8987	0.8986	0.8984	0.8982	0.8981	0.8979	0.8978	0.8976
1.30	0.8975	0.8973	0.8972	0.8970	0.8969	0.8967	0.8966	0.8964	0.8963	0.8961
1.31	0.8960	0.8959	0.8957	0.8956	0.8954	0.8953	0.8952	0.8950	0.8949	0.8948
1.32	0.8946	0.8945	0.8944	0.8943	0.8941	0.8940	0.8939	0.8937	0.8936	0.8935

续表

$\Gamma(x)$										
x	0.000	0.001	0.002	0.003	0.004	0.005	0.006	0.007	0.008	0.009
1.33	0.8934	0.8933	0.8931	0.8930	0.8929	0.8928	0.8927	0.8926	0.8924	0.8923
1.34	0.8922	0.8921	0.8920	0.8919	0.8918	0.8917	0.8916	0.8915	0.8914	0.8913
1.35	0.8912	0.8911	0.8910	0.8909	0.8908	0.8907	0.8906	0.8905	0.8904	0.8903
1.36	0.8902	0.8901	0.8900	0.8899	0.8898	0.8897	0.8897	0.8896	0.8895	0.8894
1.37	0.8893	0.8892	0.8892	0.8891	0.8890	0.8889	0.8888	0.8888	0.8887	0.8886
1.38	0.8885	0.8885	0.8884	0.8883	0.8883	0.8882	0.8881	0.8880	0.8880	0.8879
1.39	0.8879	0.8878	0.8877	0.8877	0.8876	0.8875	0.8875	0.8874	0.8874	0.8873
1.40	0.8873	0.8872	0.8872	0.8871	0.8871	0.8870	0.8870	0.8869	0.8869	0.8868
1.41	0.8868	0.8867	0.8867	0.8866	0.8866	0.8865	0.8865	0.8865	0.8864	0.8864
1.42	0.8864	0.8863	0.8863	0.8863	0.8862	0.8862	0.8862	0.8861	0.8861	0.8861
1.43	0.8860	0.8860	0.8860	0.8860	0.8859	0.8859	0.8859	0.8859	0.8858	0.8858
1.44	0.8858	0.8858	0.8858	0.8858	0.8857	0.8857	0.8857	0.8857	0.8857	0.8857
1.45	0.8857	0.8857	0.8856	0.8856	0.8856	0.8856	0.8856	0.8856	0.8856	0.8856
1.46	0.8856	0.8856	0.8856	0.8856	0.8856	0.8856	0.8856	0.8856	0.8856	0.8856
1.47	0.8856	0.8856	0.8856	0.8857	0.8857	0.8857	0.8857	0.8857	0.8857	0.8857
1.48	0.8857	0.8858	0.8858	0.8858	0.8858	0.8858	0.8859	0.8859	0.8859	0.8859
1.49	0.8859	0.8860	0.8860	0.8860	0.8860	0.8861	0.8861	0.8861	0.8862	0.8862
1.50	0.8862	0.8863	0.8863	0.8863	0.8864	0.8864	0.8864	0.8865	0.8865	0.8866
1.51	0.8866	0.8866	0.8867	0.8867	0.8868	0.8868	0.8869	0.8869	0.8869	0.8870
1.52	0.8870	0.8871	0.8871	0.8872	0.8872	0.8873	0.8873	0.8874	0.8875	0.8875
1.53	0.8876	0.8876	0.8877	0.8877	0.8878	0.8879	0.8879	0.8880	0.8880	0.8881
1.54	0.8882	0.8882	0.8883	0.8884	0.8884	0.8885	0.8886	0.8887	0.8887	0.8888
1.55	0.8889	0.8889	0.8890	0.8891	0.8892	0.8892	0.8893	0.8894	0.8895	0.8896
1.56	0.8896	0.8897	0.8898	0.8899	0.8900	0.8901	0.8901	0.8902	0.8903	0.8904
1.57	0.8905	0.8906	0.8907	0.8908	0.8909	0.8909	0.8910	0.8911	0.8912	0.8913
1.58	0.8914	0.8915	0.8916	0.8917	0.8918	0.8919	0.8920	0.8921	0.8922	0.8923
1.59	0.8924	0.8925	0.8926	0.8927	0.8929	0.8930	0.8931	0.8932	0.8933	0.8934
1.60	0.8935	0.8936	0.8937	0.8939	0.8940	0.8941	0.8942	0.8943	0.8944	0.8946
1.61	0.8947	0.8948	0.8949	0.8950	0.8952	0.8953	0.8954	0.8955	0.8957	0.8958
1.62	0.8959	0.8961	0.8962	0.8963	0.8964	0.8966	0.8967	0.8968	0.8970	0.8971
1.63	0.8972	0.8974	0.8975	0.8977	0.8978	0.8979	0.8981	0.8982	0.8984	0.8985
1.64	0.8986	0.8988	0.8989	0.8991	0.8992	0.8994	0.8995	0.8997	0.8998	0.9000
1.65	0.9001	0.9003	0.9004	0.9006	0.9007	0.9009	0.9010	0.9012	0.9014	0.9015
1.66	0.9017	0.9018	0.9020	0.9021	0.9023	0.9025	0.9026	0.9028	0.9030	0.9031
1.67	0.9033	0.9035	0.9036	0.9038	0.9040	0.9041	0.9043	0.9045	0.9047	0.9048
1.68	0.9050	0.9052	0.9054	0.9055	0.9057	0.9059	0.9061	0.9062	0.9064	0.9066

续表

	Γ(x)									
x	0.000	0.001	0.002	0.003	0.004	0.005	0.006	0.007	0.008	0.009
1.69	0.9068	0.9070	0.9071	0.9073	0.9075	0.9077	0.9079	0.9081	0.9083	0.9084
1.70	0.9086	0.9088	0.9090	0.9092	0.9094	0.9096	0.9098	0.9100	0.9102	0.9104
1.71	0.9106	0.9108	0.9110	0.9112	0.9114	0.9116	0.9118	0.9120	0.9122	0.9124
1.72	0.9126	0.9128	0.9130	0.9132	0.9134	0.9136	0.9138	0.9140	0.9142	0.9145
1.73	0.9147	0.9149	0.9151	0.9153	0.9155	0.9157	0.9160	0.9162	0.9164	0.9166
1.74	0.9168	0.9170	0.9173	0.9175	0.9177	0.9179	0.9182	0.9184	0.9186	0.9188
1.75	0.9191	0.9193	0.9195	0.9197	0.9200	0.9202	0.9204	0.9207	0.9209	0.9211
1.76	0.9214	0.9216	0.9218	0.9221	0.9223	0.9226	0.9228	0.9230	0.9233	0.9235
1.77	0.9238	0.9240	0.9242	0.9245	0.9247	0.9250	0.9252	0.9255	0.9257	0.9260
1.78	0.9262	0.9265	0.9267	0.9270	0.9272	0.9275	0.9277	0.9280	0.9283	0.9285
1.79	0.9288	0.9290	0.9293	0.9295	0.9298	0.9301	0.9303	0.9306	0.9309	0.9311
1.80	0.9314	0.9316	0.9319	0.9322	0.9325	0.9327	0.9330	0.9333	0.9335	0.9338
1.81	0.9341	0.9343	0.9346	0.9349	0.9352	0.9355	0.9357	0.9360	0.9363	0.9366
1.82	0.9368	0.9371	0.9374	0.9377	0.9380	0.9383	0.9385	0.9388	0.9391	0.9394
1.83	0.9397	0.9400	0.9403	0.9406	0.9408	0.9411	0.9414	0.9417	0.9420	0.9423
1.84	0.9426	0.9429	0.9432	0.9435	0.9438	0.9441	0.9444	0.9447	0.9450	0.9453
1.85	0.9456	0.9459	0.9462	0.9465	0.9468	0.9471	0.9474	0.9478	0.9481	0.9484
1.86	0.9487	0.9490	0.9493	0.9496	0.9499	0.9503	0.9506	0.9509	0.9512	0.9515
1.87	0.9518	0.9522	0.9525	0.9528	0.9531	0.9534	0.9538	0.9541	0.9544	0.9547
1.88	0.9551	0.9554	0.9557	0.9561	0.9564	0.9567	0.9570	0.9574	0.9577	0.9580
1.89	0.9584	0.9587	0.9591	0.9594	0.9597	0.9601	0.9604	0.9607	0.9611	0.9614
1.90	0.9618	0.9621	0.9625	0.9628	0.9631	0.9635	0.9638	0.9642	0.9645	0.9649
1.91	0.9652	0.9656	0.9659	0.9663	0.9666	0.9670	0.9673	0.9677	0.9681	0.9684
1.92	0.9688	0.9691	0.9695	0.9699	0.9702	0.9706	0.9709	0.9713	0.9717	0.9720
1.93	0.9724	0.9728	0.9731	0.9735	0.9739	0.9742	0.9746	0.9750	0.9754	0.9757
1.94	0.9761	0.9765	0.9768	0.9772	0.9776	0.9780	0.9784	0.9787	0.9791	0.9795
1.95	0.9799	0.9803	0.9806	0.9810	0.9814	0.9818	0.9822	0.9826	0.9830	0.9834
1.96	0.9837	0.9841	0.9845	0.9849	0.9853	0.9857	0.9861	0.9865	0.9869	0.9873
1.97	0.9877	0.9881	0.9885	0.9889	0.9893	0.9897	0.9901	0.9905	0.9909	0.9913
1.98	0.9917	0.9921	0.9925	0.9929	0.9933	0.9938	0.9942	0.9946	0.9950	0.9954
1.99	0.9958	0.9962	0.9966	0.9971	0.9975	0.9979	0.9983	0.9987	0.9992	0.9996

对 $x<1$ 或 $x>2$ 的伽马函数值，可以利用下式算出：

$$\Gamma(x)=\frac{\Gamma(x+1)}{x},\Gamma(x)=(x-1)\Gamma(x-1)$$

例　$\Gamma(0.8)=\frac{\Gamma(1.8)}{0.8}=\frac{0.9314}{0.8}=1.164$

$\Gamma(2.5)=1.5\times\Gamma(1.5)=1.5\times0.8862=1.329$

附表 3　χ^2 分布表

$P(\chi^2 > \chi^2_\alpha; v) = \alpha$

自由度 v	α=0.99	α=0.95	α=0.90	α=0.10	α=0.05	α=0.01
1	0.0002	0.0039	0.0158	2.7055	3.8415	6.6349
2	0.0201	0.1026	0.2107	4.6052	5.9915	9.2103
3	0.1148	0.3518	0.5844	6.2514	7.8147	11.3449
4	0.2971	0.7107	1.0636	7.7794	9.4877	13.2767
5	0.5543	1.1455	1.6103	9.2364	11.0705	15.0863
6	0.8721	1.6354	2.2041	10.6446	12.5916	16.8119
7	1.2390	2.1673	2.8331	12.0170	14.0671	18.4753
8	1.6465	2.7326	3.4895	13.3616	15.5073	20.0902
9	2.0879	3.3251	4.1682	14.6837	16.9190	21.6660
10	2.5582	3.9403	4.8652	15.9872	18.3070	23.2093
11	3.0535	4.5748	5.5778	17.2750	19.6751	24.7250
12	3.5706	5.2260	6.3038	18.5493	21.0261	26.2170
13	4.1069	5.8919	7.0415	19.8119	22.3620	27.6882
14	4.6604	6.5706	7.7895	21.0641	23.6848	29.1412
15	5.2293	7.2609	8.5468	22.3071	24.9958	30.5779
16	5.8122	7.9616	9.3122	23.5418	26.2962	31.9999
17	6.4078	8.6718	10.0852	24.7690	27.5871	33.4087
18	7.0149	9.3905	10.8649	25.9894	28.8693	34.8053
19	7.6327	10.1170	11.6509	27.2036	30.1435	36.1909
20	8.2604	10.8508	12.4426	28.4120	31.4104	37.5662
21	8.8972	11.5913	13.2396	29.6151	32.6706	38.9322
22	9.5425	12.3380	14.0415	30.8133	33.9244	40.2894
23	10.1957	13.0905	14.8480	32.0069	35.1725	41.6384
24	10.8564	13.8484	15.6587	33.1962	36.4150	42.9798
25	11.5240	14.6114	16.4734	34.3816	37.6525	44.3141
26	12.1981	15.3792	17.2919	35.5632	38.8851	45.6417
27	12.8785	16.1514	18.1139	36.7412	40.1133	46.9629
28	13.5647	16.9279	18.9392	37.9159	41.3371	48.2782
29	14.2565	17.7084	19.7677	39.0875	42.5570	49.5879
30	14.9535	18.4927	20.5992	40.2560	43.7730	50.8922
31	15.6555	19.2806	21.4336	41.4217	44.9853	52.1914
32	16.3622	20.0719	22.2706	42.5847	46.1943	53.4858
33	17.0735	20.8665	23.1102	43.7452	47.3999	54.7755

续表

自由度 v	α=0.99	α=0.95	α=0.90	α=0.10	α=0.05	α=0.01
34	17.7891	21.6643	23.9523	44.9032	48.6024	56.0609
35	18.5089	22.4650	24.7967	46.0588	49.8018	57.3421
36	19.2327	23.2686	25.6433	47.2122	50.9985	58.6192
37	19.9602	24.0749	26.4921	48.3634	52.1923	59.8925
38	20.6914	24.8839	27.343	49.5126	53.3835	61.1621
39	21.4262	25.6954	28.1958	50.6598	54.5722	62.4281
40	22.1643	26.5093	29.0505	51.8051	55.7585	63.6907

附表 4　K-S 临界值 D_n^α

n \ α	0.2	0.1	0.05	0.02	0.01
3	0.56481	0.63604	0.70760	0.78456	0.82900
4	0.49265	0.56522	0.62394	0.68887	0.73424
5	0.44698	0.50945	0.56328	0.62718	0.66853
6	0.41037	0.46799	0.51926	0.57741	0.61661
7	0.38148	0.43607	0.48342	0.53844	0.57581
8	0.35831	0.40962	0.45427	0.50654	0.54179
9	0.33910	0.38746	0.43001	0.47960	0.51332
10	0.32260	0.36866	0.40925	0.45662	0.48893
11	0.30829	0.35242	0.39122	0.43670	0.46770
12	0.29577	0.33815	0.37543	0.41918	0.44905
13	0.28470	0.32549	0.36143	0.40362	0.43247
14	0.27481	0.31417	0.34890	0.38970	0.41762
15	0.26588	0.30397	0.33760	0.37713	0.40420
16	0.25778	0.29472	0.32733	0.36571	0.39201
17	0.25039	0.28627	0.31796	0.35528	0.38086
18	0.24360	0.27851	0.30936	0.34569	0.37062
19	0.23735	0.27136	0.30143	0.33685	0.36117
20	0.23156	0.26473	0.29408	0.32866	0.35241
21	0.22634	0.25866	0.28728	0.32106	0.34428
22	0.22131	0.25292	0.28091	0.31395	0.33667
23	0.21660	0.24754	0.27494	0.30730	0.32955
24	0.21219	0.24249	0.26934	0.30105	0.32287
25	0.20803	0.23774	0.26407	0.29518	0.31658
26	0.20412	0.23327	0.25911	0.28963	0.31064

续表

α n	0.2	0.1	0.05	0.02	0.01
27	0.20042	0.22904	0.25441	0.28439	0.30503
28	0.19691	0.22503	0.24996	0.27943	0.29971
29	0.19358	0.22123	0.24574	0.27472	0.29467
30	0.19042	0.21762	0.24173	0.27024	0.28987
31	0.18741	0.21417	0.23791	0.26597	0.28530
32	0.18454	0.21089	0.23426	0.26190	0.28094
33	0.18180	0.20776	0.23078	0.25802	0.27678
34	0.17918	0.20476	0.22746	0.25430	0.27279
35	0.17667	0.20189	0.22427	0.25074	0.26898
36	0.17426	0.19914	0.22121	0.24732	0.26532
37	0.17195	0.19650	0.21828	0.24405	0.26181
38	0.16973	0.19396	0.21546	0.24090	0.25843
39	0.16759	0.19152	0.21274	0.23787	0.25518
40	0.16554	0.18916	0.21013	0.23495	0.25205

参考文献

[1] 孙志礼，陈良玉. 实用机械可靠性设计理论与方法[M]. 北京：科学出版社，2003.

[2] 刘惟信. 机械可靠性设计[M]. 北京：清华大学出版社，1996.

[3] 王超，等. 机械可靠性工程[M]. 北京：冶金工业出版社，1992.

[4] 谢里阳，王正，周金宇，等. 机械可靠性基本理论与方法[M]. 北京：科学出版社，2009.

[5] 曾声奎. 可靠性设计与分析[M]. 北京：国防工业出版社，2015.

[6] 刘混举，赵河明，王春燕. 机械可靠性设计[M]. 北京：科学出版社，2012.

[7] 胡启国，刘元朋. 机械可靠性设计及应用[M]. 北京：电子工业出版社，2014.

[8] 卢明银，徐人平. 系统可靠性[M]. 北京：机械工业出版社，2008.

[9] 程五一，王贵和，吕建国. 系统可靠性理论[M]. 北京：中国建筑工业出版社，2010.

[10] 王文静. 可靠性工程基础[M]. 北京：北京交通大学出版社，2013.

[11] 张义民. 机械可靠性漫谈[M]. 北京：科学出版社，2014.

[12] 孙志礼，张义民. 数控机床性能分析及可靠性设计技术[M]. 北京：机械工业出版社，2011.

[13] 何国伟. 可靠性试验技术[M]. 北京：国防工业出版社，1995.

[14] 谢少锋，张增照，聂国健. 可靠性设计[M]. 北京：电子工业出版社，2015.

[15] 胡湘洪，高军，李劲. 可靠性试验[M]. 北京：电子工业出版社，2015.

[16] 北京航空航天大学可靠性工程研究所，等. GJB/Z 1391—2006 故障模式、影响及危害性分析指南[S]. 北京：中国人民解放军总装备部电子信息基础部，2006.

[17] 中华人民共和国国家质量监督检验检疫总局，中国国家标准化管理委员会. GB/T 4888—2009 故障树名词术语和符号[S]. 北京：中国标准出版社，2009.

[18] 沈祖培，黄祥瑞. GO法原理及应用[M]. 北京：清华大学出版社，2004.

[19] PATRICK D T. 实用可靠性工程[M]. 李莉，王胜开，陆汝玉，等，译. 北京：电子工业出版社，2005.

[20] 潘勇，黄进永，胡宁. 可靠性概论[M]. 北京：电子工业出版社，2015.

[21] ELASYED A E. 可靠性工程[M]. 杨舟，译. 北京：电子工业出版社，2012.

[22] 王金武. 可靠性工程基础[M]. 北京：科学出版社，2013.

[23] 牟致忠. 机械零件可靠性设计[M]. 北京：机械工业出版社，1988.

[24] 坪内和夫. 可靠性设计[M]. 汪一麟，徐祺祥，吴天顺，译. 北京：机械工业出版社，1983.

[25] 川崎义人. 可靠性设计[M]. 王思年，夏琦，译. 北京：机械工业出版社，1988.

[26] 王学文. 机械系统可靠性基础[M]. 北京：机械工业出版社，2019.

[27] 吕震宙. 结构/机构可靠性设计基础[M]. 西安：西北工业大学出版社，2019.

[28] 狄鹏. 多状态系统可靠性分析方法[M]. 北京：国防工业出版社，2019.

[29] KAILASHA C K，MICHAEL P. 可靠性工程[M]. 苏艳，戴顺安，译. 北京：国防工业出

版社,2018.

[30] FRANKLIN R N. 可靠性评估:概念和模型及案例研究[M]. 刘勇,冯付勇,刘树林,译. 北京:国防工业出版社,2018.

[31] 宋述芳. 可靠性工程基础[M]. 西安:西北工业大学出版社,2018.

[32] 孙有朝,张永进,李龙彪. 可靠性原理与方法[M]. 北京:科学出版社,2016.

[33] ANATOLY L,ILIA F. 系统可靠性研究新进展 [M]. 唐庆云,译. 北京:国防工业出版社,2014.